测绘地理信息行业职业技能培训教材

测量基础

自然资源部职业技能鉴定指导中心　编

黄河水利出版社

·郑州·

内 容 提 要

本书以基础测量工作流程为主线，完整地体现了从零开始直至完成地形测图并最终进行验收与提交资料的全部过程。全书共分九章，包括测绘基础知识、水准仪及其使用、全站仪及其使用、平面控制测量、高程控制测量、GNSS定位测量、大比例尺地形图测绘、误差基本理论、地形图的应用。

本书是测绘地理信息行业开展职业技能评价的指定培训教材，亦可供测绘地理信息行业技术人员、技能人员或有关院校师生参考使用。

图书在版编目(CIP)数据

测量基础/自然资源部职业技能鉴定指导中心编. —郑州：黄河水利出版社，2019.6

测绘地理信息行业职业技能培训教材

ISBN 978－7－5509－2425－3

Ⅰ.①测…　Ⅱ.①自…　Ⅲ.①测量学－技术培训－教材

Ⅳ.①P2

中国版本图书馆CIP数据核字(2019)第126473号

出 版 社：黄河水利出版社

地址：河南省郑州市顺河路黄委会综合楼14层　　邮政编码：450003

发行单位：黄河水利出版社

发行部电话：0371－66026940、66020550、66028024、66022620(传真)

E-mail：hhslcbs@126.com

承印单位：河南承创印务有限公司

开本：787 mm×1 092 mm　1/16

印张：13.75

字数：335千字　　印数：1—10 000

版次：2019年6月第1版　　印次：2019年6月第1次印刷

定价：48.00元

《测量基础》编审人员

主　编　周　荣　曾晨曦

副主编　李宏超

审　稿　王军德　张凤录　杨玉忠

统　稿　侯方国

前　言

党的十九大提出,“建设知识型、技能型、创新型劳动者大军,弘扬劳模精神和工匠精神,营造劳动光荣的社会风尚和精益求精的敬业风气”。开展职业技能培训,是提升劳动者就业创业能力、扩大就业的重要举措,是中国经济迈向高质量发展的重要支撑。

测绘地理信息行业是一个技术密集型行业,行业发展极大地依赖技术方法和仪器装备的变革。改革开放以来,从最初的大平板、经纬仪、小笔尖,到资源三号测绘卫星遨游太空,航空摄影测量飞机、无人机俯瞰大地,各类移动测量系统扫描地面,探地雷达深入地下测绘;从以光学仪器为标志的传统测绘技术体系,到以航空航天遥感、卫星导航定位、地理信息系统为核心的数字化测绘技术体系,再到以数据获取实时化、数据处理自动化、数据管理智能化、信息服务网络化、信息应用社会化为特征的信息化测绘技术体系,科技进步有力地推动了测绘生产方式的重大变革,使测绘生产力水平发生质的飞跃。特别是在现代高新技术发展的大力推动下,测绘地理信息技术与移动互联网、大数据、云计算、人工智能等跨界深度融合,催生出许多新业态、新产品、新服务。新形势下,测绘地理信息人还肩负起为自然资源管理提供科学支撑和决策依据的新使命。

人才是事业发展的第一资源。技能人才是我国测绘地理信息人才队伍的重要组成部分,在加快产业优化升级、提高企业竞争力、推动技术创新和科技成果转化等方面具有不可替代的重要作用。近年来,我国测绘地理信息行业技能人才队伍不断壮大,社会需求日益旺盛。为贯彻落实党中央、国务院对“加强职业技能培训、提升职业技能”的决策部署,推动测绘地理信息技能人才队伍的建设,提升行业从业人员和相关院校师生的职业技能水平,我们组织有关单位和人员编写了本套职业技能培训教材。本套教材是测绘地理信息行业开展职业技能评价的指定培训教材,亦可供测绘地理信息行业技术人员、技能人员或有关院校师生参考使用。

本套教材涉及面广,内容翔实,结构合理,通俗易懂,统筹考虑了理论知识和生产实践的关系,注重理论与实际相联系,力求实现知识和技能相统一。本套教材与国家职业技能标准紧密结合,同时依据最新的行业技术标准和规范,引入许多生产实例,并融入许多新技术和新方法,注重实际操作能力培养,具有较强的实用性和指导性。

本套教材由自然资源部职业技能鉴定指导中心组织编审,河南测绘职业学院牵头承担本套教材的编写工作,测绘地理信息行业许多单位的资深专家应邀承担了本套教材的审稿工作,提出了许多宝贵的意见和建议。黄河水利出版社对本套教材的出版发行给予了大力支持。在此,对参与本套教材编审和出版发行的有关单位和个人一并表示衷心感谢!

广大读者在使用过程中如发现问题,可及时向自然资源部职业技能鉴定指导中心反映,以便今后修订完善。

测绘地理信息行业职业技能培训教材编委会

2019 年 6 月

编写说明

本书是根据中华人民共和国人力资源和社会保障部、中华人民共和国自然资源部 2019 年共同颁布的测绘地理信息行业系列国家职业技能标准编写的测绘地理信息行业职业技能培训教材,是全套教材的基础册,与其他各册配合,可供相应职业培训使用。本书可供测绘地理信息行业技术人员、技能人员作为工具书参考,亦可供相关院校测绘地理信息类专业及相关专业师生作为教材使用。

本书在原国家测绘局人事司、国家测绘局职业技能鉴定指导中心编写的鉴定教材《测量基础》的基础上进行改编,根据测绘科学技术的发展和仪器装备的进步,将原教材文稿中相对陈旧的知识、技术和方法进行了调整和删减,将新知识、新技术、新方法引入教材。本书以基础测量工作流程为主线,完整地体现了从零开始直至完成地形测图并最终进行验收与提交资料的全部过程。全书共分九章。通过学习可以使学习者掌握基础测量工作的基本理论知识及基本技能,培养其分析问题和解决问题的能力,形成良好的学习方法,具备优良的职业素养,为今后深层次学习、解决实际生产问题及职业生涯的可持续发展奠定良好基础。

本书的内容按照职业技能标准对测绘类地理信息各职业应知应会的基础知识要求组织编写。技术标准主要依据《城市测量规范》(CJJ/T 8—2011)、《三、四等水准测量规范》(GB/T 12898—2009)、《1∶500　1∶1 000　1∶2 000 外业数字测图技术规程》(GB/T 14912—2017)、《国家基本比例尺地图图式　第 1 部分:1∶500　1∶1 000　1∶2 000 地形图图式》(GB/T 2025.7—2017)等。

本书由周荣、曾晨曦任主编,李宏超任副主编,陈刚、王大伟、黄静静、付璇参与编写,全书由侯方国统稿。在编写过程中,参阅了有关教材和资料,听取了许多专家和老师的意见,得到了测绘地理信息行业职业技能培训教材编委会的诸多指导,福建经纬测绘信息有限公司王军德、北京市测绘设计研究院张凤录、天津市测绘院杨玉忠等三位专家进行了认真细致的审稿,提出了许多宝贵意见。在此,对给予指导的专家、审稿人表示衷心的感谢!对黄河水利出版社为本教材顺利出版给予的大力支持表示感谢!

由于编者水平有限,书中难免会有错漏和不足之处,恳请广大读者提出宝贵的意见和建议,以便今后加以修订和完善。

编　者

2019 年 6 月

目 录

第一章 测量基础知识

第一节 测绘学任务和作用

一、测绘学的内容和任务

测绘是指对自然地理要素或者地表人工设施的形状、大小、空间位置及其属性等进行测定、采集、表述以及对获取的数据、信息、成果进行处理和应用的活动。

测绘学是研究测定和推算地面点的几何位置，地球的形状、大小及地球重力场，据此测量地球表面自然形态和人工设施的几何分布，并结合某些社会信息和自然信息的地球分布，编制全球和局部地区各种比例尺的地图及专题地图的理论与技术的学科，是地球科学的重要组成部分，现代测绘学的技术已部分应用于其他行星和月球上。

测绘学按照研究的范围、研究对象及采用技术手段的不同，分为以下几个分支学科：大地测量学、摄影测量学、地图制图学、工程测量学、海洋测绘学。

（一）大地测量学

大地测量学是研究地球表面及外层空间点位的精密测定，确定地球的形状、大小、重力场、整体与局部运动和地表面点的几何位置以及它们的变化理论与技术的学科。大地测量学是测绘学各分支学科的理论基础，基本任务是建立地面控制网、重力网，精确测定控制点的空间位置，为地形测图提供控制基础，为各类工程测量提供依据，为研究地球形状、大小、重力场及其变化，地壳形状及地震预报提供信息。现代大地测量学包括三个基本分支：几何大地测量学、物理大地测量学和空间大地测量学。

（二）摄影测量学

摄影测量学是研究摄影影像与被摄物体之间内在集合和物理关系，进行分析、处理和解译，以确定被摄物体的形状、大小和空间位置，并判定其性质的一门学科。

从不同角度对摄影测量学进行如下分类：按距离远近分有航空摄影测量、航天摄影测量、地面摄影测量、近景摄影测量和显微摄影测量；按用途分有地形摄影测量和非地形摄影测量；按技术处理方法分，则有模拟法摄影测量、解析法摄影测量和数字摄影测量。

（三）地图制图学

地图制图学是研究模拟和数字地图的基础理论、设计、编绘、复制的技术方法以及应用的学科。

地图制图学由理论部分、制图方法和地图应用三部分组成。地图是测绘工作的重要产品形式。学科发展促使地图产品从模拟地图向数字地图转变，从二维静态向三维立体、四维动态转变，利用遥感技术获得的信息进行遥感图像制图，利用虚拟现实技术实现对现实环境的模拟，借助特殊装备，可使用户有身临其境的感觉。计算机制图技术和地图数据库的发展，促使地理信息系统（GIS）产生，数字地图的发展及宽广的应用领域为地图学的发展和地图的应用展现出光辉的前景,使数字地图成为21世纪测绘工作的基础和支柱。

(四)工程测量学

工程测量学是研究工程建设和自然资源开发中,在规划、勘探设计、施工和运营管理各个阶段进行的控制测量、大比例尺地形图测绘、地籍测绘、施工放样、设备安装、变形监测及分析与预报等的理论和技术的学科。

工程测量学是一门应用学科,按其研究的对象可分为:建筑工程测量、水利工程测量、矿山测量、铁路工程测量、公路工程测量、输电线路与输油管道测量、桥梁工程测量、隧道工程测量、港口工程测量、军事工程测量、城市建设测量以及三维工业测量、精密工程测量、工程摄影测量等。

(五)海洋测绘学

海洋测绘学是以海洋水体和海底为对象,研究海洋定位、测定海洋大地水准面和平均海水面、海底和海面地形、海洋重力、海洋磁力、海洋环境等自然和社会信息的地理分布及编制各种海图的理论与技术的学科。内容包括海洋大地测量、海道测量、海底地形测量和海图编制。

二、测绘科学的发展

20世纪80年代前,数据采集多采用常规光学仪器,随着计算机软硬件、电子测绘仪器的迅速发展,大比例尺地形图测绘技术由传统的白纸测图向自动化、数字化方向发展。现在,地面数字测图技术已广泛应用于大比例尺地形图和地籍图、房产图的测绘中,完全取代了传统的白纸测图方法,使测量学的内容得到了发展和更新。20世纪末,以全球定位系统(global navigation satellite system,简称GNSS)、遥感(remote sensing,简称RS)和地理信息系统(geographical information system,简称GIS)——3S技术为代表的现代测绘技术得到很快的发展并已普遍应用于测绘生产中。

3S技术大大促进了数据获取方式的转变,地面数据获取从传统的光学仪器(经纬仪、水准仪、平板仪等)采集过渡到以全站仪、GNSS RTK(real time kinematic)采集、连续运行基准站网(continuously operating reference stations)。

数字测绘产品主要包括数字线划图DLG(digital line graph)、数字高程模型DEM(digital elevation model)、数字栅格图DRG(digital raster graphic)、数字正射影像图DOM(digital orthophoto map)。这四项数字产品常简称为"4D"产品。

(1)数字线划图DLG是与现有线划基本一致的各地图要素的矢量数据集,且保存各要素间的空间关系和相关的属性信息。在数字测图中,最为常见的产品就是DLG,外业测绘最终成果一般就是DLG。DLG的技术特征为:地图地理内容、分幅、投影、精度、坐标系统与同比例尺地形图一致。图形输出为矢量格式,任意缩放均不变形。

(2)数字高程模型DEM是一定范围内规则格网点的平面坐标(X,Y)及其高程(Z)的数据集,它主要是描述区域地貌形态的空间分布,是通过等高线或相似立体模型进行数据采集(包括采样和量测),然后进行数据内插而形成的。DEM是对地貌形态的虚拟表示,可派生出等高线、坡度图等信息,也可与DOM或其他专题数据叠加,用于与地形相关的分析应用,同时它本身还是制作DOM的基础数据。

(3)数字栅格图DRG是根据现有纸质、胶片等地形图经扫描和几何纠正及色彩校正后，形成在内容、几何精度和色彩上与地形图保持一致的栅格数据集。

(4)数字正射影像图DOM是对航空(或航天)像片进行数字微分纠正和镶嵌，按一定图幅范围裁剪生成的数字正射影像集。它是同时具有地图几何精度和影像特征的图像。

随着计算机技术的迅猛发展，以及电子全站仪、GPS-RTK技术等先进测量仪器和技术的广泛应用，地形测量已由过去传统的作业方式向自动化和数字化方向迅猛发展，由此应运而生出数字化测图技术。数字化测图实质上是一种全解析机助测图方法，这种方法主要表现在以下几方面：图解法测图的最终成果是地形图，图纸是地形信息的唯一载体；数字化测图地形信息的载体是计算机的存储介质(磁盘或光盘)，其提交的成果是可供计算机处理、远距离传输、多方共享的数字地形图数据文件，通过数控绘图仪可输出地形图。另外，利用数字地形图可生成电子地图和数字地面模型(DTM)。更具深远意义的是，数字地形信息作为地理空间数据的基本信息之一，成为地理信息系统(GIS)的重要组成部分。数字化测图是地形测量发展过程中的一次根本性的技术变革，是地形测量的必然发展趋势，越来越受到生产单位的重视和用户的青睐。

三、测绘科学技术的地位和作用

测绘科学技术的应用范围非常广阔，测绘科学技术在国民经济建设、国防建设以及科学研究等领域，都占有重要的地位，测绘工作者常被称为国民经济建设的“尖兵”，不论是国民经济建设还是国防建设，其勘测、设计、施工、竣工及运营等阶段都需要测绘工作，而且都要求测绘工作“先行”。

(1)在国民经济建设方面，测绘信息是国民经济和社会发展规划中最重要的基础信息之一。例如，农田水利建设、国土资源管理、地质矿藏的勘探与开发、交通航运的设计、工矿企业和城乡建设的规划、海洋资源的开发、江河的治理、大型工程建设、土地利用、土壤改良、地籍管理、环境保护、旅游开发等，都必须首先进行测绘，并提供地形图与数据等资料，才能保证规划设计与施工的顺利进行。因此，测绘工作者常被誉为国民经济建设的先锋。在其他领域，如地震灾害的预报、航天、考古、探险，甚至人口调查等工作中，也都需要测绘工作的配合。

(2)在国防建设方面，测绘工作为打赢现代化战争提供测绘保障。如各种军事工程的设计与施工、远程导弹、人造卫星或航天器的发射及精确入轨、战役及战斗部署、各军兵种军事行动的协同等，都离不开地图和测绘工作的保障。所以，人们形象地称地形图是“指挥员的眼睛”。

(3)在科学研究方面，诸如航天技术、地壳形变、地震预报、气象预报、滑坡监测、灾害预测和防治、环境保护、资源调查以及其他科学研究中，都要应用测绘科学技术，需要测绘工作的配合。地理信息系统(GIS)、数字城市、数字中国、数字地球的建设，都需要现代测绘科学技术提供基础数据信息。

中华人民共和国成立近70年来，我国测绘工作的主要成就有：①在全国范围内(除台湾外)，建立了高精度的大地控制网，统一了坐标系统与高程系统；②完成了国家基本比例尺地形图的测绘，测图比例尺随着我国经济建设发展的需要逐步增大，测图方法从以平板仪地形测量和模拟立体摄影测量为主，发展到以内外业一体化地面数字测图和全数字摄影测量为主；③编制和出版各种地图、专题图及其地图集，制图逐渐实现从手工编绘向数字化、自动化过渡;④制定了各种测绘技术规范和法规,统一了技术规格和精度指标;⑤建立了从中等测绘职业教育到高等测绘教育的完整教育体系,培养和造就了大量测绘技术人才;⑥测绘技术步入世界先进行列,向着数字化、自动化和智能化方向发展,近十年来,研制出了大量具有世界先进水平的测绘软件,如全数字摄影测量系统——VirtuoZo,面向对象的地理信息系统——GeoStar(吉奥之星),地理信息系统软件平台——MapGIS,数字测图系统——北京山维的EPS地理信息工作站、南方测绘的CASS等;⑦测绘仪器的制造从无到有,不仅能生产各种不同等级的光学经纬仪、水准仪、平板仪等,还能批量生产电子经纬仪、电磁波测距仪、自动安平水准仪、全站仪、GNSS接收机、解析测图仪等。

测绘工作是一项精细而严谨的工作。测绘成果、成图质量的好坏对各项建设有着重大的影响。我国幅员辽阔,物产丰富,建设事业蓬勃发展,测绘任务十分繁重。为了适应时代的发展和现代化测绘技术的需要,我们必须要努力学习专业知识,勇于实践,培养刻苦钻研的良好学风;要树立同心协力,不避艰辛,对人民高度负责任的思想作风;要发扬测绘技术人员真实、准确、细致、及时完成任务的优良传统,担负起艰辛而光荣的测绘使命,为祖国的现代化建设贡献力量。

第二节　地球的形状和大小

测量工作研究的主要对象是地球的自然表面(地球在长期的自然变化过程中形成的表面),即岩石圈的表面。它是一个形状极其复杂而又不规则的曲面。地面上有高山、丘陵、平原、江河、湖泊、海洋等。例如,我国西藏与尼泊尔交界处的珠穆朗玛峰高达8 844.43 m,而在太平洋西部的马里亚纳海沟深达11 034 m。不过,从整体来看,地面的起伏与地球的平均半径(约6 371 000 m)相比是微不足道的。就像月亮上的环形山一样,虽然高达数千米,但我们从地球上看,月亮仍然是一个光滑而滚圆的球体。因此,仅从某一局部地区来推断,很难确定出地球的整体形状和大小。正所谓“横看成岭侧成峰,远近高低各不同。不识庐山真面目,只缘身在此山中”。

通过长期的测绘工作和科学调查,人们了解到地球表面上的海洋面积约占71%,陆地面积约占29%。我们可以把地球总的形状看成是一个被海水包围的形体,也就是设想一个静止的海水面(没有波浪、无潮汐的海水面)向大陆内部延伸、最后包围起来的闭合形体。我们将海水在静止时的表面叫作水准面(水在静止时的表面)。水准面有无穷多个,其中一个与平均海水面重合并延伸到大陆内部,且包围整个地球的特定重力等位面叫作大地水准面。它是一个没有皱纹和棱角的、连续的封闭曲面。大地水准面是决定地面点高程的起算面。由大地水准面所包围的形体叫作大地体,通常认为大地体可以代表整个地球的形状。

水准面是一个曲面,通过水准面上某一点而与水准面相切的平面称为过该点的水平面。水准面的物理特征包括:水准面处处都与其铅垂线方向相垂直。铅垂线方向又称为重力方向。重力是地球引力和离心力的合力,地球表面离心力与引力之比约为1∶300,所以重力方向主要取决于引力方向。由于地球内部物质分布不均匀,就使得地面各点铅垂线方向发生不规则的变化,因此大地水准面实际上是个略有起伏而不规则的光滑曲面,如图1-1所示。显然,要在这样的曲面上进行各种测量数据的计算和成果、成图的处理是相当困难的,甚至是不可能的。然而,人们经过长期的精密测量,发现大地体是一个十分接近于一个两极稍扁的旋转椭球体,所以称这个与大地体形状和大小十分接近的旋转椭球体为地球椭球体。它是一个数学曲面(能够用数学公式表达的规则曲面),用 a 表示地球椭球体的长半径,b 表示其短半径,则地球椭球体的扁率 f 为

$$f = \frac{a - b}{a} \tag{1-1}$$

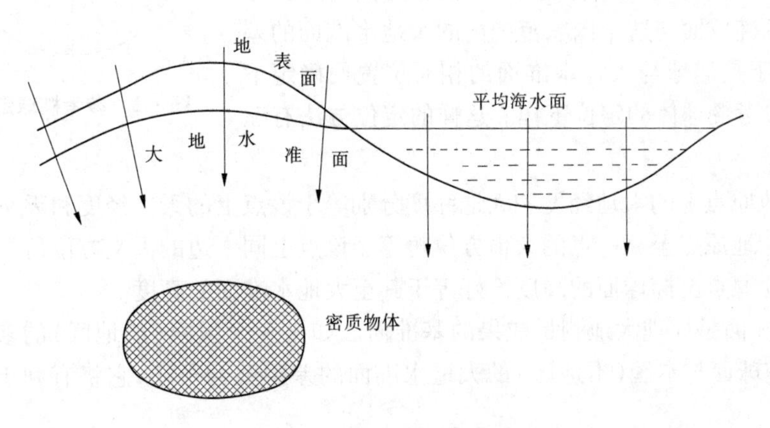

图 1-1　大地水准面示意图

所以地球椭球的几何参数用 a、f 表示即可。其值以前是用弧度测量和重力测量的方法测定,现代结合卫星大地测量资料可以得出更精确的结果。世界各国推导和采用的地球椭球几何参数很多,现摘录几种典型的地球椭球几何参数以作参考(见表 1-1)。

表 1-1　地球椭球几何参数

椭球	长半轴 a(m)	扁率 f	备注
克拉索夫斯基	6 378 245	1∶298.3	苏联;1954 年北京坐标系采用
1975 国际椭球	6 378 140	1∶298.257	IUGG 第 16 届大会推荐值;1980 西安坐标系采用
WGS84 椭球	6 378 137	1∶298.257 223 563	美国国防部制图局(DMA)
CGCS2000	6 378 137	1∶298.257 222 101	中国;CGCS2000 国家大地坐标系采用

注:IUGG 为国际大地测量与地球物理联合会(international union of geodesy and geophysics)。

由于参考椭球体的扁率很小,当测区面积不大时,在普通测量中可把地球近似地看作圆球体,其半径为

$$R = \frac{a + a + b}{3} \approx 6\,371(\text{km}) \tag{1-2}$$

一个国家为了处理自己的大地测量成果,首先要在地面上适当的位置选择一点作为大地原点(推算地面点大地坐标的起算点),用于归算地球椭球定位结果,并作为观测元素归算和大地坐标计算的起算点;进而采用与地球大小和形状接近的并确定了与大地原点关系

的地球椭球体，称为参考椭球体，其表面称为参考椭球面。

如图 1-2 所示，在地面上适当地方选择一点 P，设想把椭球与大地体相切，切点 P' 位于 P 点的铅垂线方向上。这时，椭球面上的 P' 点的法线与大地水准面的铅垂线相重合，使椭球的短轴与地轴保持平行，其赤道面与地球赤道面平行，且椭球面与这个国家范围内的大地水准面的差距尽量小。于是椭球与大地水准面的相对位置便确定下来，这就是参考椭球体的定位工作。这样的定位方法有三点要求：

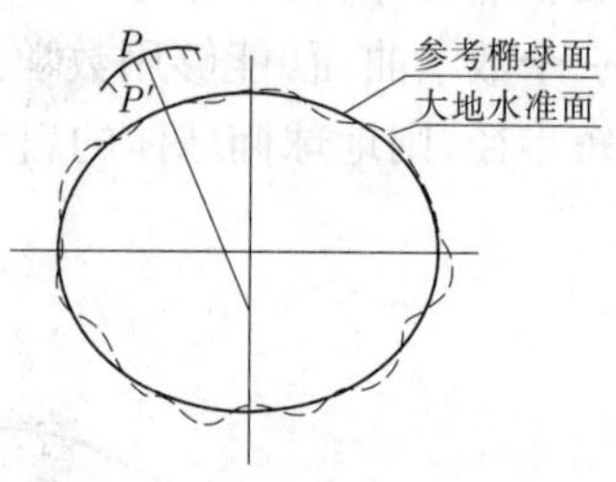

图 1-2　参考椭球定位示意图

（1）大地原点上的大地经度和大地纬度分别等于该点上的天文经度和天文纬度。

（2）由大地原点至某一点的大地方位角等于该点上同一边的天文方位角。

（3）大地原点至椭球面的高度恰好等于其至大地水准面的高度。

参考椭球面是处理大地测量成果的基准面。如果一个国家（或地区）的参考椭球选定适当，参考椭球面与本国（本地区）的大地水准面的差距就会很小，它将有利于测量成果的处理。

我国所采用的参考椭球几经变化。中华人民共和国成立前，曾采用海福特椭球；中华人民共和国成立后，采用的是克拉索夫斯基椭球。由于克拉索夫斯基椭球参数与 1975 IUGG 推荐椭球相比，其长半轴差 105 m，而 1978 年我国根据自己掌握的测量资料推算出的地球椭球为 a = 6 378 140 m，f = 1∶298 257，这个数值与 1975 IUGG 推荐椭球十分接近，因此我国决定自 1980 年采用 1975 IUGG 推荐椭球（见表 1-1）作为参考椭球，它将更适合我国大地水准面的情况，从而使测量成果的归算更准确。

第三节　参考椭球体

当参考椭球确定以后，地面上点的位置可以用它在参考椭球面上的投影和该点的高程来表示。参考椭球体上有些点、曲线或平面有特殊的意义（见图 1-3），为了更好地理解参考椭球面，我们首先介绍这些重要的点、线、面。

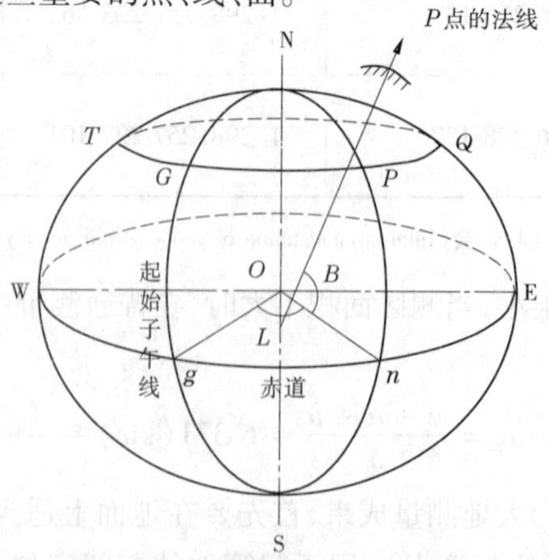

图 1-3　参考椭球体的主要点、线、面

一、参考椭球面上主要的点、线、面

参考椭球旋转时所绕的短轴 NS 称为旋转轴,又称为地轴。它通过椭球中心 O。旋转轴与参考椭球面的交点称为极点。在北端的极点 N 称为北极;在南端的极点 S 称为南极。

包含旋转轴 NS 的任一平面称为一个子午面。子午面有无数多个。子午面与参考椭球的交线(椭圆)称为子午圈。旋转椭球面上所有子午圈的形状都相同。通过参考椭球面上一点 P 的子午圈两极之间的半椭圆 NPS 称为过 P 点的子午线,或经线。各经线均通过南北两极。

国际上公认通过英国格林尼治(Greenwich)天文台的子午面,称为首子午面或起始子午面;通过格林尼治天文台的子午线称为首子午线,或称起始子午线、起始经线,亦称本初子午线。

垂直于旋转轴 NS 的任一平面与参考椭球面的交线称为纬线或称纬圈,如图 1-3 中圆 TPQ,所有纬线都是相互平行的同轴圆,所以纬线又称平行圈。

过参考椭球中心且垂直于旋转轴 NS 的平面(见图 1-3 中的 WgnE 平面),称为赤道面;赤道面与参考椭球面的交线称为赤道。赤道是所有平行圈中半径最大的圆。

过参考椭球面上任一点 P 而垂直于该点切平面的直线称为过 P 点的法线。椭球面上只有在赤道上的点和极点的法线才通过椭球中心;其他点的法线都与短轴相交但却不通过椭球中心。

通过参考椭球面上任一点 P 的法线且与子午面垂直的平面称为 P 点的卯酉平面。卯酉平面与椭球面的交线称为 P 点的卯酉圈。卯酉圈的形状是椭圆,不同点的卯酉圈形状一般不相同。在参考椭球面上任一点,子午圈与卯酉圈正交(垂直相交)。可以认为,该点子午线的方向为正北正南方向(真子午方向),卯酉圈的方向为正东正西方向。

在参考椭球面上任一点(非极点)处,子午圈、卯酉圈及纬圈的关系是:纬圈、卯酉圈相切,而且都垂直于子午圈,图 1-3 中椭圆 EPW 为 P 点的卯酉圈。

曲面上两点长度最短的曲线,叫作短程线。在球面上,过两点的所有曲线中长度最短的是过这两点的大圆弧(劣弧),其长度就是球面上两点之间的距离(弧长)。椭球面上的短程线一般来说不是平面曲面,也不能用一个简单的方程表示出来。

二、大地线

在平面上,“距离”的概念很简单,这便是平面上两点之间最短连线(直线段)的长度;在球面上,两点之间的大圆弧(劣弧)的长度就是这两点之间的距离。但是,地球的自然表面是一个不规则的曲面,即使用参考椭球面来代替它,也不容易简单说清楚两点之间的“距离”问题。

我们可以想象,通过地面上两点,在地球的自然表面上可以画出很多条曲线。这些曲线的长度不尽相同,把其中最短的一条曲线的长度作为地面上这两点之间的“距离”似乎是很自然的。不过,这样定义的“距离”很难通过测量手段来得到。

当我们把地面(自然表面)上的点投影到参考椭球面(数学曲面)上后,参考椭球面上相应投影点之间最短连线,称为大地线,也就是上面提到的短程线。参考椭球面上两点之间的大地线(短程线)的长度就是这两点之间的距离。

三、平均曲率半径、密切球面

由于椭球面上短程线不是平面曲线,也不能用一个简单的方程表示出来,实际应用中往往在一点 P 附近的一定范围内,用一个球面来代替椭球面,如图 1-4 所示。所选的球面中心不是在旋转椭球的几何中心或地球的质心,而是在旋转椭球面的“曲率中心”Q(在椭球面的法线与旋转轴的交点),其半径等于旋转椭球面的平均曲率半径

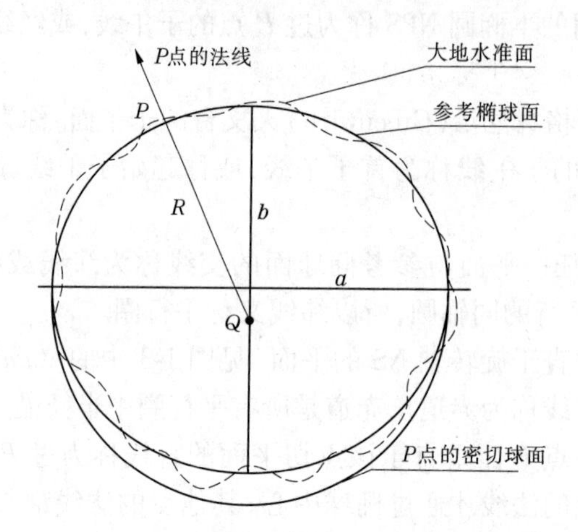

图 1-4　在一定范围内以球面代替参考椭球面

$$R = \sqrt{MN} = \frac{a\sqrt{1-e^2}}{1-e^2\sin^2\varphi} \tag{1-3}$$

式中,φ 为 P 点的纬度;a 为参考椭球的长半径;e 为子午圈(椭圆)的离心率;M 为 P 点的子午曲率半径;N 为 P 点的卯酉曲率半径,分别为

$$M = \frac{a(1-e^2)}{\sqrt{(1-e^2\sin^2\varphi)^3}} \tag{1-4}$$

$$N = \frac{a}{\sqrt{1-e^2\sin^2\varphi}} \tag{1-5}$$

这样的球面称为旋转椭球面在 P 点的密切球面,它的球心在椭球面的曲率中心 Q,半径等于椭球面上 P 点的平均曲率半径 R,法线与椭球面的法线重合,如图 1-4 所示。

对于我国当前采用的 1975 IUGG 推荐椭球

$$a = 6\ 378\ 140\ \text{m}, e^2 = 0.006\ 694\ 384$$

在中纬度(φ =40°)地区

$$M_{40°} = 6\ 361\ 819\ \text{m}, N_{40°} = 6\ 386\ 979\ \text{m}, R_{40°} = 6\ 374\ 387\ \text{m}$$

由于地球的扁率很小,密切球面在 P 点相当大的范围内可以很好的拟合参考椭球面或大地水准面(见图 1-4)。

第四节　测量坐标系的概念

测量工作的根本任务是确定地面点的位置。要确定地面点的空间位置,通常是求出该

点相对于某基准面和基准线的三维坐标或二维坐标。由于地球自然表面高低起伏变化较大,要确定地面点的空间位置,就必须要有一个统一的坐标系统。

一、地理坐标系

地理坐标系属球面坐标系,根据不同的基准面,又分为天文地理坐标系和大地地理坐标系。

(一)天文地理坐标系

天文地理坐标系又称天文坐标系,用天文经度 λ 和天文纬度 φ 来表示地面点投影在大地水准面上的位置,如图 1-5 所示。

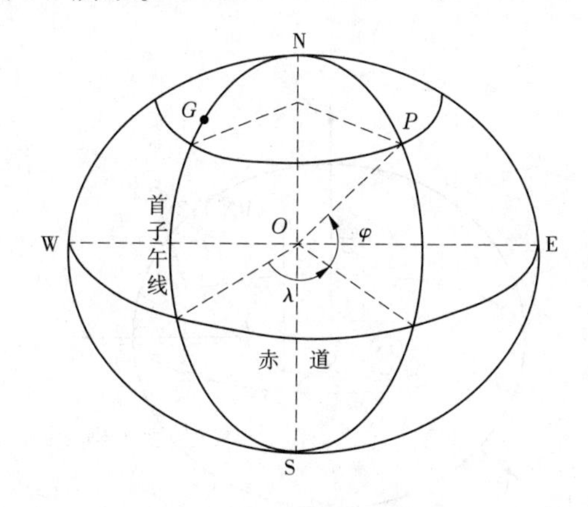

图 1-5 地理坐标系

图中短轴 NS 称为旋转轴,它通过椭球中心 O。旋转轴与参考椭球面的交点称为极点。在北端的极点 N 称为北极;在南端的极点 S 称为南极。包含旋转轴 NS 的任一平面称为子午面。子午面与参考椭球面的交线(椭圆)称为子午线,或经线。通过英国格林尼治天文台的子午面,称为首子午面或起始子午面;通过格林尼治天文台的子午线称为首子午线,或称起始子午线、起始经线,亦称本初子午线。垂直于旋转轴 NS 的任一平面与参考椭球面的交线称为纬线。

确定球面坐标(λ, φ)所依据的基本线为铅垂线,基本面为包含铅垂线的子午面。P 点的经度 λ 是 P 点的子午面与首子午面所组成的两面角。其计算方法为自首子午线向东或者向西计算,数值在 0°~180°,向东为东经,向西为西经。P 点的纬度 φ 是通过 P 点的铅垂线与赤道平面的交角,其计算方法为自赤道起向北或向南计算,数值在 0°~90°,在赤道以北为北纬,在赤道以南为南纬。天文地理坐标可以在地面点上用天文测量的方法测定。

(二)大地地理坐标系

大地地理坐标系用大地经度 L 和大地纬度 B 表示地面点投影在地球椭球面上的位置。地面上一点的空间位置可以用(L,B,H)表示。过参考椭球面上任一点 P 的子午面与首子午面的夹角 L,称为该点的大地经度,简称经度。经度由首子午面向东为正,从 0°~180°称为东经;向西为负,从 0°~180°称为西经。在同一子午线上的各点,其经度相同,地面上任意两点的经度之差称为经差,用 ΔL 表示。过参考椭球面上任一点 P 的法线与赤道面的夹角 B,称为该点的大地纬度,简称纬度。纬度由赤道面向北为正,从 0°~90°称为北纬;向南为负,从0°~90°称为南纬。在同一平行圈上的各点的纬度相同,地面上任意两点的纬度之差称为纬差。

二、地心空间直角坐标系

地心空间直角坐标系属空间三维直角坐标系。在卫星大地测量中,常用地心空间直角坐标来表示空间一点的位置。通常原点 O 设在大地体的质量中心,用相互垂直的 X,Y,Z 三个轴来表示,X 轴与首子午面与赤道面的交线重合,向东为正。Z 轴与地球旋转轴重合,向北为正。Z 轴与 XY 平面垂直构成右手系。如图 1-6 所示,地面点 A 点的空间位置表示为 $A(X,Y,Z)$。地心空间直角坐标在全球定位系统、航空、航天、军事及国民经济各部门都有着广泛的运用。

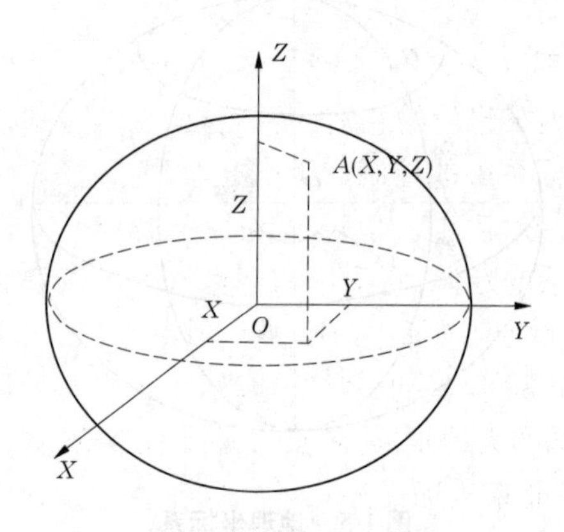

图 1-6　地心直角坐标系

三、平面直角坐标系

大地坐标在大地测量和制图中经常用到,但在地形测量中很少直接使用,而经常使用的是平面直角坐标,特别是以后讲的高斯平面直角坐标。

平面直角坐标系是由平面内两条相互垂直的直线组成的坐标系,测量上使用的平面直角坐标系与数学上的笛卡儿坐标系有所不同。测量上将南北方向的坐标轴定义为 x 轴(纵轴),东西方向的坐标轴定义为 y 轴(横轴),规定的象限顺序也与数学上的象限顺序相反,并规定所有直线的方向都是以纵坐标轴北端顺时针方向度量的。这样,所有平面删改的数学公式均可使用,同时又便于测量中的方向和坐标计算。

如图 1-7 所示,以南北方向的直线作为坐标系的纵轴,即 x 轴。以东西方向的直线作为坐标系的横轴,即 y 轴。纵、横坐标轴的交点 O 为坐标原点。规定由坐标原点向北为正,向南为负,向东为正,向西为负。坐标轴将整个坐标系分为四个象限,象限的顺序是从北东象限开始,以顺时针方向排列为Ⅰ(北东)、Ⅱ(南东)、Ⅲ(南西)、Ⅳ(北西)象限。

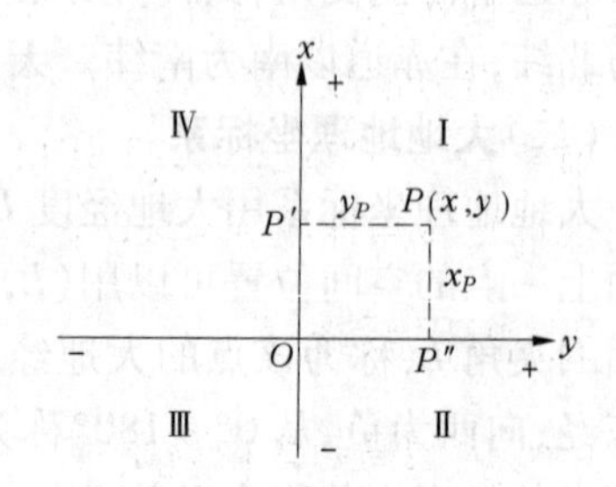

图 1-7　平面直角坐标系

平面上一点 P 的位置是以该点到纵、横坐标轴的垂直距离来表示。

（一）高斯平面直角坐标系

此部分内容将在本章第五节重点介绍。

（二）独立平面直角坐标系

在测区的范围较小，不超过 10 km^2 范围，测区附近无任何大地点可以利用，测量任务又不要求与全国统一坐标系相联系的情况下，可以把该测区的表面一小块球面当作平面看待。在测区内选择两个控制点，假定其中一个点的坐标，测定两点间的距离，假定该边的坐标方位角，或将坐标原点选在测区西南角使坐标为正值，以该地区中心的子午线为 x 轴方向。建立该地区的平面直角坐标系。

四、我国的大地坐标系统

（一）1954 年北京坐标系

20 世纪 50 年代，由于国家建设的急需，我国地面点的大地坐标是通过与苏联 1942 年普尔科沃（Pulkovo）大地坐标系中的控制点进行联测，并经过我国东北传算过来的，这些大地点经平差之后，其坐标系统定名为 1954 年北京坐标系。实际上，这个坐标系统是苏联 1942 年普尔科沃大地坐标系的延伸，它采用的是克拉索夫斯基椭球参数，大地原点位于苏联普尔科沃天文台，由于大地原点距我国甚远，在我国范围内该参考椭球面与大地水准面存在着明显的差距，到 20 世纪 80 年代初，我国已基本完成了天文大地测量，经计算表明，1954 年北京坐标系普遍低于我国的大地水准面，平均误差为 29 m 左右，在东部地区，两面的差距最大达 69 m 之多。1954 年北京坐标系为参心大地坐标系。

（二）1980 西安坐标系

自 1980 年起，我国采用 1975 IUGG 推荐椭球作为参考椭球，并将大地原点定在西安附近（陕西省泾阳县永乐镇，距西安约 60 km），由此建立了 1980 西安坐标系。

（三）2000 国家大地坐标系

2000 国家大地坐标系（china geodetic coodinate system 2000）是以地球质量（包括海洋和大气在内）中心为原点的地心大地坐标系，Z 轴为国际地球自转局（IERS）参考极（IRP）方向，X 轴为 IERS 的参考子午面（IRM）与垂直于 Z 轴的赤道面的交线，Y 轴与 X 轴和 Z 轴构成右手正交坐标系。2000 国家大地坐标系以 ITRF 97 参考框架为基准，参考框架历元为 2000.0。

2000 国家大地坐标系的大地测量基本常数分别为

长半轴 $a = 6\ 378\ 137$ m；

地球引力常数 $GM = 3.986\ 004\ 418 \times 10^{14}$ m^3/s^2；

扁率 $f = 1/298.257\ 222\ 101$；

地球自转角速度 $X = 7.292\ 115 \times 10^{-5}$ rad/s。

五、高程系统

（一）大地高与大地高系统

地面上某一点沿法线到参考椭球面的距离称为该点的大地高，又称椭球高（见图 1-8）。以参考椭球面为高程基准面的高程系统，称为大地高系统，用 $H_{大地}$ 来表示。大地高一般采用卫星定位系统测得。

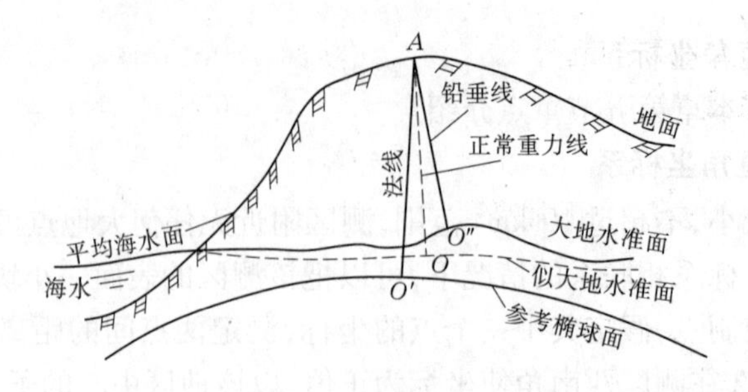

图 1-8　高程系统

（二）正高与正高系统

地面上某一点沿铅垂线到大地水准面的距离称为该点的绝对高程或海拔，又称为正高（见图 1-8），用 $H_{正}$ 来表示，如 A 点的高程表示为 $H_{正A}$。以大地水准面为高程基准面的高程系统，称为正高系统。

要求得地面点 A 的正高，必须知道高程观测沿线的重力值 g，以及地面点 A 沿铅垂线上各点重力值的平均值 g_mA。由于 g_mA 既不能实测，也不能精确推算出来，因此严格地说，地面上一点的正高是不可能严格求得的。换句话说，在陆地上无法精确测定出大地水准面的形状。

（三）正常高与正常高系统

由于 g_mA 无法精确求得，我们在计算高程时，往往用正常重力 γ_mA 来代替 g_mA。正常重力 γ_mA 是一个假定的重力值，它由具有确定参数的国际椭球产生。与正常重力对应的重力线称为正常重力线。把地面各点向下量取该点的正常高而获得的点组成的连续曲面称作似大地水准面。

地面上某一点沿正常重力线到似大地水准面的距离称为该点的正常高（见图 1-8）。常用 $H_{常}$ 来表示。

正常高值是可以精确求得的，且与高程观测路线的变换无关。因此，我国现行水准测量规范规定，我国采用正常高系统。本书中若没有特殊说明，高程一般指正常高。

（四）大地高与正高、正常高的关系

如图 1-9 所示，大地高的起算面为参考椭球面，正高的起算面为大地水准面。大地高与正高的关系式为

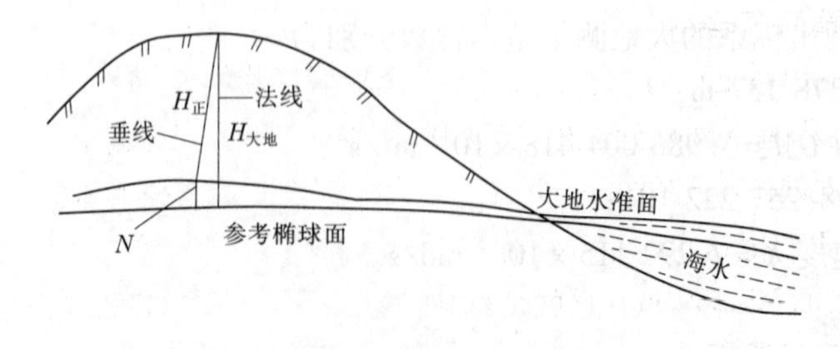

图 1-9　法线、垂线与大地高、正高

$$H_{大地} = H_{正} + N \tag{1-6}$$

式中，$H_{大地}$ 为大地高程；$H_{正}$ 为正高高程；N 为大地水准面差距。

如图 1-10 所示，大地高的起算面为参考椭球面，正常高的起算面为似大地水准面。大地高与正常高的关系式为：

$$H_{大地} = H_{常} + \zeta \tag{1-7}$$

式中，$H_{大地}$ 为大地高程；$H_{常}$ 为正常高程；ζ 为高程异常。

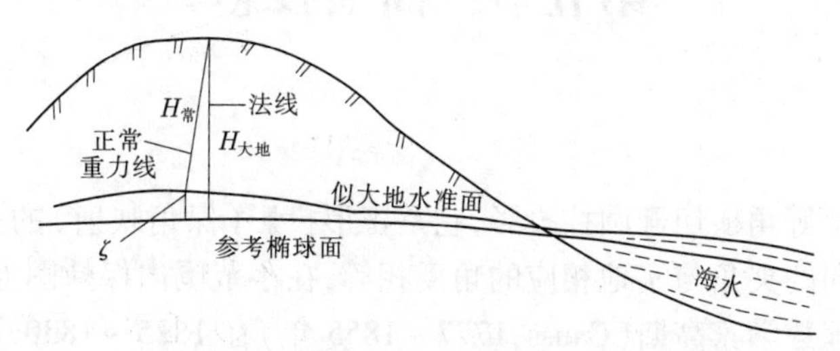

图 1-10　法线、正常重力线与大地高、正常高

（五）高差

两地面点的高程之差称为高差（或比高）。高差是相对的，其值有正、负，如果测量方向由 A 到 B，A 点高，B 点低，则高差为负值，表示为 $h_{AB} = H_B - H_A$；若测量方向由 B 到 A，即由低点测到高点，则高差 $h_{BA} = H_A - H_B$ 为正值。显然 $h_{AB} = -h_{BA}$，如图 1-11 所示。

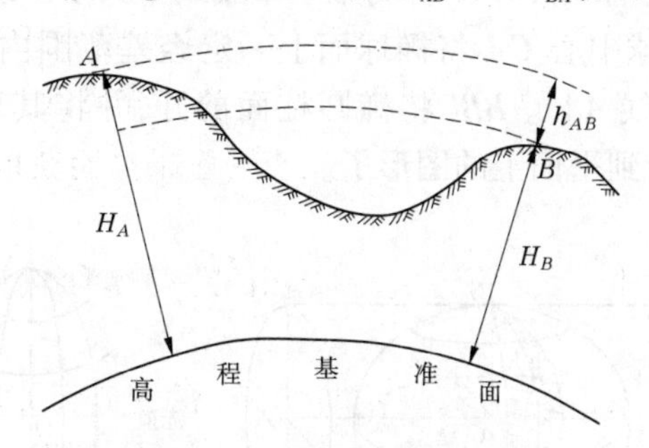

图 1-11　高程与高差示意

六、我国的高程

我国先后主要采用“1956 年黄海高程系”与“1985 国家高程基准”两个高程系统。

（一）1956 年黄海高程系

1956 年黄海高程系是以青岛验潮站 1950 ~ 1956 年连续验潮的结果求得的平均海水面作为全国统一的高程基准面而建立的高程系。为了明显而稳固地表示高程基准面的位置，在山东省青岛市观象山上，建立了一个与该平均海水面相联系的水准点，以坚固的标石加以相应的标志表示，我们把这个水准点叫作国家水准原点。用精密水准测量方法测出该原点高出黄海平均海水面 72.289 m。它就是推算国家高程控制点的高程起算点。

（二）1985 国家高程基准

1985 年，国家测绘局根据青岛验潮站 1952 ~ 1979 年间连续观测的潮汐资料，推算出青岛水准原点的高程为 72.260 m。此数据于 1987 年 5 月正式通告启用，并以此定名为 1985 国家高程基准，同时 1956 年黄海高程系相应废止。各部门各类水准点的 1956 年黄海高程系成果逐步归算至 1985 国家高程基准。

1985 国家高程基准与 1956 年黄海高程系比较,验潮站和水准原点的位置未变,只是更精确,两者相差 0.029 m(1985 国家高程基准“低”0.029 m)。由 1956 年黄海高程系的高程换算成 1985 国家高程基准时需要减去 29 mm。

第五节　高斯投影

一、概述

高斯投影是一个等角横切椭圆柱投影,它是正形投影(保角映射)的一种。这种投影保持图上任意两个方向的夹角与实地相应的角度相等,在小范围内保持图上形状与实地相似。

高斯投影是德国数学家高斯(Gauss,1777~1855 年)在 1825~1830 年首先建立其理论并推导出计算公式的,到 1912 年又经德国大地测量学家克吕格(Kruger,1857~1923 年)加以研究改进并补充完善,所以称高斯-克吕格投影,通常简称高斯投影。

(一)高斯投影的几何概念

设想用一个椭圆柱面横套在参考椭球面的外面(见图 1-12),并使椭圆柱面与参考椭球某一子午线相切,相切的子午线 N*K*O*S* 称为轴子午线或中央子午线;椭圆柱的中心轴 ZZ' 与赤道面相重合,并通过椭球中心 C。将椭球面上一定经差范围内的点、线投影到椭圆柱面上。然后,沿过极点的母线 AA'、BB' 将椭圆柱面剪开,并将其展成一平面(称为高斯平面),就可得到椭球面投影到平面上的图形了。

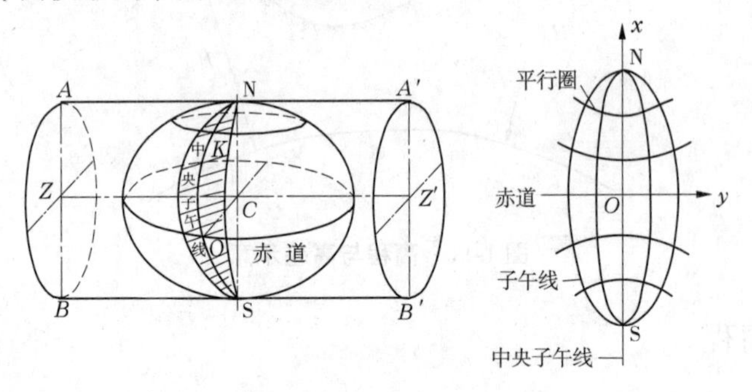

图 1-12　高斯投影原理

(二)高斯投影的特点

(1)中央子午线投影后为一条直线,定义为 x 轴,并且是投影的对称轴。中央子午线的长度不变。

(2)除中央子午线外,其余子午线投影后均为凹向中央子午线的曲线,并以中央子午线为对称轴。这些子午线投影后有长度变形,且离中央子午线越远,投影后长度变形越大。

(3)赤道投影后为一条直线,定义为 y 轴,其长度有变形。

(4)除赤道外的其余纬线,投影后均为凸向赤道的曲线,并以赤道为对称轴。

(5)经线与纬线投影后仍保持正交。

二、投影带划分

根据高斯投影的特点,投影后保持角度不变,但长度除中央子午线外基本都发生了变形,并且距离中央子午线越远,变形越大。既然不能消除变形,就需要控制变形的幅度,使其控制在一定误差允许范围内。一般采用分带投影的办法,将椭球面按照一定的经差划分为若干投影带,通过限制投影宽度,从而限制长度的变形。

国际上通常将投影宽度按照经差6°或3°来划分,划分出的投影带分别称为6°带和3°带。特殊情况下也可以按照1.5°划分。

(一)6°带的划分方法与编号

如图1-13所示,6°带的带号是由起始子午线算起,每隔经差6°自西向东划分,即0°~6°为第1带(中央子午线的经度$L_0=3°$);6°~12°为第2带($L_0=9°$);依次划分可将地球分成60个带,每带的带号可按1~60依次编号。第N带中央子午线的经度L_0与带号N的关系为

$$L_0 = 6°N - 3° \quad (N = 1,2,\cdots,60) \tag{1-8}$$

或写成

$$N = \frac{L_0 + 3°}{6°} \tag{1-9}$$

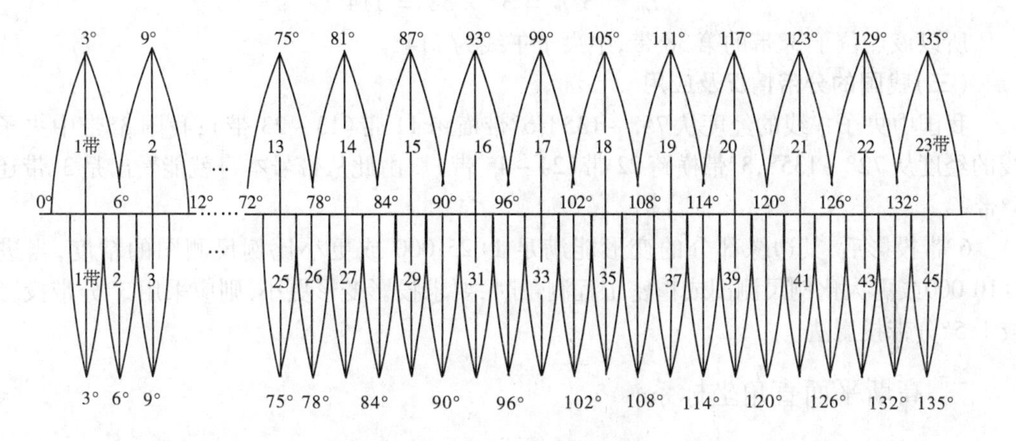

图1-13　高斯投影分带示意图

对于6°带,因为各带东侧分带子午线的经度等于6°×N,所以凡是超过此经度,即为下一带。如某点的经度为L,则该点所在6°带的带号为:

$$N = \left[\frac{L}{6°}\right] + \begin{cases}1,\text{前项有余数时}\\0,\text{前项无余数时}\end{cases} \tag{1-10}$$

这里的[÷]表示"取整数运算"——不能整除时舍弃余数。

【例1-1】 已知某点的经度为115°30′,该点位于6°带第几带?该带中央子午线的经度是多少?

解:

$$N = [115.5°/6°] + 1 = 19 + 1 = 20$$
$$L_0 = 6° \times 20 - 3° = 117°$$

可见,该点位于6°带第20带,其中央子午线的经度为117°。

(二)3°带的划分方法与编号

3°带是在6°带的基础上划分的。6°带的中央子午线和分带子午线都是3°带的中央子

午线。3°带的带号,是由东经1.5°起算,每隔经差3°自西向东划分的,其带号按1~120依次编号。3°带第n带的中央子午线的经度L_0与带号n的关系为:

$$L_0 = 3°n \quad (n = 1,2,\cdots,120) \tag{1-11}$$

或写成

$$n = \frac{L_0}{3°} \tag{1-12}$$

如已知某点的经度为L,则该点所在的3°带的带号为:

$$n = \left[\frac{L - 1.5°}{3°}\right] + \begin{cases}1,\text{前项有余数时}\\0,\text{前项无余数时}\end{cases} \tag{1-13}$$

因为3°带是以1.5°带起自西向东划分的,所以式(1-13)中要将L减去1.5°。

【例1-2】 已知某点的经度为115°30′,该点位于3°带第几带?该带中央子午线的经度是多少?

解:

$$n = [(115°30' - 1.5°)/3°] = 38$$

$$L_0 = 3°n = 3° \times 38 = 114°$$

所以该点位于3°带的第38带,中央子午线为114°。

(三)我国的分带情况及应用

我国中央子午线的经度从75°~135°,6°带横跨11带(13~23带);我国3°带中央子午线的经度从72°~135°,3°带横跨22带(24~45带)。由此从带号本身就能看出是3°带还是6°带。

6°带投影后,其边缘部分的变形能满足1∶25 000或更小比例尺测图的精度,当进行1∶10 000或更大比例尺测图或精密工程测量时,要求投影变形更小,则应采用3°分带投影法或1.5°分带投影法。

三、高斯平面直角坐标系

(一)自然坐标

高斯平面直角坐标系是以每一带的中央子午线的投影为x'轴,赤道的投影为y'轴,各个投影带自成一个平面直角坐标系统。x'轴向北为正,向南为负;y'轴向东为正,向西为负(如图1-14所示)。由此而确定的点位坐标为自然坐标。我国位于北半球,x'的自然坐标均为正,而y'的自然坐标则有正有负。

(二)通用坐标

为了避免y坐标出现负值,规定在自然坐标y'上加500 km。因每带都有一些自然坐标相同的点,为了说明某点的确切位置,则应在加500 km后的y坐标前加上相应的带号。因此规定,将自然坐标y'加500 km,并在前面冠以带号的坐标称为通用坐标。

如在图1-14中,P_1、P_2两点均位于第21带,其自然坐标分别为:

$$y'_{P_1} = +180\ 736.3\ \text{m}$$

$$y'_{P_2} = -105\ 374.8\ \text{m}$$

则其通用坐标为:

$$y_{P_1} = 21\ 680\ 736.3\ \text{m}$$

$$y_{P_2} = 21\ 394\ 625.2\ \text{m}$$

我国位于北半球,所以所有的 x 坐标均为正,因而其自然坐标值和通用坐标值相同。

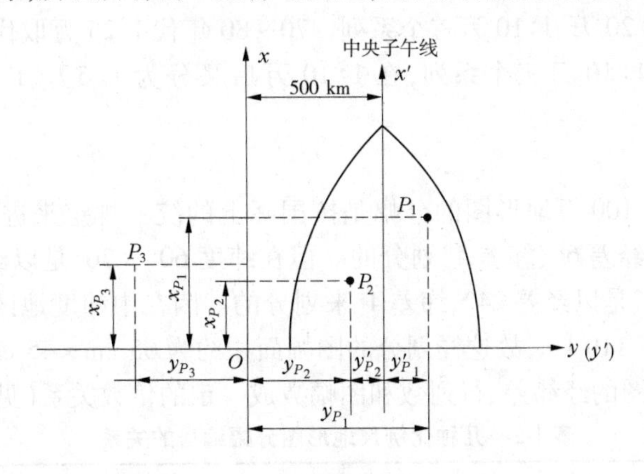

图 1-14 通用坐标系示意图

第六节 地形图的分幅与编号

我国幅员辽阔,东西向经度跨 60 多度,南北向纬度跨 50 多度。要将全部国土测绘在一张基本比例尺的地形图上,显然是不可能的。因此,必须将其分成许多小块,一幅一幅地分别进行测绘,这样就有许多幅地形图。通常认为一幅图的幅面大小为长 50 ~ 60 cm,宽 40 ~ 50 cm 比较合适。比例尺的不同,图幅的多少也不一样,比例尺越大,图幅的数量就越多。在使用时,可以再把需要的相邻图幅拼接起来,这样就做到了测时分别测,用时能拼在一块,即可分可合。另外,对于这么多的地形图,为了保管、查取和使用上的方便,必须给每幅不同比例尺的地形图一个科学的编号,使用时可按照这个编号进行查找。这就像到电影院找座号一样,只要知道几排几号,很快就能找到座位。

地形图的分幅主要有以下两种方法。

(1)梯形分幅法(又称为国际分幅)。梯形分幅是按照经纬线进行的,主要用于国家基本比例尺地形图的分幅。国家基本比例尺地形图包括:1∶100 万,1∶50 万,1∶25 万,1∶10 万,1∶5万,1∶2.5 万,1∶1万,1∶5 000 共 8 种。

(2)矩形分幅法。矩形分幅是按坐标格网线进行的,主要用于国家基本比例尺1∶2 000,1∶1 000,1∶500 大比例尺地形图分幅。

一、梯形分幅

我国基本比例尺地形图(1∶100 万 ~ 1∶5 000)是以国际 1∶100 万地形图分幅为基础,按一定的经差和纬差分图幅的。根据分幅,采用行列编号方法,对各种比例尺地形图进行统一编号。

按照经纬分幅的主要优点是每个图幅都有明显的地理位置概念,适用于很大范围的地图分幅。其缺点是图幅拼接不方便,随着纬度的升高,相同经纬差所限定的图幅面积不断缩小,不利于有效利用纸张和印刷机版面,因此经纬线分幅还经常会破坏重要地物的完整性。

在20世纪70年代以前,我国基本比例尺地形图分幅与编号是以1∶100万地形图为基础,伸展出1∶50万、1∶20万、1∶10万三个系列。70~80年代1∶25万取代了1∶20万,则伸展出1∶50万、1∶25万、1∶10万三个系列,在1∶10万后又分为1∶5万、1∶2.5万一支及1∶1万、1∶5 000一支。

(一)分幅

为了全球统一,1∶100万地形图的分幅是按国际上的统一规定来进行的。其具体做法是将整个地球表面按经差6°、纬差4°划分的。但在纬度60°~76°是以经差12°、纬差4°来划分的;纬度76°~88°是以经差24°、纬差4°来划分的。因在中纬度地区,经差或者纬差1°所对应的距离为100~110 km,故这样划分的图幅面积约为65 cm×45 cm。

各种比例尺地形图的经纬差、行列数和图幅数成一定的倍数关系(见表1-2)。

表1-2　几种比例尺地形图分幅编号的关系

比例尺		1∶100万	1∶50万	1∶25万	1∶10万	1∶5万	1∶2.5万	1∶1万	1∶5 000
图幅范围	经差	6°	3°	1°30′	30′	15′	7′30″	3′45″	1′52.5″
	纬差	4°	2°	1°	20′	10′	5′	2′30″	1′15″
行列数量关系	行数	1	2	4	12	24	48	96	192
	列数	1	2	4	12	24	48	96	192
图幅数量关系		1	4	16	144	576	2 304	9 216	36 864
			1	4	36	144	576	2 304	9 216
				1	9	36	144	576	2 304
					1	4	16	64	256
						1	4	16	64
							1	4	16
								1	4

从表1-2中可以看出:

一幅1∶100万的图分别按经差3°、纬差2°可分为2行2列,共4幅1∶50万的地形图。

一幅1∶100万的图分别按经差1°30′、纬差1°可分为4行4列,共16幅1∶25万的地形图。

一幅1∶100万的图分别按经差30′、纬差20′可分为12行12列,共144幅1∶10万的地形图。

每幅1∶100万地形图分别按经差1′52.5″、纬差1′15″可分为192行192列,共36 864幅1∶5 000的地形图。

1. 编号

1)1∶100万比例尺图的分幅与编号

按国际上的规定,1∶100万的世界地图实行统一的分幅和编号,即自赤道向北或向南分别按纬差4°分成横列,各列依次用A、B、…、V表示。自经度180°开始起算,自西向东按经差 6°分成纵行,各行依次用 1、2、…、60 表示。每一幅图的编号由其所在的“横列—纵行”的代号组成,如图 1-15。例如北京某地的经度为东经 118°24′20″,纬度为 39°56′30″,则所在的 1∶100 万比例尺图的图号为 J—50。

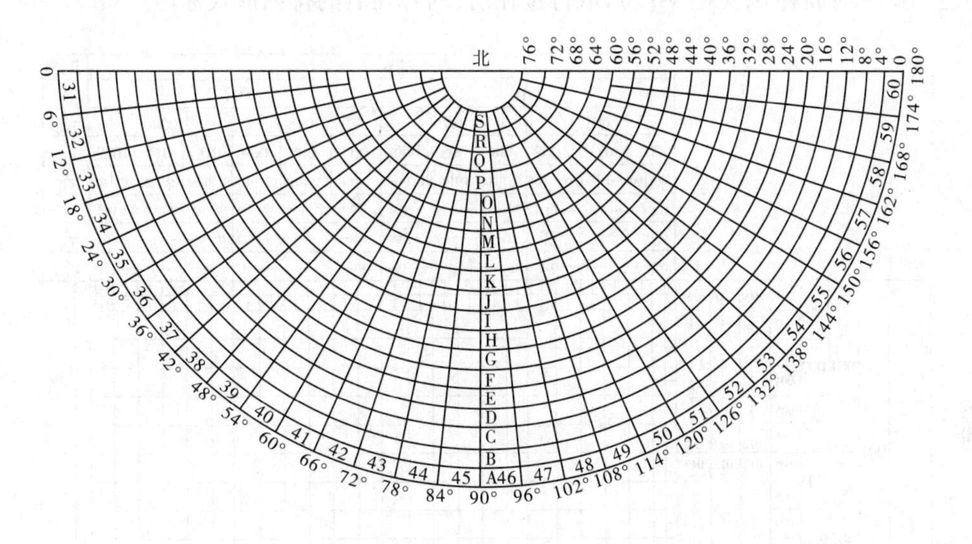

图 1-15　北半球东侧 1∶100 万地形图的国际分幅与编号

按国际 1∶100 万地形图分幅,我国有 60 多幅。

2)1∶50 万 ~1∶5 000 地形图的编号

1∶50 万 ~1∶5 000 图幅的编号,由图幅所在的“1∶100 万图行号(字符码)1 位,列号(数字码)1 位,比例尺代码 1 位,该图幅行号(数字码)3 位,列号(数字码)3 位”共 10 位代码组成,如图 1-16 所示。

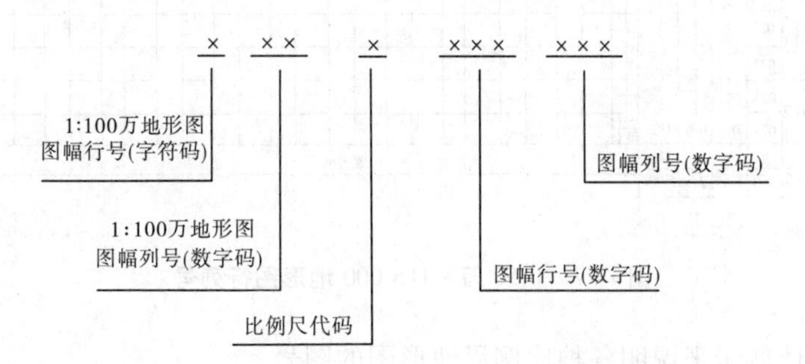

图 1-16　地形图编号规则

不同比例尺的代码和行列号范围见表 1-3。

表 1-3　比例尺代码

比例尺	1∶50 万	1∶25 万	1∶10 万	1∶5万	1∶2.5 万	1∶1万	1∶5 000
代码	B	C	D	E	F	G	H
行列号范围	001 ~002	001 ~004	001 ~012	001 ~024	001 ~048	001 ~096	001 ~192

将 1∶100 万地形图按所含各比例尺地形图的经差和纬差分成若干行和列，横行从上到下，纵列从左到右按顺序分别用阿拉伯数字 001、002、… 编号。行和列均以三位数字表示（不足三位时前面补 0，见图 1-17），取行号在前，列号在后的排列形式标记。

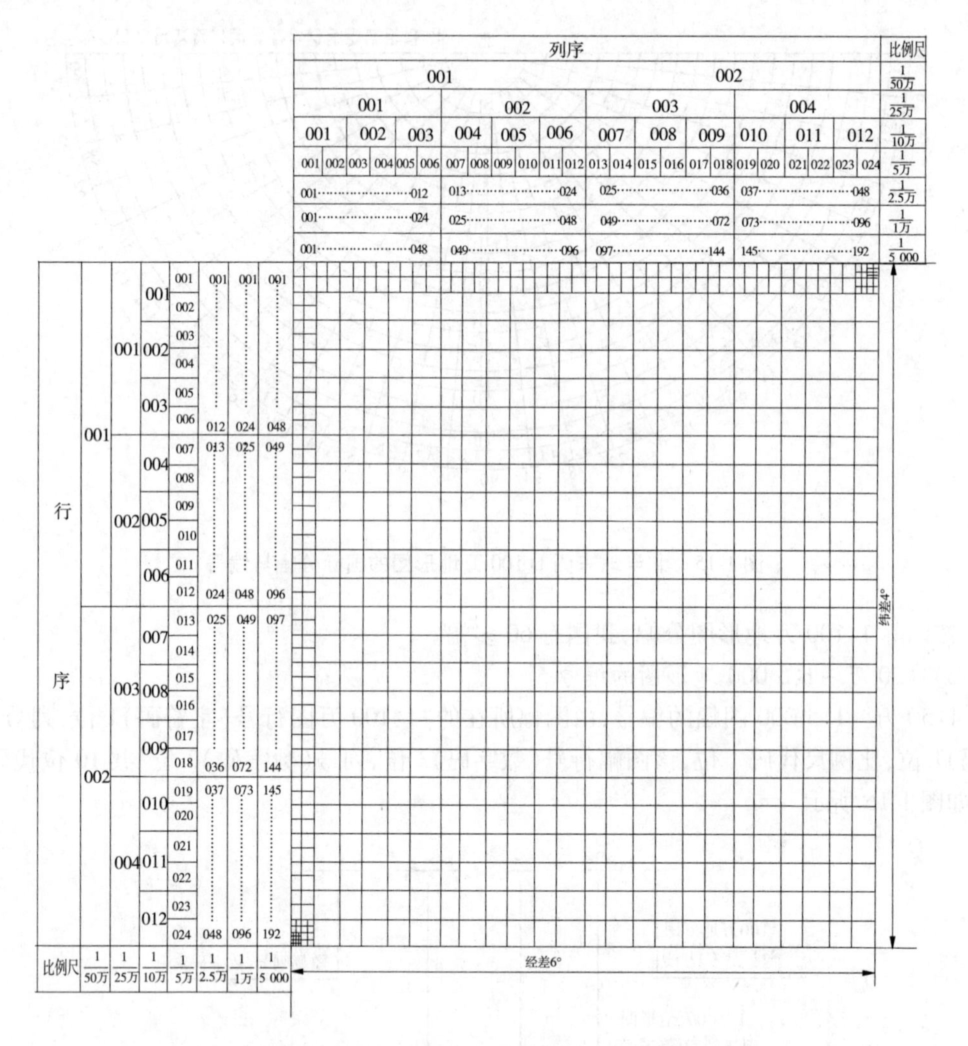

图 1-17　1∶50 万～1∶5 000 地形图行列号

下面通过具体例子来说明各种比例尺地形图的图号。

如图 1-18 所示单斜线处为一幅 1∶50 万地形图，图号为 J50B001002。

如图 1-19 所示单斜线处为一幅 1∶25 万地形图，图号为 J50C003003。

如图 1-20 所示单斜线处为一幅 1∶10 万地形图，图号为 J50D010010。

如图 1-20 所示双斜线处为一幅 1∶50 000 地形图，图号为 J50E017016。

如图 1-20 所示网格线处为 1∶2.5 万地形图，图号为 J50F042002。

如图 1-20 所示灰底处为所在 1∶1万地形图，图号为 J50G093004。

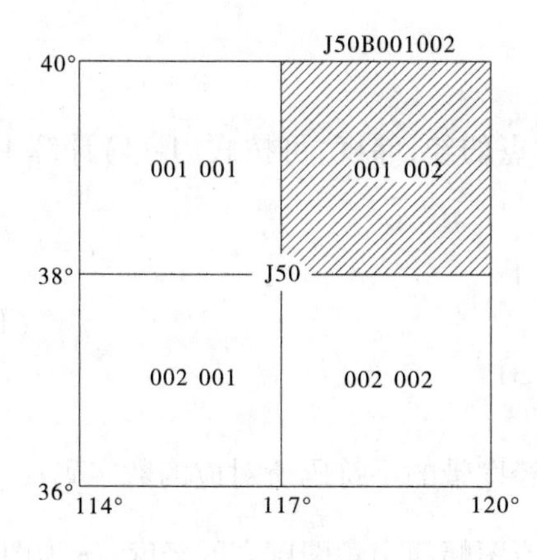

图 1-18　1∶50 万地形图编号

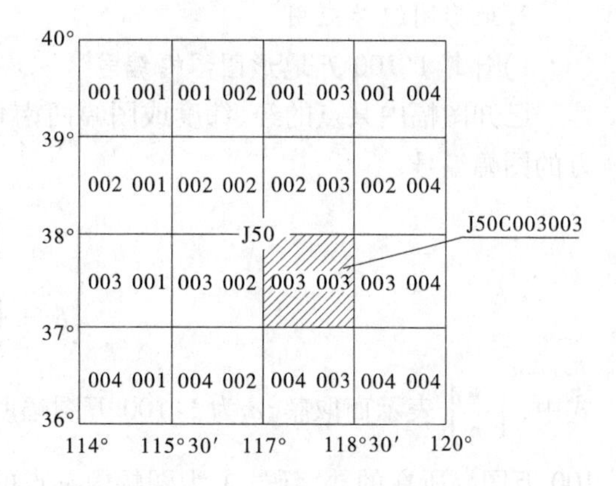

图 1-19　1∶25 万地形图编号

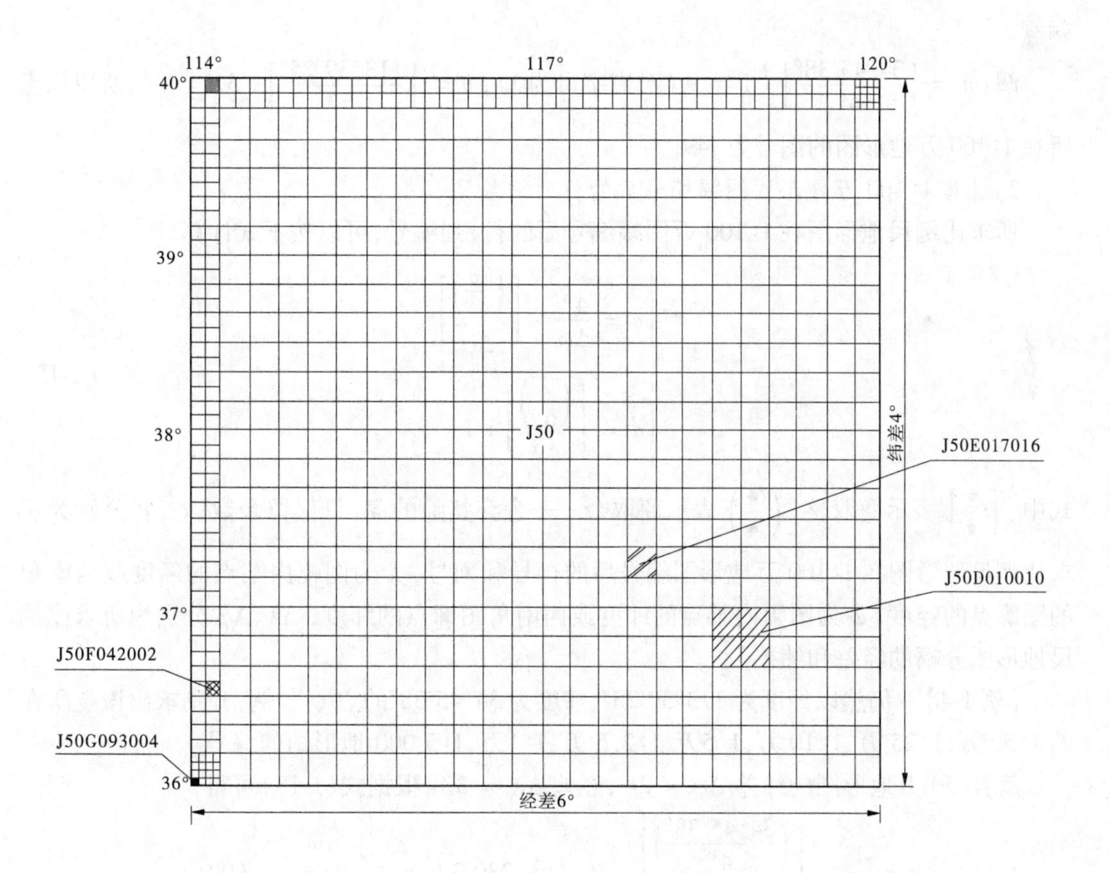

图 1-20　1∶10 万 ~ 1∶5 000 地形图编号

2. 地形图编号应用

1) 计算 1:100 万地形图图幅编号

已知图幅内某点的经、纬度或图幅西南角图廓点的经、纬度,可按式(1-14)计算 1:100 万的图幅编号

$$\begin{cases} a = \left[\dfrac{\varphi}{4^\circ}\right] + 1 \\ b = \left[\dfrac{\lambda}{6^\circ}\right] + 31 \end{cases} \tag{1-14}$$

式中,$\left[\dfrac{\bullet}{\bullet}\right]$ 表示商取整,a 为 1:100 万图幅所在的经度带的字符码所对应的数字码;b 为 1:100 万图幅所在的数字码;λ 为图幅内某点的经度或图幅西南角图廓点的经度;φ 为图幅内某点的维度或图幅西南角图廓点的纬度。

【例 1-3】 已知某点 Q 的经度为 $113°39'25''$,纬度为 $34°45'38''$,计算其所在图幅的编号。

解:$a = \left[\dfrac{34°45'38''}{4°}\right] + 1 = 9$(对应字母为 I),$b = \left[\dfrac{113°39'25''}{6°}\right] + 31 = 49$,所以该点所在 1:100 万地形图的图号为 I49。

2) 计算 1:100 万地形图图幅编号后的行列编号

所求比例尺地形图在 1:100 万图幅编号后的行、列编号,可以按下式计算

$$\begin{cases} c = \dfrac{4^\circ}{\Delta\varphi} - \left[\dfrac{\left(\dfrac{\varphi}{4^\circ}\right)}{\Delta\varphi}\right] \\ d = \left[\dfrac{\left(\dfrac{\lambda}{6^\circ}\right)}{\Delta\lambda}\right] + 1 \end{cases} \tag{1-15}$$

式中,$\left[\dfrac{\bullet}{\bullet}\right]$ 表示商取整;$\left(\dfrac{\bullet}{\bullet}\right)$ 表示商取余——舍弃整除的商,只保留余数;c,d 分别为所求比例尺地形图在 1:100 万地形图编号后的行号和列号,λ 为图幅内某点的经度或西南角的图廓点的经度;φ 为图幅内某点的纬度或西南角图廓点的纬度;$\Delta\lambda$、$\Delta\varphi$ 分别为所求比例尺地形图分幅的经差和纬差。

【例 1-4】 仍然以经度为 $113°39'25''$,纬度为 $34°45'38''$的点 Q 为例,分别求出该点所在的 1:50 万,1:25 万,1:10 万,1:5万,1:2.5 万,1:1万,1:5 000 地形图的编号。

解:1:50 万地形图的纬差 $\Delta\varphi = 2°$,经差 $\Delta\lambda = 3°$,根据式(1-15)可得

$$c = \frac{4°}{2°} - \left[\frac{\left(\dfrac{34°45'38''}{4°}\right)}{2°}\right] = 2 - [1.380\ 2] = 2 - 1 = 1 \quad (001)$$

$$d = \left[\frac{\left(\dfrac{113°39'25''}{6°}\right)}{3°}\right] + 1 = \left[\frac{5°39'25''}{3°}\right] + 1 = [1.885\ 6] + 1 = 2 \quad (002)$$

所以 Q 点所在 1:50 万地形图的编号为 I49B001002。

同样道理,可以求出 Q 点所在其他各基本比例尺地形图的编号。

比例尺	经差（$\Delta\lambda$）	纬差（$\Delta\varphi$）	图幅编号
1∶250 000	1°30′	1°	I49C002004
1∶100 000	30′	20′	I49D004012
1∶50 000	15′	10′	I49E008023
1∶25 000	7′30″	5′	I49F015046
1∶10 000	3′45″	2′30″	I49G030091
1∶5 000	1′52.5″	1′15″	I49H060182

3)计算图西南角图廓点的经纬度

已知图号,可按下式计算图幅内西南图廓点的纬度

$$\begin{cases}\lambda = (b-31)\times 6° + (d-1)\times \Delta\lambda \\ \varphi = (a-1)\times 4° + \left(\dfrac{4°}{\Delta\varphi} - c\right)\times \Delta\varphi\end{cases} \tag{1-16}$$

式(1-16)中,λ 为图幅西南角图廓点的经度; φ 为图幅西南角图廓点的纬度;a 为 1∶100 万地形图图幅所在纬度带的字符码所对应的数字码;b 为 1∶100 万地形图图幅所在经度带的数字码; c 为该比例尺地形图在1∶100 万地形图编号后的行号; d 为列号; $\Delta\lambda$ 为该比例尺地形图分幅的经差; $\Delta\varphi$ 为纬差。

【例 1-5】 某地形图的图号为 I49D005012,求该图西南角图廓点的经纬度。

解:该图所在的 1∶100 万地形图的图幅行号 I 对应的数字码为 $a = 9$,列号为 $b = 49$;该图在 1∶100 万地形图编号后的行、列号对应 $c = 5$,$d = 12$;比例尺代码 D 对应的比例尺为 1∶10 万,其图幅的经差 $\Delta\lambda = 30'$,纬差 $\Delta\varphi = 20'$ 。根据式(1-16),得

$$\begin{cases}\lambda = (49-31)\times 6° + (12-1)\times 30' = 108° + 330' = 113°30' \\ \varphi = (9-1)\times 4° + \left(\dfrac{4°}{20'} - 5\right)\times 20' = 32° + 140' = 34°20'\end{cases}$$

所以,该图西南角图廓点的经度、纬度分别为 113°30′,34°20′。

4)在同一幅 1∶100 万地形图图幅内不同比例尺地形图的行列关系换算

在同一幅 1∶100 万地形图图幅内不同比例尺地形图的行列,具有一定的换算关系。

(1)由较小比例尺地形图的行列号计算所含各较大比例尺地形图的行、列号。

最西北角图幅的行、列号按下式计算

$$\begin{cases}c_{大} = \dfrac{\Delta\varphi_{小}}{\Delta\varphi_{大}}\times(c_{小}-1)+1 \\ d_{大} = \dfrac{\Delta\varphi_{小}}{\Delta\varphi_{大}}\times(d_{小}-1)+1\end{cases} \tag{1-17}$$

式中, $c_{大}$、$d_{大}$分别为较大比例尺地形图在 1∶100 万地形图号后的行号和列号; $c_{小}$、$d_{小}$分别为较小比例尺地形图在 1∶100 万地形图号后的行号和列号; $\Delta\varphi_{大}$为较大比例尺地形图分幅的

纬差；$\Delta\varphi_{小}$为较小比例尺地形图分幅的纬差。

最东南角图幅的行、列号按下式计算

$$\begin{cases} c_{大} = c_{小} \times \dfrac{\Delta\varphi_{小}}{\Delta\varphi_{大}} \\ d_{大} = d_{小} \times \dfrac{\Delta\varphi_{小}}{\Delta\varphi_{大}} \end{cases} \tag{1-18}$$

【例 1-6】 1∶100 万地形图的行、列号为 004001，求所含 1∶2.5 万地形图的行、列号。

解：已知 $c_{小} = 4, d_{小} = 1, \Delta\varphi_{小} = 20', \Delta\varphi_{大} = 5'$。根据式(1-17)，最西北角图幅的行、列号为

$$\begin{cases} c_{大} = \dfrac{20'}{5'} \times (4-1) + 1 = 13 \quad (013) \\ d_{大} = \dfrac{20'}{5'} \times (1-1) + 1 = 1 \quad (001) \end{cases}$$

最东南角图幅的行、列号为

$$\begin{cases} c_{大} = 4 \times \dfrac{20'}{5'} = 16 \quad (016) \\ d_{大} = 1 \times \dfrac{20'}{5'} = 4 \quad (004) \end{cases}$$

因此，该 1∶100 万地形图所含 1∶2.5 万地形图的行、列号为

013 001	013 002	013 003	013 004
014 001	014 002	014 003	014 004
015 001	015 002	015 003	015 004
016 001	016 002	016 003	016 004

(2)由较大比例尺地形图的行、列号计算其他隶属于较小比例尺地形图的行列号，按下式计算

$$\begin{cases} c_{小} = \left[\dfrac{c_{大}}{\left(\dfrac{\Delta\varphi_{小}}{\Delta\varphi_{大}}\right)}\right] + \begin{cases} 1, \text{前项有余数时加 } 1 \\ 0, \text{前项无余数时不加} \end{cases} \\ d_{小} = \left[\dfrac{d_{大}}{\left(\dfrac{\Delta\varphi_{小}}{\Delta\varphi_{大}}\right)}\right] + \begin{cases} 1, \text{前项有余数时加 } 1 \\ 0, \text{前项无余数时不加} \end{cases} \end{cases} \tag{1-19}$$

式中，$\left[\dfrac{\bullet}{\bullet}\right]$ 为商取整。

【例 1-7】 有两幅 1∶2.5 万地形图的行、列号分别为 016004 和 013003，计算它们隶属于 1∶100 万地形图的行、列号。

解：1∶2.5 万地形图的纬差 $\Delta\varphi_{大} = 5'$，1∶100 万地形图的纬差 $\Delta\varphi_{小} = 20'$。

行列号为 016004 的 1∶2.5 万地形图的行号和列号分别为 $c_{大} = 16, d_{大} = 4$。根据式(1-19)，得其隶属 1∶100 万地形图的行列号分别为

$$
\begin{cases}
c_{小} = \left[\dfrac{16}{\left(\dfrac{20'}{5'}\right)}\right] = 4 & (004)——无余数,不加1 \\
d_{小} = \left[\dfrac{4}{\left(\dfrac{20'}{5'}\right)}\right] = 1 & (001)——无余数,不加1
\end{cases}
$$

所以,第一幅1∶2.5万地形图所在的1∶100万地形图的行列号为004001。

行列号为013003的1∶2.5万地形图的行号和列号分别为$c_{大} = 13$,$d_{大} = 3$。根据式(1-19),得其隶属1∶100万地形图的行列号分别为

$$
\begin{cases}
c_{小} = \left[\dfrac{13}{\left(\dfrac{20'}{5'}\right)}\right] + 1 = 4 & (004)——有余数,加1 \\
d_{小} = \left[\dfrac{3}{\left(\dfrac{20'}{5'}\right)}\right] + 1 = 1 & (001)——有余数,加1
\end{cases}
$$

所以,第二幅1∶2.5万地形图所在的1∶100万地形图的行列号也为004001。

二、矩形图幅的分幅与编号方法

1∶500,1∶1 000,1∶2 000地形图一般采用50 cm×50 cm、40 cm×50 cm、40 cm×40 cm的矩形分幅,图幅大小见表1-4。

表1-4　几种大比例尺地形图的图幅大小

比例尺	图幅大小(cm×cm)	实地面积(km^2)	1∶5 000图幅内的分幅数
1∶5 000	40×40	4	1
1∶2 000	50×50	1	4
1∶1 000	50×50	0.25	16
1∶500	50×50	0.062 5	64

地形图编号一般采用图廓西南角坐标千米数编号法,也可选用流水编号法或行列编号法等。

(1)采用图幅西南角坐标千米数编号时,x坐标在前,y坐标在后,1∶500地形图取至0.01 km(如10.40~21.75),1∶1 000,1∶2 000地形图坐标取至0.1 km(如10.0~21.0)。

(2)带状测区或小面积测区,可按测区统一顺序进行编号,一般从左到右,从上到下用阿拉伯数字1,2,3,4,…编定,如图1-21所示。

(3)行列编号法一般以代号(如$A,B,C,D,\cdots$)的横行,由上到下排列,以阿拉伯数字为代号的纵列,从左到右排列来编写,以先行后列,如图1-22中A-4。

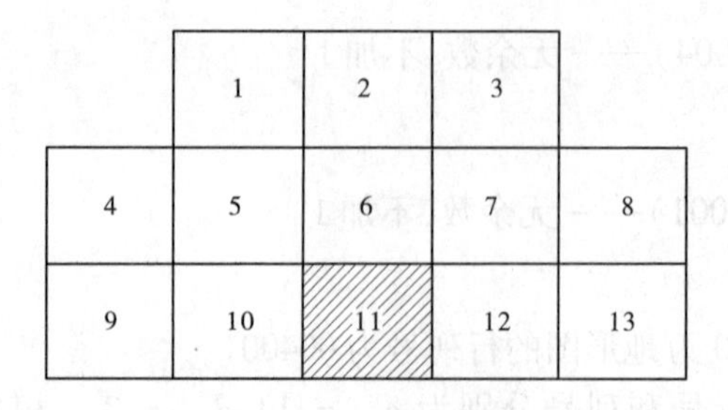

图 1-21　流水编号法

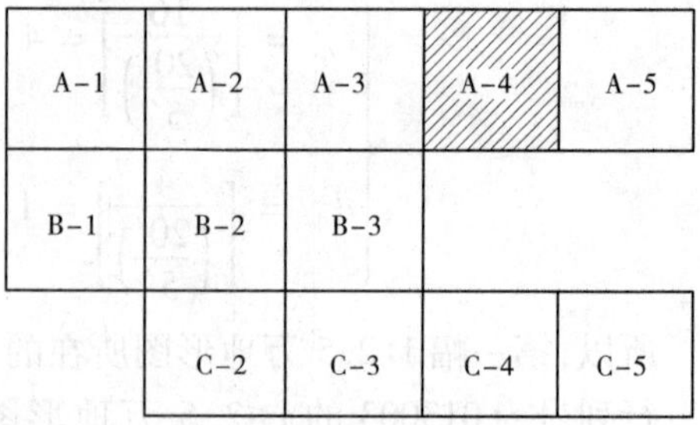

A-1	A-2	A-3	A-4	A-5
B-1	B-2	B-3		
	C-2	C-3	C-4	C-5

图 1-22　行列编号法

第七节　地形图的认识

按照一定的比例尺和图式符号,表示地物、地貌的平面位置和高程的正射投影图称为地形图。地形图是普通地图的一种。所谓正射投影,就是投影线与投影面垂直相交的正投影。正射投影又称垂直投影、直角投影。地表面固定性的人为的或天然的物体称为地物,如居民地、建筑物、道路、河流、森林等。地表面高低起伏的形态称为地貌,如平原、丘陵、山地、盆地、陡崖、冲沟等。地物和地貌的总称为地形。图 1-23 表示地形图的基本成图方法,即将地面上的地物和地貌垂直投影到局部水平基准面上,然后按一定的比例尺缩小,并绘出相应的图式符号,而得到与地面相似的图形。图 1-24 是地形图的一部分。

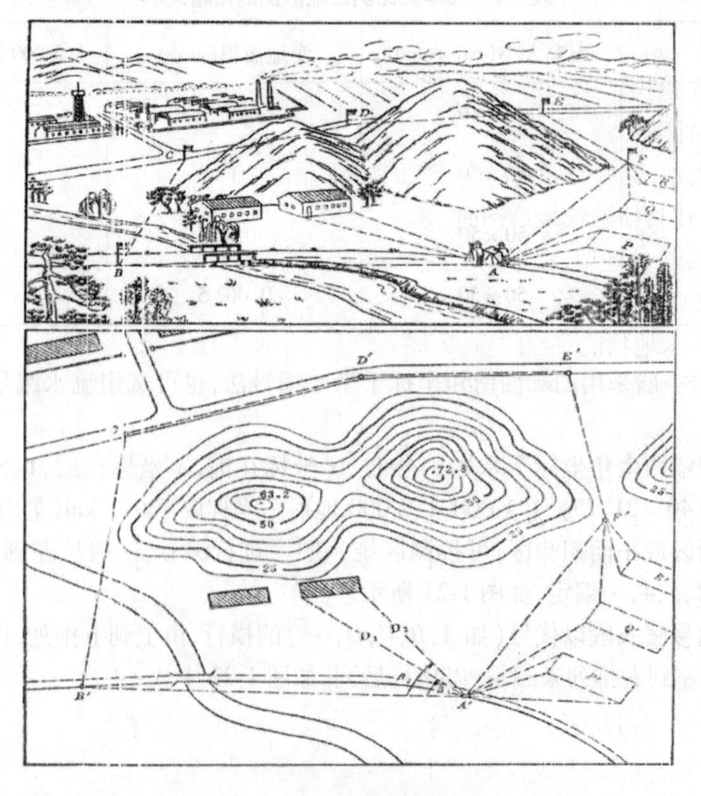

图 1-23　地形图的成图方法

图 1-24　地形图示例

在地形图上,地物一般按图式符号加注记表示;地貌一般用等高线和必要的高程注记表示,能反映地面的实际高度和起伏特征。地形图通常是经过实地测绘或根据实测并配合有关调查资料编制而成的。

当地形图表示的测区面积较大(例如超过 100 km^2)时,就必须考虑地球表面弯曲(地球曲率)的影响。在具体测绘地形图时,是先把一些起控制作用的点(控制点),经过一定的数学法则(地图投影)处理后,再根据这些点测绘出既有地物又有地貌的地形图。若测区范围较小(100 km^2 以内),投影面可视为平面,不用考虑地球曲率的影响,直接按绘制地形图的原则绘制。只表示地物的平面位置,不表示地貌的图称为平面图(见图 1-25)。按照一定的数学法则,有选择地在平面上表示地球上若干现象的图称为地图(见图 1-26)。

一、地形图的内容

地形图的内容比较丰富,归纳起来大致可以分为四类。

(1)数学要素。如测图比例尺、坐标格网等。如图 1-27 所示为 1∶1 000 比例尺地形图图廓整饰示例。

(2)地形要素。各种地物、地貌。

(3)注记要素。包括各种文字说明注记和必要的说明注记。

(4)整饰要素。包括图名,图号,接图表,四周的图框(图框的方向为上北、下南、左西、右东),测绘机关全称,测绘日期及测图的方法,采用的坐标系统、高程系统,使用的图式,测图比例尺,测量员,绘图员,检查员等,如图 1-27 所示。

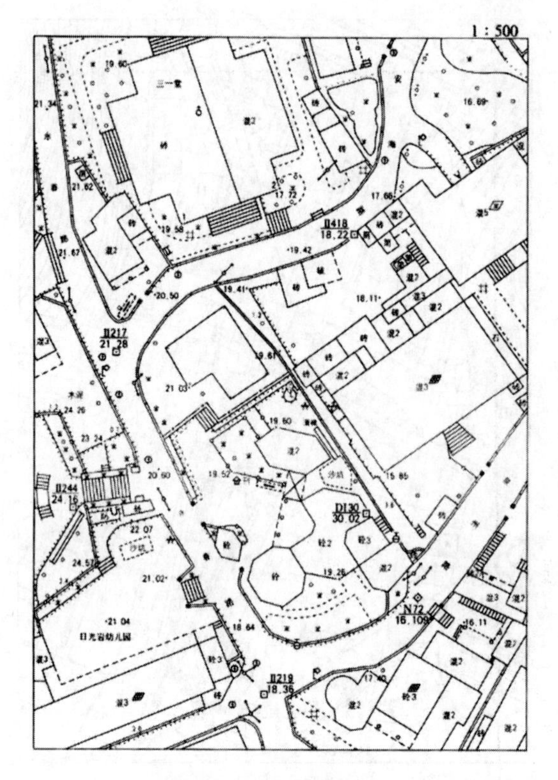

图 1-25　平面图示例

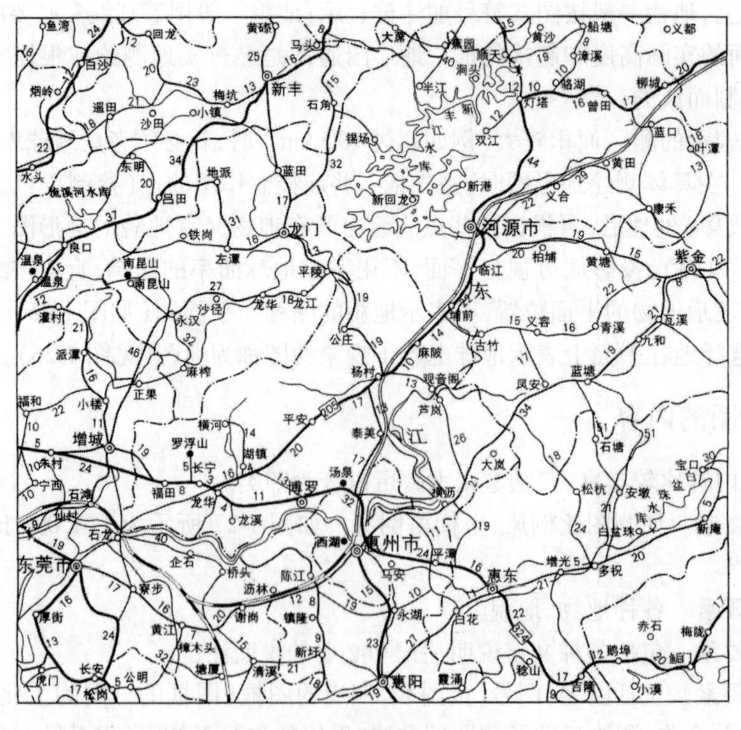

图 1-26　地图示例

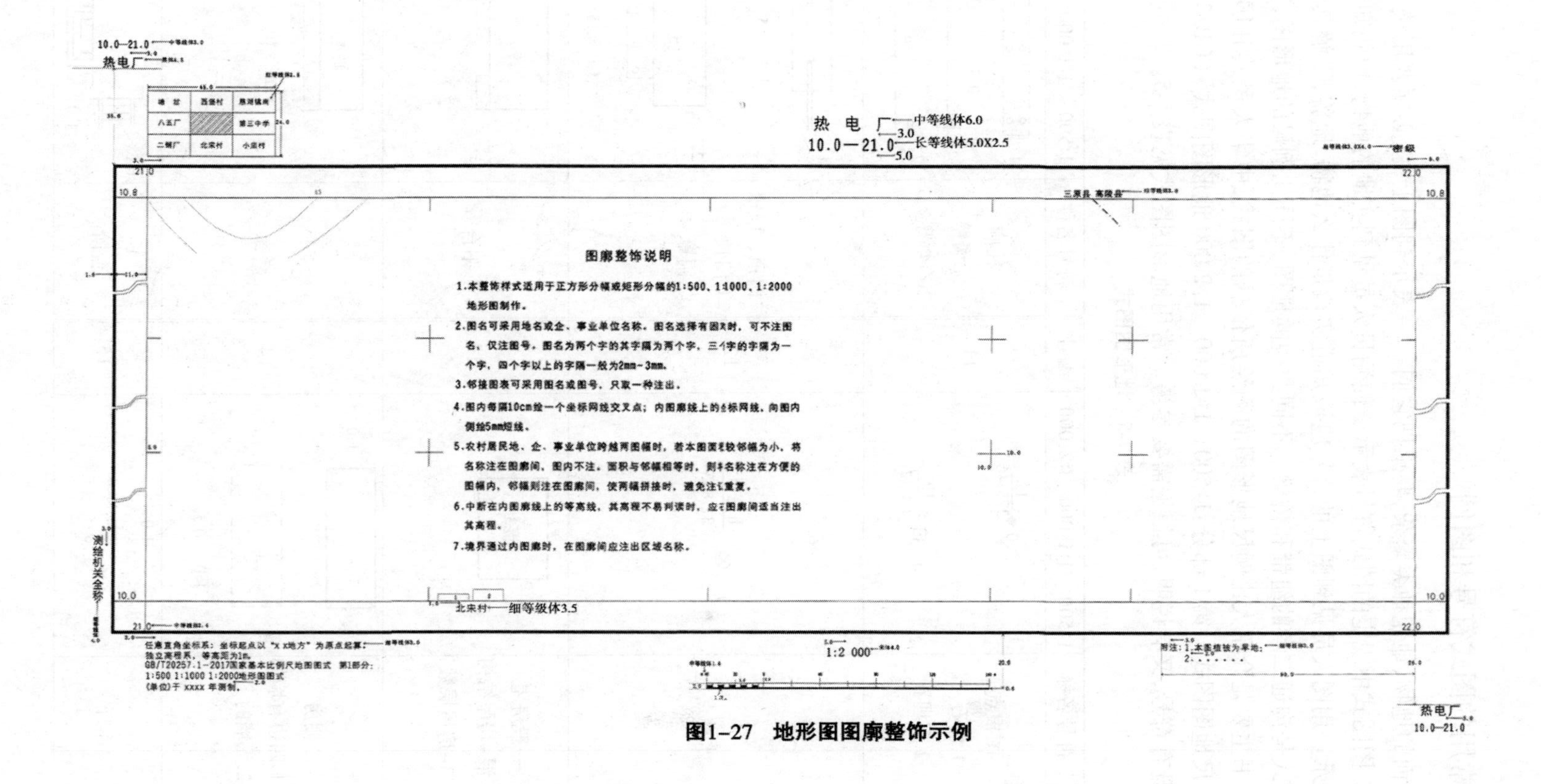

图1-27　地形图图廓整饰示例

二、常用的图式符号和图例

地表面的地物、地貌种类繁杂，要想把它们一一表示到图上，就必须要用统一的符号系统，即地形图图式中规定的图式符号表示。使测量人员见到实地的地物、地貌知道该用什么符号来表示。用图人员见到图上的符号应该知道实地是什么地物、地貌，了解其性能和有关内容。图式是沟通二者的纽带和桥梁。不同类型的地图、不同比例尺的地形图，其图式不尽相同。本书主要是介绍大比例尺地形图的测绘所依据的图式，中华人民共和国标准《国家基本比例尺地图图式　第1部分：1∶500　1∶1 000　1∶2 000 地形图图式》（GB/T 20257.1—2017）中既有符号，又有说明，可根据需要参考。常用地形图图式见表1-5。

表1-5　地形图图式

编号	符号名称	1∶500　1∶1 000　1∶2 000	编号	符号名称	1∶500　1∶1 000　1∶2 000
1	图根点 1.埋石 2.不埋石	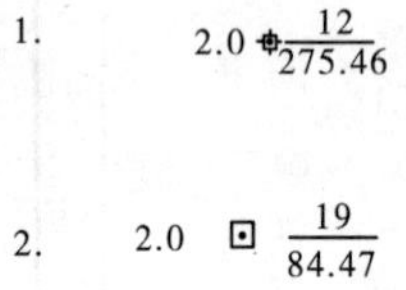 1. 2.0 12/275.46 2. 2.0 19/84.47	11	柱廊 1.无墙壁 2.有墙壁	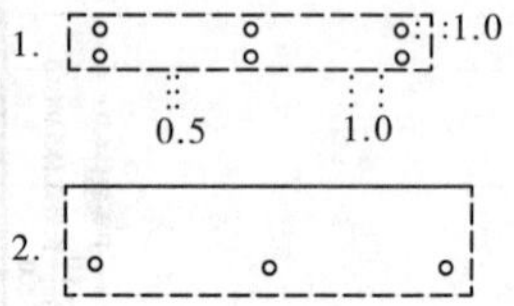 1. 1.0 0.5 1.0 2.
2	水准点	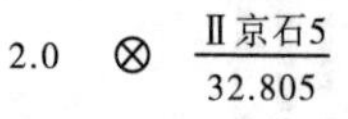 2.0 Ⅱ京石5/32.805	12	门顶、雨罩 1.门顶 2.雨罩	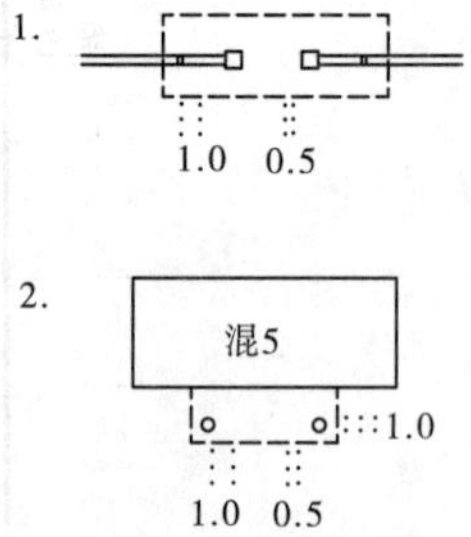 1. 1.0 0.5 2. 混5 1.0 1.0 0.5
3	一般房屋 混-房屋结构 3-房屋层数	 混3	13	阳台	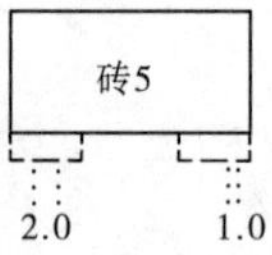 砖5 2.0 1.0
4	棚房 1.四边有墙的 2.无墙的	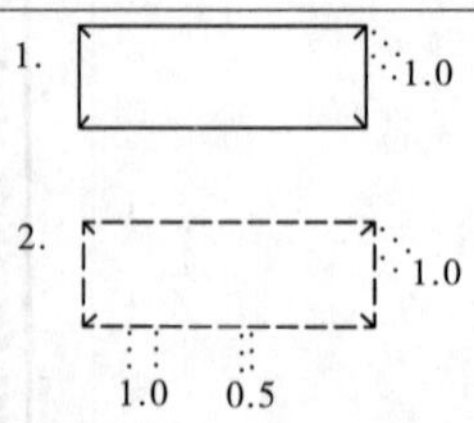 1. 1.0 2. 1.0 1.0 0.5	14	檐廊	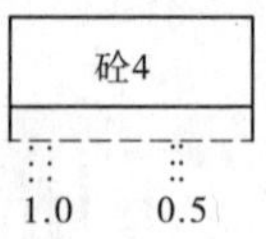 砼4 1.0 0.5
5	旗杆	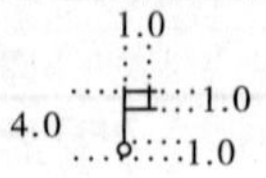 1.0 1.0 4.0 1.0	15	台阶	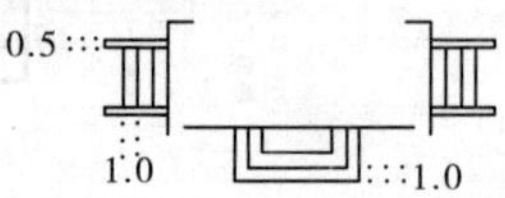 0.5 1.0 1.0

续表 1-5

编号	符号名称	1:500　1:1 000　1:2 000	编号	符号名称	1:500　1:1 000　1:2 000
6	围墙 1.依比例 2.不依比例	1. 10.0 2. 10.0 0.5 0.3	16	内部道路	1.0 1.0
7	栅栏、栏杆	10.0 1.0	17	高压输电线 a是电杆 35是电压	a 35 4.0
8	篱笆	10.0 1.0 0.5	18	旱地	1.3 2.5 10.0 10.0
9	铁丝网、电网	10.0 1.0 电	19	人工陡坎 1.未加固 2.加固	1. 2.0 2. 3.0
10	地类界	1.6 0.3	20	等高线 1.首曲线 2.计曲线 3.间曲线	1. 0.15 2. 25 0.3 3. 0.15 1.0 6.0

另外,有些地物、地貌如《图式》没有规定,又需要表示,则测图和用图单位可协商制定有关的补充规定,并按其规定的符号进行表示。

三、图的比例尺

地面上的各种地物、地貌不可能按其真实大小描绘在图纸上。地形测量中总是将实地尺寸缩小若干倍来描绘。这种图上距离 d 与实地相应水平距离 D 之比,称为图的比例尺。为了使比值明确显示出来,图的比例尺一般用分子为1的分数形式表。

$$示图的比例尺 = \frac{d}{D} = \frac{1}{M} \tag{1-20}$$

式中,d 为图上距离;D 为相应的实地水平距离;M 为比例尺分母。

式(1-20)中三个元素,知道任意两个元素就可求得第三个元素。

例如,某地形图的比例尺为1:5 000,在图上量得距离 d =1 cm 时,相应实地的水平距离为

$$D = M \times d = 5\,000 \times 0.01 \text{ m} = 50 \text{ m}$$

四、比例尺的种类

地形图比例尺按比值的大小可分为三类：大比例尺、中比例尺、小比例尺。如果按表示方式来分，可分为数字比例尺、直线比例尺。

（一）数字比例尺

用数字表示的比例尺称为数字比例尺。如：1∶1 000，1∶2 000，1∶1万等。地形图下边缘一般都印有数字比例尺，它的特点是直观、准确。

（二）直线比例尺

在使用地形图时往往要进行实地水平距离与相应图上距离的互相换算，如用数字比例尺进行计算，虽然可以获得较准确的结果，但速度较慢且易出差错。为了用图方便，可以采用以线段直接标注实地水平距离的方法。这种用一定长度的线段表示图上距离，且按其所相应的实地平距进行注记的比例尺称为直线比例尺。在图上量得两点间的长度，可以直接与直线比例尺对比，能很快读出其相应的实地水平距离，减少了换算的麻烦，同时也抵偿或减小了图纸伸缩变形的影响，但估读的精度较低，只能估读到最小格值的1/10。

五、比例尺的精度

测图的比例尺越大就越能详细地表示出测区的具体情况，但测图所需要的工作量也就越大。因此，测图比例尺关系到实际需要、成图时间及测量费用。一般以工作需要为主要因素，即根据在图上需要表示的最小地物有多大，点的平面位置或两点间的距离要精确到什么程度为准。一般正常人的眼睛只能清楚地分辨出图上距离大于0.1 mm的两点，距离再小就难以分辨了。因此，实地平距按比例尺缩绘到图上时不宜小于0.1 mm，这种相当于图上0.1 mm的实地水平距离称为比例尺的精度。如果用δ表示比例尺的精度，以M表示比例尺分母，则有

$$\delta = 0.1\ \text{mm} \times M$$

下面列出几种比例尺精度供参考（见表1-6）。

表1-6　几种比例尺的精度

比例尺	1∶1 000	1∶2 000	1∶5 000	1∶10 000	1∶25 000
比例尺精度(m)	0.1	0.2	0.5	1.0	2.5

根据比例尺的精度，可以使我们了解在地面上测量平距时，究竟要准确到什么程度才有实际意义；反之，也可以按照测量平距所规定精度来确定施测多大比例尺的图。

例如：依某工程设计要求，在地形图上能显示出0.1 m的精度，按上述公式有

$$\frac{1}{M} = \frac{0.1\ \text{mm}}{0.1\ \text{m}} = \frac{1}{1\ 000}$$

六、地形图的用途

目前，大比例尺地形图一般在实地直接测绘；中比例尺地形图多采用航测或综合法成图；小比例尺地形图通常根据较大比例尺地形图及有关资料编绘而成。

1∶1万地形图是国民经济建设各部门进行规划、设计的重要依据，也是编制其他更小比

例尺地形图的基础资料。

1:5 000 比例尺地形图常用于各种工程勘察、规划的初步设计和方案的比较,也用于土地整理与灌溉网的计划、地质勘探成果的填绘及矿藏量的计算等方面。

1:2 000 和 1:1 000 比例尺地形图,主要供各种工程建设的技术设计、施工设计及工矿企业的详细规划之用,要在图纸上确定主要建筑物、运输线路及工程管线位置,有时还用来拟定施工测量的控制网,因而范围比初步设计阶段要小,而详细程度和精度要求较高。

更大比例尺的地形图主要供特种建筑物(如桥址、主要厂房等)的详细设计和施工之用。在绘制这种比例尺地形图时,面积更小,表示得更详细,精度要求更高。

设计部门根据一项工程设计对地形图精度和内容的要求不同,选择不同的比例尺。不同的设计阶段,也往往选择不同比例尺的地形图。初步设计阶段,通常选择较小比例尺的地形图;而在施工设计时,多采用 1:1 000 比例尺地形图,对于城市市区或某些主体工程,要求精度高,常施测 1:500 比例尺的地形图。不过,有的中小厂矿或单体工程,在施工设计时采用 1:500 比例尺地形图,并不是因为 1:1 000 比例尺的地形图的精度不能满足要求,而是嫌其用图面积太小。这时可考虑采用将原图放大的办法或适当放宽测图精度。

总之,大比例尺地形图是为适应城市和工程建设的需要施测的,专业性较强,保留期限不一,对地形图的比例尺、精度、内容的要求,也因各部门的特点而有所侧重。施测时,应根据经济合理的原则,按有关技术规定,保质保量地、按时完成任务。

第八节　地形测量作业概述

地形测量作业的目的是获得精确的地形图和准确可靠的点位资料,供有关部门使用。为此,必须根据统一的规范、图式。本书依据的基本规范为中华人民共和国标准《1:500　1:1 000　1:2 000 外业数字测图规程》(GB/T 14912—2017,简称《规程》)、图式为中华人民共和国标准《国家基本比例尺地图图式　第 1 部分:1:500　1:1 000　1:2 000 地形图图式》(GB/T 20257.1—2017)。另外,本书编写时也适当参考了中华人民共和国行业标准《城市测量规范》(CJJ/T 8—2011)等国家规范,以保证其统一的精度和真实形象地显示地物、地貌。

在测量过程中,由于受各种条件的影响,不论采用何种方法、使用何种仪器,测量的成果都会含有误差。所以,测量时必须采取一定的程序和方法,以防止误差的积累。假如测量从一点出发,逐点进行施测,最后虽可得到欲测各点的位置,但测得的点位精度,将随着点数的增加而减弱。因为前一点的量度误差将会传到下一点,这样逐点累积起来,最后可能达到不能容许的程度。因此,在实际测量作业中必须遵循:在布局上"由整体到局部",在精度上"由高级到低级,分级布网,逐级控制",在程序上"先控制后测图"的原则。

地形测量作业概括起来可分为控制测量和地形测图两大部分。

一、控制测量

(一)起始数据

我们通常把需要进行测量的区域叫作测区。要在测区内进行测量作业,首先需要有起始数据。这些起始数据一般为国家大地点或 GNSS 控制点,即国家一、二、三、四等三角点、导线点和相应级别的 GNSS 控制点。这些三角点、导线点和 GNSS 控制点的平面直角坐标和高程均为已知。它们是进行地形测量的必要起始数据。所以,在进入测区前必须到有关管理部门抄录其坐标、高程,这些点位采用的坐标和高程系统与相应的“点之记”。

有时,测区面积较小,测区附近又无任何大地点可以利用,测量任务不要求与全国统一坐标系和高程系统相联系的情况下,可以采用独立坐标系和假定高程系,即选择测区内某控制点,假定其坐标和高程,并测定该点与另一点的边长,假定该边的坐标方位角,以此作为推算其他各点的起算数据。

(二)测量实施

测量实施分为平面控制测量和高程控制测量。控制测量一般是以国家等级控制点为已知点,独立测区以假定的控制点为已知点。国家等级控制点位精度高,但点位密度比较稀疏,通常不能满足大比例尺地形测图的需要。作为测绘地形图而做的控制测量,其点位的精度和密度都应满足测图的需要。

二、地形测图

各级控制测量工作结束后,测区内每一幅图都有了规定数量的控制点,采用一定的仪器和工具,分别在各控制点上逐点设站,分片测绘,即以测站点为依据,用极坐标法或其他方法测定周围地物、地貌特征点的平面位置和高程,按照实地地形情况和规定的图式符号及相应的测图比例尺,描绘地物和地貌。完成一个测站点后迁到另一测站点,用同样的方法测绘出地物、地貌,直至测完成。

第九节　测绘仪器的使用、保养及资料保密

一、测绘仪器的使用和保养

测绘仪器属于精密贵重仪器,是完成测绘任务必不可少的工具。正确使用和维护测量仪器,对保证测量精度、提高工作效率、防止仪器损坏、延长仪器使用年限都有着重要的作用。损坏或丢失仪器器材,不仅造成国家财产和个人经济上的损失,而且会影响测量工作的正常进行。因此,注意正确的使用和爱护仪器,是我们每个测绘工作者的美德。下面介绍有关仪器的使用和维护常识。

(一)测量仪器搬运应注意事项

(1)首先把仪器装在仪器箱内,再把仪器箱装在专供搬运用的木箱或塑料箱内,并在空隙处填以泡沫、海绵、刨花或其他防震物品。装好后将木箱或塑料箱用盖子盖好。必要时,还需用绳子捆扎结实。

(2)无专供转运的木箱或塑料箱的仪器不应托运,应由测量员亲自携带。在整个转运过程中,要做到人不离仪器。如乘汽车,应将仪器放在松软的物品上面,并用手扶着。在颠簸厉害的道路上行驶时,应将仪器抱在怀里。

(3)装卸仪器时,注意轻拿轻放,放正,不挤、不压。无论天气晴雨,均要采取防雨措施。

(二)测量仪器使用注意事项

(1)开箱后提取仪器前,要看准仪器在箱内放置的方式和位置。提取时不可握住望远镜或细小部件,应握住仪器的基座部分,或用双手握住望远镜支架的下部。严禁将仪器直接

置于地面上，以免砂土对中心螺旋造成损坏。仪器用毕，记住先盖上物镜罩，并擦去表面的灰尘。装箱时各部位要放置妥贴，关闭箱盖时应无障碍。

(2)在太阳光照射下观测，应给仪器打伞，并戴遮阳罩。在繁华地区作业时，测站附近应设置安全标志或派人守护。仪器架架设在的光滑的路面时，要用细绳（或细铅丝）将三脚架中三个固紧螺旋联捆起来，防止滑倒。

(3)在无太阳滤光镜的情况下，不要用望远镜直接照准太阳，以免伤害眼睛和损坏测距部发光二极管。

(4)观测者离开仪器时，应将尼龙套罩在仪器上，以免灰尘、沙粒进入。

(5)在取内部电池时，务必先关掉电源。

(6)如测站之间距离较远，搬站时应将仪器卸下并装箱，检查仪器箱是否锁好，安全带是否栓好。如测站之间距离较近，搬站时可将仪器连同三脚架一起依靠在肩上，使仪器几乎直立。搬运途中，如经树林或穿过低、横的障碍场，要把仪器连同三脚架一起夹在左肋下，右手扶仪器。如果是组合式全站仪，必须把测距仪从电子经纬仪上卸下才能搬运；测距仪和电子经纬仪应由专人保护。

搬站前，应检查仪器与脚架的连接是否牢固；搬站时应把所有制动螺旋略微关闭，使仪器在搬站过程中不致晃动，万一仪器被碰动，还有活动余地，仪器机械不致受损。

(7)仪器任何部分发生故障（如转动紧涩、制动或微动螺旋失灵等）时，不要勉强继续使用，应立即检修，否则会加剧仪器的损坏。

(8)光学、电子元件应保持清洁，如沾染灰尘必须用软笔刷或柔软的拭镜纸擦掉。禁止使用手指抚摸光学元件表面。

(9)不要用有机溶液擦拭显示窗、键盘或者仪器箱。

(10)若在测量中仪器被雨水淋湿，应尽快彻底擦干，并需等仪器上的水气晾干后才能装箱。

(11)禁止任意拆卸仪器。拆卸仪器和定期清洁加油应由专门的检查人员进行。

全站仪使用注意事项如下：

(1)禁止把电池或充电器重新组装、改装、受损、火烤、受热或电路短路，以避免造成事故。

(2)禁止使用与出厂不相符的电源，以免造成火灾或触电事故。

(3)充电时，禁止在充电器上覆盖如布等物品，以免引起火灾。

(4)只使用指定的充电器为电池充电，使用其他充电器会由于电压或电极不符引发火灾。

(5)禁止对其他设备或其他用途使用本机电池、充电器或以免引发火灾事故。

(6)严禁使用潮湿的电池或充电器，以免短路而引发火灾。

(7)严禁将激光束对准他人眼睛，否则会造成严重伤害。

(8)禁止直接观看或盯看激光束或发光源，以免对眼睛造成永久性伤害。

(三)仪器测量保管注意事项

(1)仪器的保管应由专人负责，仪器的放置应有专门的地方。

(2)保管仪器的地方应保持干燥，要防潮防水。仪器应放置在专门的架上或柜内。

(3)仪器长期不使用时应定期通电驱潮（以一个月左右为宜），以保持仪器在良好的工作状态。

(4)保管仪器的地方不应靠近有振动设备的车间或易燃品堆放处,至少距离这些地方 100 m 以上。

(5)放置仪器要整齐,不得倒置。

(6)三脚架有时会发生螺丝松动情况,应注意经常检查。

(7)若仪器长期不使用,至少每 3 个月进行一次全面检查。

(8)为确保仪器的精度,应定期对仪器进行检查和校正。

(四)仪器的管理制度

测绘仪器是工程技术人员完成各种测量任务的主要工具,为了保证精度,延长仪器的使用寿命,对测绘仪器的管理与维护需要有一套合理的制度和办法。以下分别介绍仪器的管理、维护与修理的基本知识以及仪器“三害”的预防与消除办法。

1.仪器的管理制度

(1)在所属单位的领导下,专设仪器管理员(或组)负责本单位仪器设备的保管、维护、检校和力所能及的鉴定和修理。

(2)每台仪器设备必须建立专门的技术档案资料,包括:仪器规格、性能、出厂日期、附件、精度鉴定、损伤记录、修理记录及移交验收记录等。

(3)仪器设备的借用、转借、调拨、大修、报废等应有严格的审批手续。

(4)外业队使用的仪器设备,必须由专人管理、使用。作业队(组)的负责人,应经常了解仪器设备维护、保养、使用等情况,及时解决有关问题。

上述只是几个基本方面,各单位应结合具体情况,总结多年来行之有效的经验,制定出切实可行的管理制度。

2.仪器在库房的维护

1)仪器库房的基本要求

测量仪器库房应是耐火建筑,且应清洁、干燥、明亮、通风良好。库房内的温度不能有过大变化,最好保持室温在 12 ~ 16 ℃,在北方,冬季仪器不能放在暖区设备附近。库房应有消防设备,但不能用一般酸碱式灭火瓶,宜用液体二氧化碳或四氯化碳及新的安全消防瓶。

2)仪器的防潮

库房湿度在 70% 以上,将会使仪器生霉、生雾和生锈,因此仪器库房的相对湿度要求在 80% 以下,特别是南方的梅雨季节,更应采取专门防潮措施。有条件的单位,在仪器库房内可装空气调节器,以控制湿度和温度。无条件安装空气调节器的库房,一般可用氯化钙吸潮,也可采用块状石灰吸潮。仪器箱内吸潮可用干燥剂,一般均用硅胶(硅酸钠),并用钴盐作指示剂。

3)仪器入出库的检查和登记制度

库房存放的仪器不仅要做好防霉、防雾和防锈工作,并且应做到对仪器进行定期检查,特别是仪器的转动部分应定期清洁和加油,其时间间隔可视仪器使用情况和所加油脂的质量而定,一般 1 ~ 2 年即要进行一次。另外,仪器出入库房时必须实行检查、登记手续。

(五)仪器的运送

1.仪器的长途搬运

长途搬运仪器时,应将仪器装入专门的运输箱内。若无专门运输箱,运输较精密的仪器时,可使用特制套箱。

2. 仪器的短途搬运

短途运送仪器时,一般仪器可不必装入运输箱内,但一定要专人护送,对某些特别防震的仪器设备,必须装入专门的运输箱内,装卸时也需要特别小心。

运送仪器距离不论长、短,均要防止日晒、雨淋,放置仪器设备的地方要安全稳妥,并应保持清洁和干燥。

(六)作业中应注意的问题

(1)仪器取放。仪器从仪器箱取出时,要用双手握住仪器支架或基座部分,慢慢取出,并且要仔细观察仪器各部分在箱中所处的位置。作业完毕后,应将所有微动螺旋旋至中央位置,然后慢慢放入箱中,仪器一定要放回原位,并固紧制动螺旋,不可强行或猛力关闭箱盖。仪器放入箱中后应立即上锁。

(2)架设仪器。架设仪器时,首先将三脚架架稳并大致对中,然后放上仪器,并立即拧紧中心连接螺旋。特别应注意的是有些仪器在脚架上安有压紧弹簧,在拧中心连接螺旋时,一定看清插入竖轴低端的连接螺母,不要误认为压紧弹簧手轮是连接螺旋手轮,这样似乎手轮已拧紧了,但仪器根本没有连接在三脚架上,一碰或搬站仪器时就会脱落,这种事故容易发生。

(3)在作业时需要专人守护。尤其是在矿坑内外、市镇区、牧区等测量时,仪器要随时随地有人防护,以免造成重大损失。

(4)仪器在搬站时,可视搬站的远近、道路情况以及周围环境等决定仪器是否要装箱。在坑道内及林区测量时,搬站一般都要装箱。当通过小河、沟渠、围墙等障碍物时,仪器最好装入箱内,若不装箱搬站,仪器必须由一个人传给另一个人,不允许单人携带仪器越过障碍物,以免造成仪器震坏或发生摔坏等事故。搬站时,应把仪器的所有制动螺旋略微关紧,但不宜拧得太紧,目的是万一仪器受碰撞时,还有转动的余地,以免仪器受损。搬运过程中仪器脚架须竖直拿稳,不得横扛肩上。

(5)仪器在阳光较强野外使用时,必须用伞遮住太阳。在坑道内作业时,要注意仪器上方是否有石块掉下或滴水等,以免影响仪器的精度和安全。

(6)仪器望远镜的物镜和目镜表面要尽量避免灰沙、雨水的侵袭,也不能受太阳直接照射。物镜和目镜需清洁时,应先用干净的软毛拂拭,然后用擦镜纸擦拭,禁止使用手绢或口罩、普通布、纸等物擦拭。在野外作业遇到雨时,仪器应立即装入箱内。大型仪器搬站时,即使两站距离相距很近,也不允许连在三脚架上搬站,一定要装箱搬站。

(7)仪器上的螺旋不润滑时,不可强硬旋转,必须检查其不润滑的原因,及时排除故障。仪器任何部分发生故障,不应勉强继续使用,要立即检修,否则将会使仪器损坏的程度加剧。

(8)仪器的外露部分不能留存油渍,以免积累灰沙。

(9)没有必要时,不要经常地拆卸仪器,因仪器拆卸次数多会影响其测量精度。

(七)仪器在作业过程中的维护

(1)仪器在作业组(或队)必须有专人负责管理与维护,最好是使用者本人。

(2)仪器每次使用完后,都要将仪器外表的灰沙、矿尘用软毛刷刷去,水珠则需要用软布(纱布)抹干,放在通风的地方晾干后再装入箱内,并且仪器必须是清洁和干燥的。

(3)仪器遇到气温变化剧烈时,必须采取通风、保温防潮等专门的措施。

仪器拿出坑道后,决不能将仪器关在箱子里让坑内潮湿空气长期侵蚀,矿山用的仪器要特别注意这一点。

(4)三脚架要防止暴晒、雨淋、重摔。

(5)钢卷尺要防止扭折、踩踏及生锈。

(八)光学仪器防霉、防雾、防锈

生霉、生雾和生锈是光学仪器的“三害”,这“三害”直接影响到光学仪器的寿命,影响作业任务的完成,因此必须十分重视。光学仪器的“三害”在南方的梅雨季节特别严重,为了减少和消除仪器的“三害”,我国虽然有不少单位对仪器“三防”(即防霉、防雾和防锈)做了很多的调查研究和试验工作,并取得了一些宝贵的经验,但仍存在些问题,还有待于今后不断地进行试验和研究,使仪器“三防”做得更有成效。以下简述仪器“三害”产生原因及其防止方法。

1. 仪器生霉的原因

光学仪器生霉,即光学仪器的玻璃零件上见到蜘蛛状的东西,有的称仪器“长毛”了。光学仪器生霉的原因主要有:

(1)材料或辅料选择不当,可引起仪器生霉。玻璃组成成分中碱金属氧化物含量达到17%,最易受霉菌侵蚀引起仪器生霉;辅料、垫片、垫底、压片等未经防霉处理也能引起仪器生霉。

(2)仪器密封性不好,空气灰尘中存在的霉菌孢子随风进入仪器内部散落在光学零件表面上,当这些霉菌孢子遇到适合生长的条件及营养物时,就会很快生长起来,使仪器生霉。

霉菌一般在12 ℃以下和40 ℃以上、湿度低于70%的条件下不易生长,最适合的生长条件是温度25 ~35 ℃、湿度80% ~95%,所需要的营养物主要是含碳的糖及脂肪类,含氮的蛋白质、无机盐以及水和氧等。

(3)在装配(或修理)过程中,用手直接拿取光学零件,将手指经常分泌的一些油脂、汗液和皮肤残物等带到光学零件上,这为霉菌储备了营养物质。光学零件上的油迹没擦洗干净等,也会引起生霉。光学仪器上生长的霉菌以曲霉占优势,其次是青霉、球毛壳菌等。霉菌在仪器的光学零件上生长的情况由霉菌从金属零件或光学零件边缘向中间蔓延,或者是霉菌由光学零件中心向边缘蔓延。

2. 光学仪器的防霉方法

目前采用控制温度、湿度来限制霉菌的生长是比较困难的,较为有效的防霉方法是用化学药剂。用化学药剂防霉的一般要求如下。

(1)防霉效果好,无毒或低毒。

(2)不具有腐蚀性,不损坏光学仪器材料(如金属零件、玻璃零件等),并且不影响光学仪器的光学性能。

(3)防霉药剂应不溶于水,而溶于一般的有机溶剂。

(4)浓度低,药效长,不失效,同时操作简单、方便。

(5)对薰蒸杀菌剂,要求在低温(-40 ℃)时也不能在光学仪器的光学零件上有结晶。

对于电子仪器的维护本书主要以GNSS接收机为例,具体使用与维护注意事项如下:

(1)GNSS接收机的正确使用。

①在确认接收机各部件的连接正确无误后(特别注意外接电源的电压与极性),方可打开接收机电源。接通与关闭电源的顺序是:各部件连接好后接通电源→设置参数或进行观测→关闭电源。

②保护好电池、电缆线和插头。在作业时,应防止电缆线在地上拖曳,以免损坏;电缆接

头不得浸入水中，以防短路。有些仪器损坏就是由于电池、电缆线出现故障所致。有的用户没有掌握仪器各部件功能便自行处理，将引线极性接反，通电后致使光电线路烧坏。但用户还误认为是电缆线接触不良。多次通电，结果使仪器多次击穿，以致将电路板烧焦，无法修复。因此，不管仪器的哪一部分出了故障，用户没有把握千万不要轻易处理，否则会使小故障酿成大事故。

③对于使用记忆卡（Memory Card）或闪光卡（Flash Card）记录数据的接收机，在观测过程或在读卡状态下，不允许插入或取出它们，以免损坏或丢失数据。

④GNSS 接收机属于精密测量仪器，应严格按照操作手册操作，不能随意敲键，否则易将仪器的一些参数及程序删除，造成仪器无法使用。

⑤在测站上作业时，天线应安置稳固，防止被风刮倒。对于使用外接天线的接收机，还需用天线电缆将信号输出端与接收机单元的天线输入端相连。连接时注意将电缆头上的固紧螺旋拧紧，否则容易发生天线信号传输中断。雷雨季节架设天线时要预防雷击，当雷鸣时应停止作业。接收单元应放置平稳，注意在炎热的夏天不能暴晒在太阳下。

⑥接收机在接收过程中，观测员要坚守岗位，注意电源状况，防止震动和其他物体碰动接收机和天线；迁站时，接收机、天线必须卸下装箱搬迁。结束工作时，必须先关机，再拔出电插头。

⑦避免在强电磁环境中使用，以免影响观测精度或损坏仪器的电子器件。

（2）GNSS 接收机的维护保养。

为了使 GNSS 接收机处于良好状态，保持其固有的功能、精度和效率，还必须做好日常的维护保养工作。因为仪器在使用和存放过程中，由于物理或化学的作用，如震动、油性挥发、温湿度、元器件的老化等因素对精度产生影响，因此应加强日常的维护保养、定期检验，以保证测量成果质量。

①在保管和使用 GNSS 接收机时，应该注意防潮、防晒、防腐、防尘和防辐射等。每天的野外测量工作结束后，应用毛刷或软布将 GNSS 接收机上的尘土、脏物擦拭干净，按规定位置装在仪器箱内，妥善保管。GNSS 仪器切勿被雨淋，如不小心被雨淋湿，应将仪器放在通风处自然风干。仪器不能从零摄氏度以下的地方直接拿到室温下通电工作，应在室温下保持适当时间，待凝结消失、水汽蒸发后再通电。

②使用 GNSS 接收机时，应由专业技术人员进行操作，而且必须严格遵守有关技术规定和操作要求。禁止非专业技术人员操作仪器和拆卸仪器。GNSS 仪器出现故障或使用时不慎摔坏、进水，用户不得擅自打开仪器，以免加重仪器的故障，造成部件损坏；GNSS 仪器不同于一般的家用电器，没有一定的专业修理知识和技术水平是无法修理的。我国国内设有 GNSS 接收机固定维修点，当仪器出现故障，测量人员无法修理时，应尽早送固定维修点维修。

③当接收机使用外接电源时，应特别注意其电压是否正常，电池的正负极不得接反。

④当将接收机安置于高标、楼顶或其他设施的顶端时，应该采取必要的加固措施。在雷雨天气作业时，应有避雷设施。

⑤对较长时间不用的仪器，应用软布、毛刷清洁仪器各部分，放入仪器箱内，存放在干燥通风、温度稳定的房间内，不得靠近火炉或暖气片等热源；箱内应有干燥物质，一段时间后检查接收机或天线内部是否过于潮湿，若干燥剂指示窗呈粉红色，则应先打开干燥剂盒盖，通风预热，除去潮气，然后换上新干燥剂。同时应每个月对仪器进行一次保养，并保证通电一

小时，这样有利于仪器干燥，使电子元件始终保持良好状态。如果测量工作一结束，将仪器随便一放，待有任务急用时，则可能因仪器受潮，一些参数丢失，不能正常工作，延误工期，给工作带来不便。

⑥GNSS 作业单位应建立 GNSS 接收机及天线等设备的使用、维护修理档案，以掌握每台设备的质量状况和使用情况。

二、测绘资料的保密

测量外业中所有观测记录、计算成果均属于国家保密资料，应妥善保管，任何单位和个人均不得乱扔乱放，更不得丢失和作为废品卖掉。所有报废的资料需经有关保密机构同意，并在其监督下统一销毁。

测绘内业生产或科研中所用未公开的测绘数据、资料也都属于国家秘密，要按有关规定进行存放、使用和按有关密级要求进行保密。在保密机构的指导与监督下，建立保密制度。由于业务需要接触秘密资料的人员，按规定领、借资料，用过的资料或作业成果要按规定上交。任何单位和个人不得私自复制有关测绘资料。

传统的纸介质图纸、数据资料的保管和保密相对容易些。而数字化资料一般都以计算机磁盘（光盘）文件存储，要特别注意保密问题。未公开的资料不得以任何形式向外扩散。任何单位和个人不得私自拷贝有关测绘资料；生产作业或科研所用的计算机一般不要“上网”，必须接入互联网的机器要进行加密处理。

另外，在内业作业时特别需要注意的是磁盘文件的可覆盖性和不可恢复性。一个不当的拷贝命令或删除命令可能会使多少人的工作前功尽弃，甚至造成不可挽回的损失。使用计算机要养成良好的习惯，在对一个文件进行处理之前首先要“备份”，作业过程中注意随时存盘，作业结束后要及时备份和上交资料。每过一段时间（如一项任务完成并经过验收后），要清理所有陈旧的备份文件。定期整理磁盘文件有两个目的，其一是腾出计算机磁盘空间，避免以后使用时发生冲突或误用陈旧的数据；其二是为了保密的需要，因为即使是“陈旧”的数据文件，也与正式成果一样属于秘密资料，无关人员不得接触。

第二章　水准仪及其使用

第一节　高程测量概述

地球表面是高低起伏很不规则的,要确定地面点的空间位置,除要确定其平面位置外,还要确定其高程。测定地面点高程而进行的测量工作叫作高程测量。

高程测量的目的,是测定地面上各点间的高差,根据高差和一点的已知高程,便可求得其他各点的高程。

根据测量原理和使用仪器与实测方法的不同,高程测量的方法主要有水准测量、三角高程测量和物理高程测量三种。

一、水准测量

利用一条水平视线,并借助于竖立在地面点上的标尺,来测定地面上两点之间的高差,然后根据其中一点的高程来推算出另外一点高程的方法,也是最精密的方法,主要用于国家水准网的建立。除国家等级的水准测量外,还有普通水准测量。它采用精度较低的仪器(水准仪),测算手续也比较简单,广泛用于国家等级的水准网内的加密,或独立地建立测图和一般工程施工的高程控制网,以及用于线路水准和面水准的测量工作。

二、三角高程测量

三角高程测量的基本思想是根据由测站向照准点所观测的竖直角(或天顶距)和它们之间的水平距离,计算测站点与照准点之间的高差。这种方法简便灵活,受地形条件的限制较少,故适用于测定三角点的高程。在山区或地形起伏较大的地区测定地面点高程时,采用水准测量进行高程测量一般难以进行,故实际工作中常采用三角高程测量的方法施测。

三、物理高程测量

根据地球的物理性质,利用仪器来确定地面点高程的方法称为物理高程测量。物理高程测量主要有两种方法:一种是根据大气气压随地面点高程的不同而变化的规律(即高程愈大,大气压力愈小的原理),用气压计测定出待定点高程的方法,称为气压测高法;另一种方法是根据重力加速度随地面点高程的不同而变化的规律(即高程愈大,重力加速度愈小的原理),利用重力仪测定两点间重力变化量来确定高差,进而推算出待定点高程的方法,称为重力测高法。

以上几种方法相比较,水准测量的精度最高,是精确测定地面点高程的主要方法,但是工作量较大且受地形条件限制;三角高程测量的精度低于水准测量,仅作为高程测量的辅助方法,但其作业简单,布设灵活,是一种测定地面点高程的常用方法;物理高程测量的精度最低,但仪器简单,实测方便,一般仅用于勘查工作,本书不予介绍。

高程控制测量主要通过水准测量的方法建立,而在地形起伏大、直接用水准测量方法较困难的地区建立低精度的高程控制网以及图根高程控制网时,可采用三角高程测量的方法建立。

在全国范围内采用水准测量方法建立的高程控制网称为国家水准网。国家水准网遵循由整体到局部、由高级到低级、分级布网逐级控制的原则,分为四个等级布设,各等级水准网一般要求自身构成闭合环或闭合于高一级水准路线上的环形。国家一、二等水准网采用精密水准测量的方法建立。一等水准测量精度最高,是国家高程控制网的骨干;二等水准测量的精度低于一等水准测量,是国家高程控制网的全面基础,一、二等水准测量是研究地球形状和大小、海洋平均海水面变化的重要资料,同时根据重复测量的结果,可以研究地壳的垂直形变规律,是地震预报的重要数据;国家三、四等水准网的精度依次降低,直接为地形测图和各种工程建设提供高程控制点;等外水准测量的精度低于四等水准,主要用来规定测图基本控制点的高程;图根水准测量主要用来测量图根点高程。

第二节 水准测量基本原理

一、单测站水准原理

水准测量的基本原理是利用水准仪提供的水平视线,观测两端地面点上垂直竖立的水准标尺,以测定两点间的高差,进而求得待定点高程。

如图 2-1 所示,若要测定 A、B 两点间的高差,则须在 A、B 两点上分别垂直竖立水准标尺,在 A、B 两点中间安置水准仪,用仪器的水平视线分别在 A、B 两点的标尺上读取标尺分划数 a 和 b,则 A、B 两点间的高差为

$$h_{AB} = a - b \tag{2-1}$$

若水准测量是沿 A 到 B 的方向前进,则 A 点称为后视点,其竖立的标尺称为后视标尺,读数 a 称为后视读数;B 点称为前视点,竖立的标尺称为前视标尺,读数 b 称为前视读数。因此,两点间的高差等于后视读数减去前视读数。

在这里需要注意以下两点。

(一)高差有正(+)、负(-)之分

当 B 点比 A 点高时,前视读数 b 比后视读数 a 要小,高差为正;当 B 点比 A 点低时,前视读数 b 比后视读数 a 要大,高差为负。因此,水准测量的高差 h 必须冠以"+"号或"-"号。

(二)高差具有方向性

h_{AB} 表示 B 点相对于 A 点的高差;而 A 点相对于 B 点的高差则为 h_{BA},它与 h_{AB} 的绝对值大小相等,符号相反,即

$$h_{BA} = -h_{AB} \tag{2-2}$$

显然,如果 A 点的高程为已知,则 B 点的高程为

$$H_B = H_A + h_{AB} = H_A - h_{BA} \tag{2-3}$$

从前文介绍可以看出,水准测量的实质是测量两点之间的高差,如果知道其中一点的高程,可以根据高差求得另外一点的高程。这也是测量高差的目的。

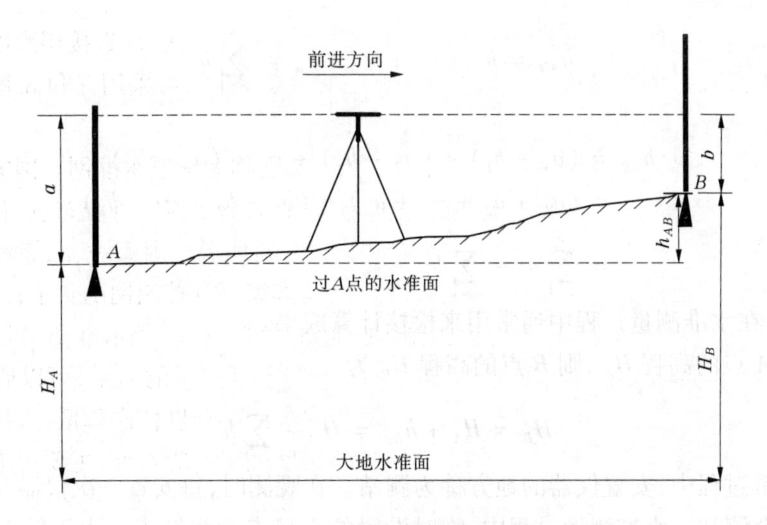

图 2-1 水准测量原理

二、连续水准测量计算

对于长距离或大高差段的两点间高差测定,由于受到仪器高度和视距长度的影响,我们经常无法安置一次仪器就测得高差,这种情况下,就需要在两点间加设若干个临时的立尺点,测量很多站,再把各个测站的高差累积在一起,从而得到两点间高差。我们把这种测量方式称为连续水准测量,如图 2-2 所示。

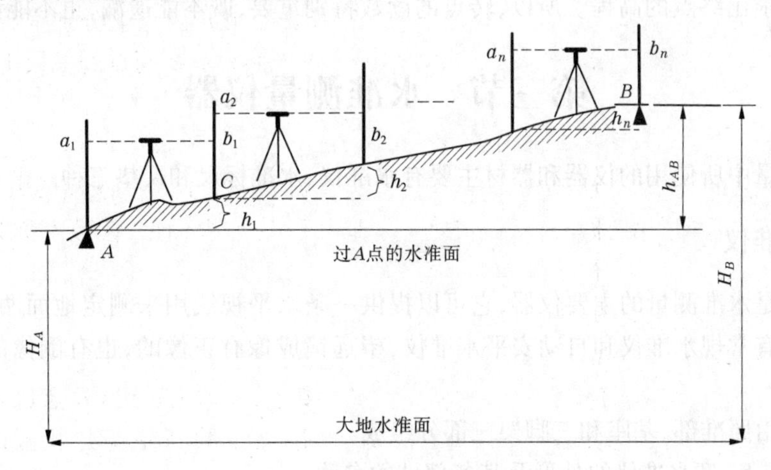

图 2-2 连续水准测量示意图

起点至终点的高差等于各测站高差的总和,也等于各测站所有后视读数的总和减去所有前视读数的总和。根据水准测量原理,可得出各测站的高差计算公式

$$\begin{cases} h_1 = a_1 - b_1 \\ h_2 = a_2 - b_2 \\ \vdots \\ h_n = a_n - b_n \end{cases} \tag{2-4}$$

将以上各段高差相加,则得 A、B 两点间的高差 h_{AB} 为

$$h_{AB} = h_1 + h_2 + \cdots + h_n = \sum_{i=1}^{n} h_i \tag{2-5}$$

或

$$\begin{aligned} h_{AB} &= (a_1 - b_1) + (a_2 - b_2) + \cdots + (a_n - b_n) \\ &= (a_1 + a_2 + \cdots + a_n) - (b_1 + b_2 + \cdots + b_n) \\ &= \sum_{i=1}^{n} a_i - \sum_{i=1}^{n} b_i \end{aligned}$$

式(2-5)在水准测量过程中通常用来检核计算成果。

若已知 A 点的高程 H_A，则 B 点的高程 H_B 为

$$H_B = H_A + h_{AB} = H_A + \sum_{i=1}^{n} h_i \tag{2-6}$$

水准测量过程中，安置仪器的地方称为测站。在观测时，每安置一次仪器并完成相应的观测称为一个测站。水准测量过程中，临时设置的立尺点称为转点。由于转点只起到传递高程的作用，不需要测出其高程，因此不需要有固定的点位，只需在地面上合适的位置放上尺垫，踩实并垂直竖立标尺即可。观测完毕拿走尺垫，继续往前观测。完成一个测站后，将仪器搬至下一测站的过程，称为迁站。

需要注意的是，在相邻两个测站上都要对转点的标尺进行读数，在前一测站，对它读数(前视读数)后尺垫不能动(可以把标尺从尺垫上拿下来)；在下一测站，对它读读数(后视读数)，二者缺一不可。如果缺少或者错了一个读数，前、后就脱节了，高程就无法正确传递，就不能正确求出终点的高程。所以，转点的读数特别重要，既不能遗漏，也不能读错。

第三节 水准测量仪器

水准测量中所使用的仪器和器材主要有水准仪、水准标尺和尺垫三种。

一、水准仪

水准仪是水准测量的主要仪器，它可以提供一条水平视线用来测定地面两点之间的高差。水准仪有常规水准仪和自动安平水准仪，望远镜成像有正像的，也有倒像的，使用时一定要注意。

水准仪由照准部、基座和三脚架三部分组成。

图 2-3 是 S_3 型水准仪的外形及其各部件的名称。

(一)望远镜

1. 望远镜成像原理

望远镜主要由物镜、目镜、十字丝分划板、调焦(对光)装置及固定和连接这些光学零件的望远镜筒所组成(见图 2-4)。十字丝分划板安置在物镜和目镜之间，观测目标时，要求物体在望远镜中的成像恰好与十字丝平面共面。

十字丝是刻在玻璃薄片上相互垂直的细线。竖直的一根称为纵丝(又称竖丝)，中间横的一根称为横丝(又称中丝、水平丝)。横丝上、下两根对称的用来测定距离的短线，称为视距丝，视距丝分上丝和下丝。望远镜的物镜光心与十字丝网中心的连线就是望远镜的视准

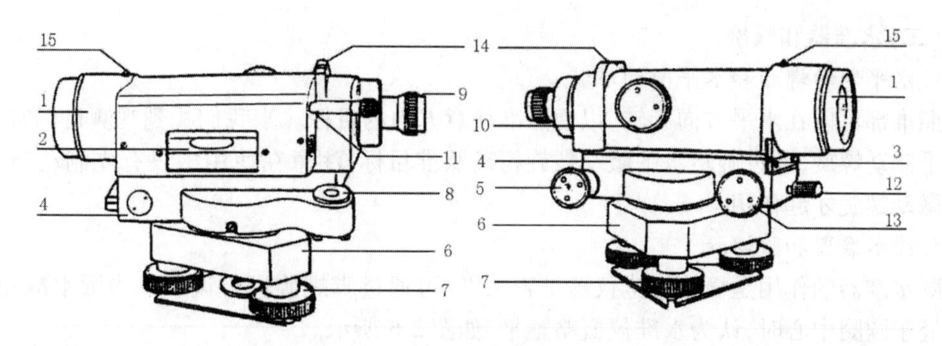

1—望远镜;2—符合水准器;3—簧片;4—支架;5—微倾螺旋;6—基座;7—脚螺旋;8—圆水准器;
9—望远镜目镜;10—物镜调焦螺旋;11—气泡观察镜;12—制动螺旋;13—微动螺旋;14—缺口;15—准星

图 2-3 S_3 型水准仪

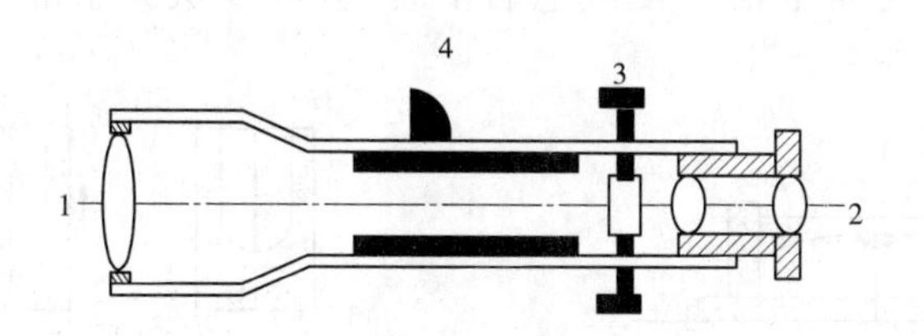

1—物镜;2—目镜;3—十字丝面板;4—对光螺旋

图 2-4 内对光望远镜剖面图

轴,又称照准轴,它可用于照准目标。望远镜的作用并不是将物体放大,而是将人眼观察物体的视角放大了,故用望远镜能看清远处的目标。

2. 调焦螺旋

调焦螺旋分为目镜调焦环和物镜调焦(对光)螺旋。目镜调焦环用来调节十字丝的清晰程度;对光螺旋用来调节物像的清晰程度,两者在使用时应配合使用。具体光路图如图 2-5所示。

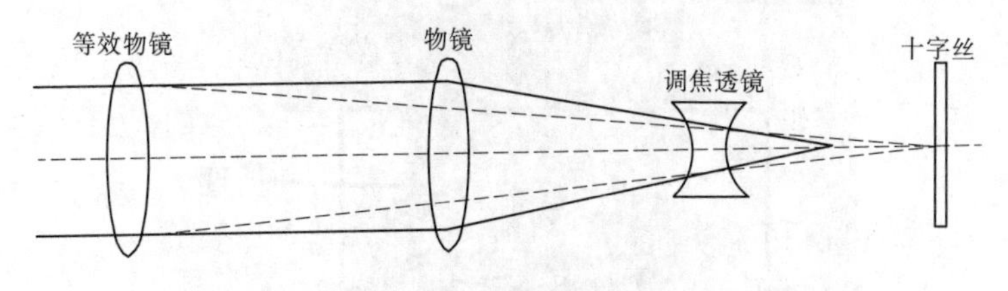

图 2-5 水准仪光路图

望远镜是用来精确照准目标的。为此,目标在望远镜中的成像必须清晰,且成像于十字丝面上。但由于人的眼睛辨别微小差距的能力不够强,往往像平面与十字丝面还没有严密重合就误认为调节好了,当观测者眼睛在目镜后上下左右晃动时,目标的像与十字丝发生相对变化,由此给观测照准带来的误差称为视差。

为了检查是否存在视差,可使眼睛在目镜后上下或左右稍微晃动,如十字丝的交点始终对着目标的同一位置,则表示没有视差,如发现十字丝与目标有相对移动,则说明有视差存在。

（二）水准器和螺旋

1. 水平制动螺旋和水平微动螺旋

照准部可以在水平方向旋转，以便照准任意方向的目标。当我们找到观测目标时，可旋紧水平制动螺旋，通过旋转水平微动螺旋精确照准目标，注意在使用中只有先制动照准部，水平微动螺旋才起作用。

2. 圆水准器和脚螺旋

圆水准器的作用是概略标定仪器是否水平，可通过脚螺旋进行调节。当圆水准器中的气泡处于圆圈中心时，认为水准仪概略整平，如图 2-6 所示。

3. 符合水准器和微倾螺旋

水准器的原理是利用液体受重力作用后气泡居于最高位置的特性来标示仪器的轴线是否在水平位置。水准仪在生产时满足的主要条件就是视准轴应与符合水准轴平行。当我们通过微倾螺旋调节符合水准器并使气泡居中时，就可以认为水准仪视线水平，如图 2-7 所示。

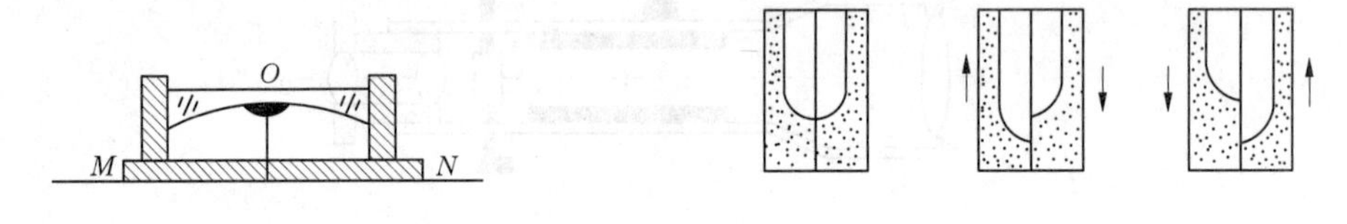

图 2-6　圆水准器气泡　　　图 2-7　符合水准器气泡

4. 基座

水准仪基座的作用是支撑仪器的上部并通过中心螺旋与三脚架相连（见图 2-8）。

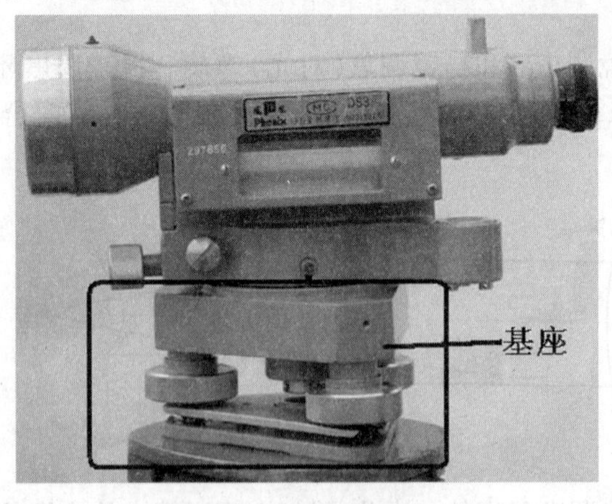

图 2-8　水准仪基座部分

5. 大地测量仪器的代号及水准仪等级

水准仪的型号主要有 DS_{05}、DS_1、DS_3、DS_{10}，水准仪型号中 D、S 分别为“大地”和“水准仪”的汉语拼音第一个字母，通常书写省略字母 D；“05”“1”“3”“10”等数字表示该仪器的精度。S_3 级和 S_{10} 级水准仪又称为普通水准仪，用于国家三、四等水准及普通水准测量，S_{05} 级和 S_1 级水准仪称为精密水准仪，用于国家一、二等精密水准测量。水准仪的种类按精度分为精密水准仪和普通水准仪。水准仪按结构分为微倾水准仪、自动安平水准仪、激光水准仪和数字水准仪(又称电子水准仪)。如图 2-8 所示为微倾式 DS_3 水准仪。

目前,水准仪共分 4 个等级,其中 S_{05}、S_1 为精密水准仪,S_3、S_{10} 为普通水准仪,见表 2-1。

表 2-1　水准仪系列主要技术参数

项目		水准仪等级			
		$DS_{0.5}$	DS_1	DS_3	DS_{10}
每千米往返测高差中数的偶然中误差(mm)		±0.5	±1.0	±3.0	±10
望远镜	物镜有效孔径不小于(mm)	42	38	28	20
	放大倍数不小于(倍)	55	47	38	28
水准管分划值		10″/2 mm	10″/2 mm	20″/2 mm	20″/2 mm
主要用途		一等水准测量	二等水准测量	三、四等水准测量、等外及图根水准测量	一般工程水准测量

二、水准标尺

水准标尺是水准测量的重要工具,水准尺有倒像的,也有正像的,水准测量作业时与水准仪配合使用。三、四等水准测量或者普通水准测量所使用的水准标尺是用干燥木料或玻璃纤维合成材料制成的,一般长 3～4 m,按其构造不同可分为折尺、塔尺、直尺等。折尺可以对折,塔尺可以伸缩,这两种标尺运输比较方便,但接头处容易损坏,影响尺子的精度,所以三、四等水准测量规定只能用直尺。为使尺子不弯曲,其横剖面做成丁字形、槽形、工字形等。尺面每隔 1 cm 涂有黑白或红白相间的分格,每分米有数字注记。为观测方便,倒像望远镜配套的倒像标尺,数字常倒写;正像望远镜配套的正像标尺,数字正写。尺子底面钉以铁片,以防磨损。

用于普通水准测量的标尺一般为区格式双面直尺,称为双面水准标尺,如图 2-9 所示,它有两个显著特点:

(1)尺面基本分化为 1 cm。黑白相间的一面为黑面尺(也叫主尺),红白相间的一面为红面尺(也叫辅助尺),每分米处注以倒写的数字,以便观测时呈现正像数字(对于成正像的望远镜,标尺上注记的为正写数字)。

(2)为了避免观测时产生印象错误和每站的计算检核,每对双面标尺的黑面底部起点均为 0,而红面起点分别为 4687 和 4787(mm)。标尺必须成对使用,即红面起始读数分别为 4687 和 4787 的两根尺为一对,切莫搞错。

(3)读数时,倒像标尺从上往下读(上面数小,下面数大);正像标尺从下往上读(下面数小,上面数大)。

当没有双面尺时,也可以使用长 3 m 的具有厘米分划的单面水准标尺。

图 2-9　水准标尺

为了使水准标尺能竖直，有些水准尺上装有圆水准器，当圆水准器的气泡居中时，表示水准尺立于铅垂位置。

三、尺垫

尺垫的作用是在水准测量过程中减小水准标尺下沉，保证测量精度，尺垫如图 2-10 所示。

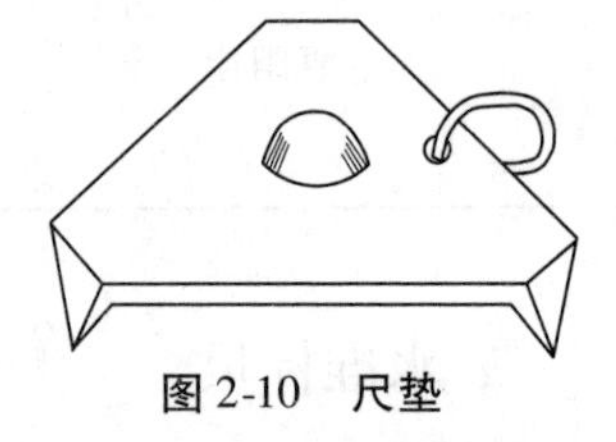

图 2-10　尺垫

作为转点用的尺垫是用生铁铸成，一般为三角形，中央有一个突起的圆顶，以便放置水准尺，下面有三个尖脚可以插入土中。尺垫应重而坚固，方能稳定。在土质松软地区，尺垫不易放稳，可以用尺桩作为转点。

四、三脚架

三脚架是水准仪的附件，用以安置水准仪，由木质（或金属）制成。脚架一般可伸缩，便于携带及调整仪器高度，使用时用中心连接螺旋与仪器固紧，铝合金脚架见图 2-11。

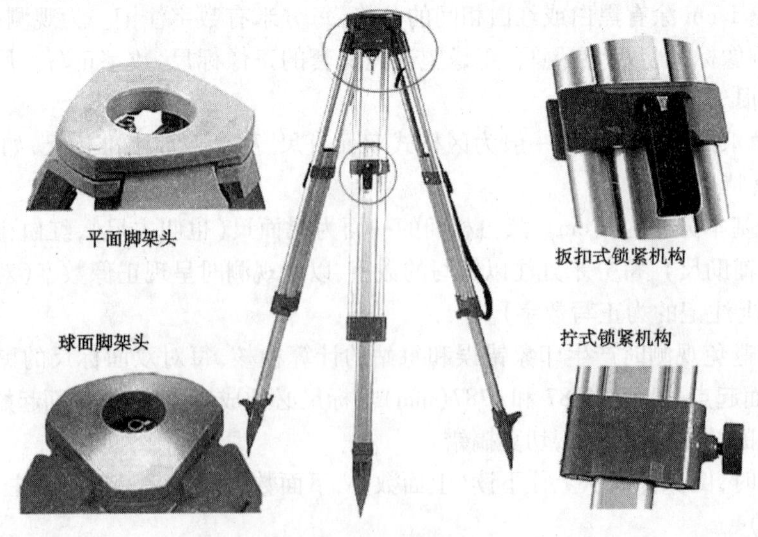

图 2-11　铝合金脚架

第四节 水准仪的使用

一、仪器安置

在测站上架设三脚架，使脚架头大致与观测者身高相适应，脚架头大致水平，把水准仪取出，用中心螺旋将仪器固定在三脚架上，然后将三脚架的两脚踩入土中，用手摆动第三只脚，使圆水准器的气泡靠近圆圈时，将该脚踩实。

二、粗平

使圆水准器的气泡居中的操作称为粗平（即概略整平）。粗平的操作步骤如下：

（1）气泡移动的方向与左手大拇指的旋转方向一致。因此，粗平时，首先观察气泡的偏离情况（气泡在哪边说明哪边高），然后确定如何调平。在图 2-12（a）中，气泡偏离在圆圈右边的 a 位置，因此可以确定左手拇指应该向外旋转（如气泡偏在圆圈左边，则左手拇指应向内旋转）。

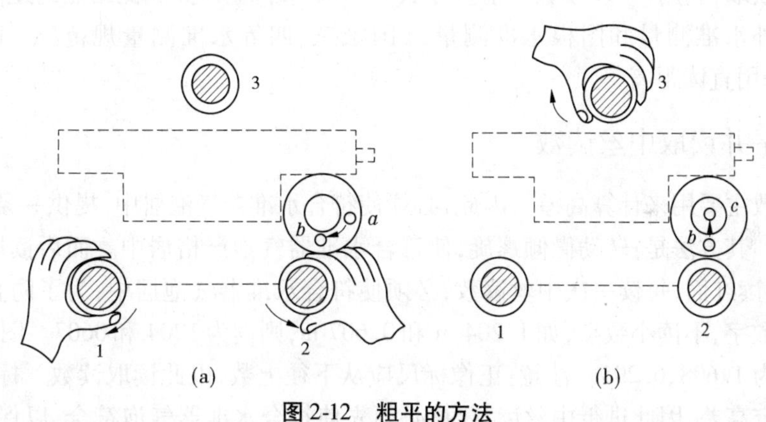

图 2-12 粗平的方法

（2）用双手按相对方向等速向外旋转两脚螺旋 1 和 2，使气泡移至圆水准器零点垂直于脚螺旋 1、2 连线的方向上，即从图 2-12（a）中 a 点移至 b 点。

（3）旋转第三个脚螺旋（左手拇指向外旋转），使气泡从 b 点移到圆圈的中心 c，即使气泡居中，如图 2-12（b）所示。

若气泡没有居中，可重复以上操作，直至居中为止。

（4）粗平每测站只在照准后视标尺时进行一次，照准前视标尺时，圆水准器气泡不居中也不能再调。

三、照准

旋转照准部，使望远镜十字丝中心切准目标的操作称为照准。照准部的旋转中心轴称为垂直轴。照准可分为以下几个步骤操作。

（一）概略照准

移动照准部，利用望远镜上方的缺口和准星照准水准标尺，固定水平制动螺旋。

（二）精确照准

概略照准后，利用望远镜进行精确照准，其方法是：

（1）目镜调焦。转动目镜调节环，调节目镜，使十字丝最黑最清晰。

（2）物镜调焦。旋转物镜调焦螺旋，使其成像清晰，且无视差存在。

（3）精确照准。旋转水平微动螺旋，从望远镜中观测，使十字丝纵丝精确照准水准标尺一边。

四、读取视距

读取视距就是利用十字丝分划板上的上、下两根视距丝，读取立尺点到安置仪器的测站点之间的距离，其方法有以下两种。

（一）直读距离

转动微倾螺旋，使十字丝的上丝对准标尺上某一整分划，然后数出上丝到下丝之间的厘米数 L，将 L 乘以 100 即为所测视距。就是说标尺上 1 cm 间隔对应的实地距离为 1 m，读至整米。

（二）利用上下丝读数计算距离

转动微倾螺旋，使符合水准器气泡居中，分别读取上丝和下丝读数，对于自动安平水准仪则可直接读取，利用（下丝读数 - 上丝读数）×100 求得立尺点到测站点的距离。

对于等外水准测量和图根水准测量，《国家三、四等水准测量规范》（GB/T 12898—2009）规定采用直读距离。

五、精平并读取中丝读数

中丝读数主要用来计算高差。因此，必须使符合水准器气泡居中，提供一条水平视线方可读取读数。其方法是：转动微倾螺旋，使符合水准器气泡严格居中。而后读取中丝读数，先读黑面，再读红面，每读一次中丝读数，必须使符合水准器气泡居中，为了防止误会，习惯上报读四位数字，不读小数点，如 1.204 m 和 0.607 m，则读为 1204 和 0607。图 2-13 中的中丝读数分别为 1.608、6.295。注意：正像标尺应从下往上数，以此读取读数。标尺上所切的绝对数来测定高差，因此进行中丝读数时，必须先使符合水准器气泡符合，以保证视准轴的水平。对于自动安平水准仪，只要圆水准器气泡居中，则可保证视准轴水平。

读数时，要弄清标尺上的数字注记形式。大部分水准标尺的注记形式如图 2-13 所示，即分米数字注记在整分划线数值增加的一边，这样的注记读数较方便。

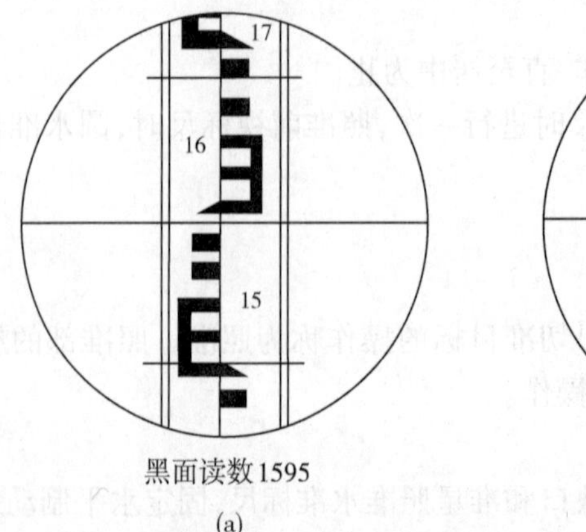

黑面读数1595

(a)

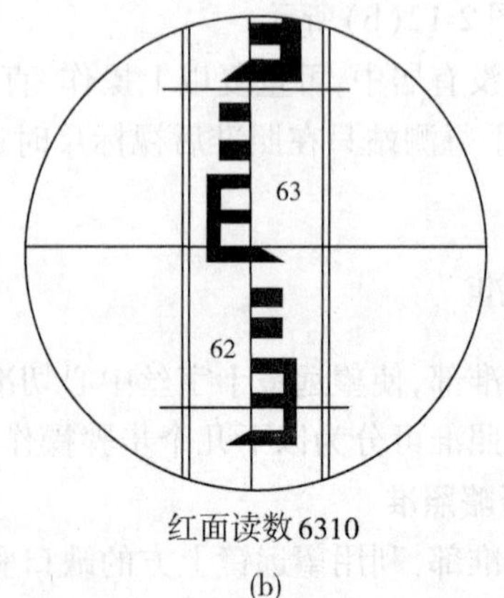

红面读数6310

(b)

图 2-13　标尺读数

第五节　水准仪的检验与校正

水准仪是水准测量的主要仪器，仪器是否合乎要求，直接关系到水准测量成果的好坏。因此，在使用前必须对仪器进行细致的检查，必要时进行校正，以保证测量工作的顺利进行。

一、水准仪的主要轴线

水准仪有 4 条主要轴线：望远镜的照准轴（视准轴）、管水准轴、圆水准轴和垂直轴，如图 2-14 所示。

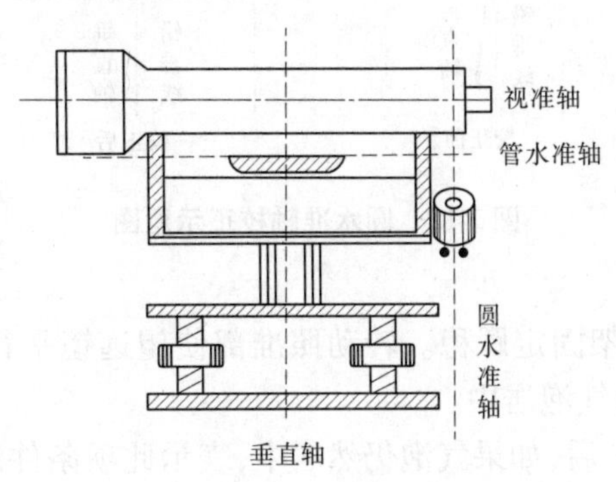

图 2-14　水准仪的轴

（1）照准轴：望远镜的物镜光心与十字丝网中心的连线，称为照准轴（视准轴）。

（2）管水准轴：过管水准器的零点（水准管圆弧的中心点）与圆弧相切的切线称为管水准轴。

（3）圆水准轴：连接圆水准器零点与球面球心的直线称为圆水准轴。

（4）垂直轴：照准部旋转的中心轴称为垂直轴。

二、水准仪应满足的主要条件

根据水准测量原理，水准仪的主要功能是提供水平视线，为了保证这个功能，水准仪的主要轴线必须满足如下几何条件。

（一）圆水准轴应平行于仪器的垂直轴

水准仪的粗平主要是看圆水准器的气泡是否居中。当圆水准轴与仪器的垂直轴不平行时，虽然在某个位置气泡居中，但旋转一定角度后气泡会偏，无法知道仪器是否粗平。

（二）十字丝横丝垂直于垂直轴的检校

当仪器粗平后，垂直轴处于铅垂位置时，横丝则处于水平状态，这样保证用横丝的任意部位在标尺上读数都是准确的。

（三）管水准轴应平行于照准轴

对于带管水准器的水准仪来说，当管水准轴与照准轴平行时，只要调平管水准轴就可以认为照准轴处于水平状态。由于机械制造以及使用、搬运等因素，水准仪的照准轴与管水准轴一般不会严格平行，这两条轴线之间在垂直方向的投影存在一个夹角 i，该角对水准测量读数有较大影响，必须校正到一定限度之内。

三、检验校正方法

(一)圆水准轴平行于垂直轴的检校

1. 检校目的

当圆水准器气泡居中时,垂直轴位于铅垂位置(见图 2-15)。

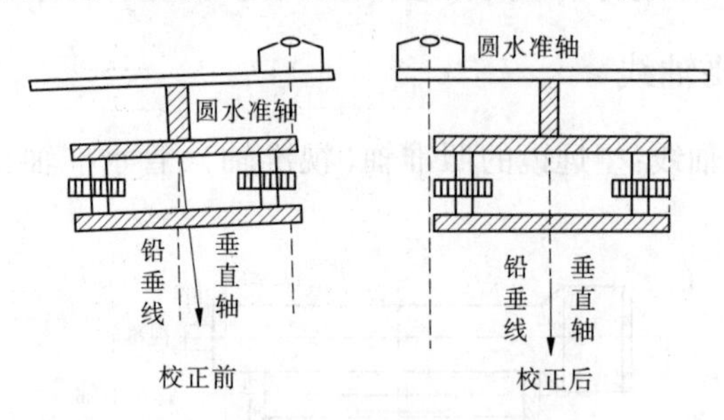

图 2-15　圆水准轴校正示意图

2. 检验方法

(1)安好水准仪,将脚架固定踩稳。转动照准部使望远镜平行于任意两个脚螺旋的连线,调整脚螺旋使圆水准器气泡居中。

(2)将照准部旋转 180°后,如果气泡仍然居中,表示此项条件满足。如果气泡偏离中心,则需要校正。

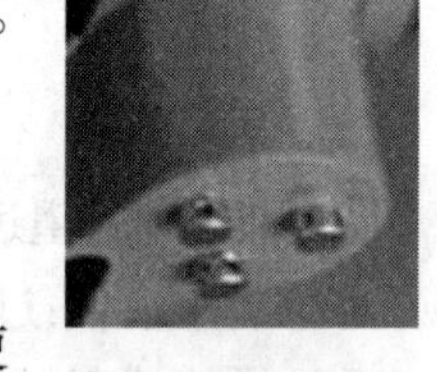

图 2-16　圆水准器调节螺丝

3. 校正方法

(1)先用脚螺旋校正圆水准器气泡偏离量的一半。

(2)用改针调整圆水准器底部的三个校正螺丝,如图 2-16 所示,使圆水准器气泡居中。

(3)照准部旋转 180°,反复(1)、(2)步骤,直到圆水准器气泡始终都在分划圈内为止(见图 2-17)。

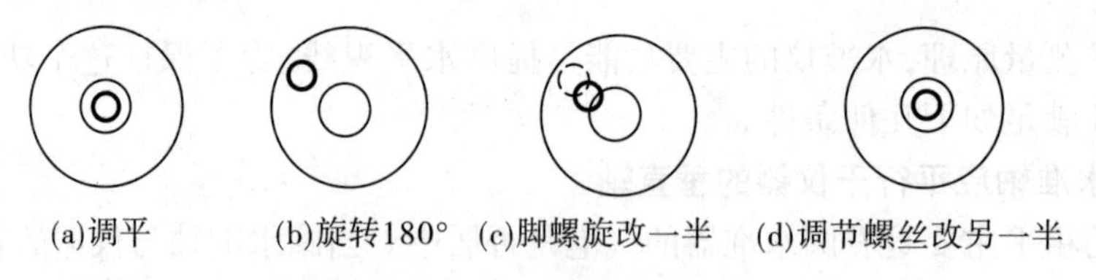

图 2-17　圆水准器检校示意图

(二)十字丝横丝应垂直于垂直轴

1. 检校目的

当垂直轴垂直时,十字丝横丝位于水平位置。

2. 检验方法

(1)整平水准仪,用望远镜横丝左端照准墙上一点状目标,然后制动照准部。

(2)转动水平微动螺旋,使目标点由左端移到右端。若目标点不离开横丝,表示横丝水平;若目标点离开横丝,表示横丝不水平,需要校正。

3. 校正方法

(1)用小螺丝刀松开十字丝环的固定螺丝(有的仪器要先旋开十字丝护盖才能看见固

定螺丝）。

（2）转动十字丝环，使十字丝水平。

（3）重复上述步骤，直到目标点始终不离开横丝为止。

（4）最后，紧固十字丝环的固定螺丝，将护盖旋紧。如图 2-18 所示。

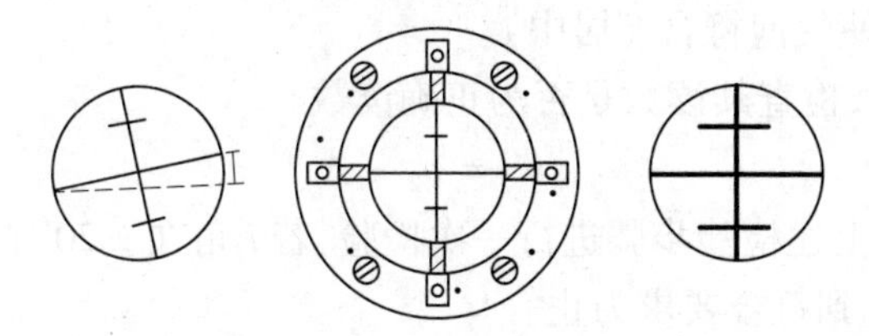

图 2-18　十字丝校正示意图

（三）管水准轴平行于照准轴的检校

1. 检校目的

当符合水准器气泡居中时，照准轴位于水平位置。

2. 检验方法

（1）如图 2-19 所示，在较平坦场地上量取 $AE = 61.8$ m 的线段，将其分为三段，即 $CA = CB = 10.3$ m，$BE = 20.6$ m。在 A、B 两点处各放一尺垫并立标尺，在 C、E 点做好标记，方便安置仪器。

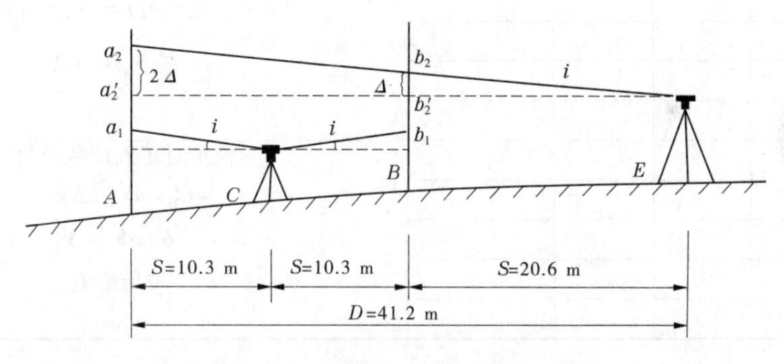

图 2-19　水准仪 i 角检验示意图

（2）将水准仪安置在 C 点处，整平，照准 A 点标尺黑面，调微倾螺旋使符合水准器气泡精平，用中丝读取标尺读数，记作 a_1 。

（3）照准 B 点标尺黑面，调微倾螺旋使符合水准器气泡精平，用中丝读取标尺读数，记作 b_1 。

重复（2）、（3）再连续读数三次，共计四个读数，其互差应小于 4 mm，然后取中数（平均值）。

（4）将仪器搬到 E 处，分别照准 A 尺与 B 尺，精平读数。得到 A 点标尺四个读数的中数 a_2 和 B 点标尺四个读数中数 b_2 ，然后用式（2-7）计算 i 角：

$$\begin{cases} \Delta = [(a_2 - b_2) - (a_1 - b_1)] \\ i = \dfrac{\Delta}{S} \cdot \rho'' \approx 10\Delta \end{cases} \tag{2-7}$$

式中，Δ 及 S 均以毫米为单位。若计算出的 i 角在 ±20″（四等水准测量）以内，可不必校正。否则，应按下述步骤进行校正。

3. 校正方法

(1)校正在 E 处进行。照准 A 标尺,用微倾螺旋使水平横丝切准 A 点标尺的正确读数。

$$a'_2 = a_2 - 2\Delta \tag{2-8}$$

这时照准轴已处于水平位置。由于转动了微倾螺旋,管水准器气泡必然偏离中心。调整管水准器校正螺丝,使气泡符合(居中)。

(2)照准 B 点标尺,检查其读数是否为正确读数。

$$b'_2 = b_2 - \Delta \tag{2-9}$$

(3)校正完后再按上述检验步骤进行一次检验,若 i 角在 ±20″范围内,可不必校正。否则,应反复检验校正,直到符合要求为止。

i 角检验表见表 2-2。

表 2-2　i 角检验表

仪器编号:　　　　　　　　　　　　　　观测者:

年　月　日　　　　　　　　　　　　　　记录者:

<table>
<tr><th rowspan="2">测站</th><th rowspan="2">观测次序</th><th colspan="2">标尺读数</th><th rowspan="2">高差(a-b)(mm)</th><th rowspan="2">i 角的计算</th></tr>
<tr><th>a</th><th>b</th></tr>
<tr><td rowspan="5">C</td><td>1</td><td></td><td></td><td></td><td rowspan="5">$\Delta = [(a_2 - b_2) - (a_1 - b_1)] =$
$i = \frac{\Delta}{S} \cdot \rho \approx 10\Delta =$</td></tr>
<tr><td>2</td><td></td><td></td><td></td></tr>
<tr><td>3</td><td></td><td></td><td></td></tr>
<tr><td>4</td><td></td><td></td><td></td></tr>
<tr><td>中数</td><td></td><td></td><td></td></tr>
<tr><td rowspan="5">E</td><td>1</td><td></td><td></td><td></td><td rowspan="5">校正时正确读数应为:
$a'_2 = a_2 - 2\Delta =$
$b'_2 = b_2 - \Delta$
校后检测
$b'_2 =$</td></tr>
<tr><td>2</td><td></td><td></td><td></td></tr>
<tr><td>3</td><td></td><td></td><td></td></tr>
<tr><td>4</td><td></td><td></td><td></td></tr>
<tr><td>中数</td><td></td><td></td><td></td></tr>
</table>

4. 注意事项

(1)校正时应注意校正螺丝的旋转方向,看管水准器一端是要提高还是要降低,怎样转才能达到校正目的,应转多大角度,要做到心中有数,不得盲目乱动。特别是转不动时不要硬转,以免拧断螺丝或损坏丝扣及校正孔。一般应先松一个螺丝后紧另一个螺丝,微松微紧。每项校正完后,一定要固紧校正螺丝。

(2)i 角有正负之分,i 角为负值表示照准轴低于水平视线。Δ 也有正负,注意不要算错,以免影响校正。

(3)在 i 角没有校正好之前,千万不要动尺垫,否则应重新检验。

(4)为了计算方便,检验距离使用了 $\rho'' \approx 206\,000''$ 的可约数 20.6 m、10.3 m。在条件允许的情况下,检验使用的距离可以放大一倍,以方便检较。另外,在实践测量检验中,AB、BE 的距离值也可使用任意数,i 角值通过计算一样能够获得。

(5)检验时,调平符和水准器的气泡,管水准轴水平,照准轴倾斜,如图 2-20(a)所示。准备校正前,转动微倾螺旋使照准轴对准正确读数,这时照准轴水平,管水准轴发生倾斜,如

图 2-20(b)所示。校正时,调节管水准器上的上下调节螺丝,使管水准轴重新水平。而照准轴不动,这样二轴同时水平,达到了校正的目的,如图 2-20(c)所示。

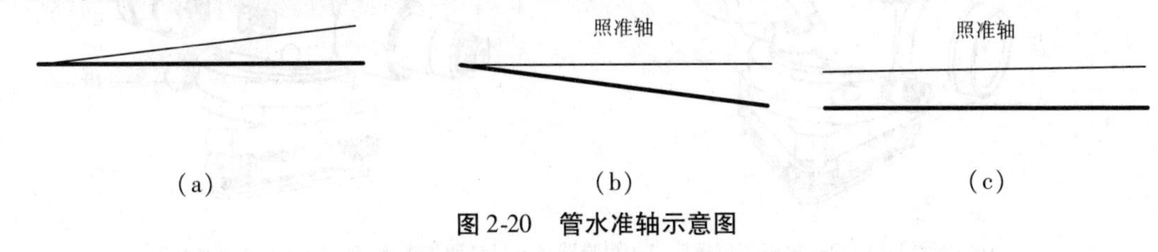

图 2-20　管水准轴示意图

第六节　自动安平水准仪及电子水准仪

一、自动安平水准仪

用水准仪进行水准测量的特点是,使水准管的气泡居中而获得水平视线。因此,在水准尺上每次读数都要用微倾螺旋将水准管气泡调至居中位置,这对于提高水准测量的速度和精度有很大障碍。自动安平水准仪上没有水准管和微倾螺旋,使用时只需将水准仪上的圆水准器的气泡居中,在十字丝交点上读得的便是视线水平时应该得到的读数。因此,使用这种自动安平水准仪,可以不用转动微倾螺旋调整符合水准器气泡居中,大大缩短了水准测量的观测时间。同时,由于水准仪整置不当、地面有微小的震动或脚架的不规则下沉等造成的视线不水平,可以由补偿器迅速调整而得到正确的读数。

图 2-21 所示的是苏州光学仪器厂生产的 DSZ2 型自动安平水准仪,图 2-22 所示的是北京光学仪器厂生产的 DSZ3－1 型自动安平水准仪。

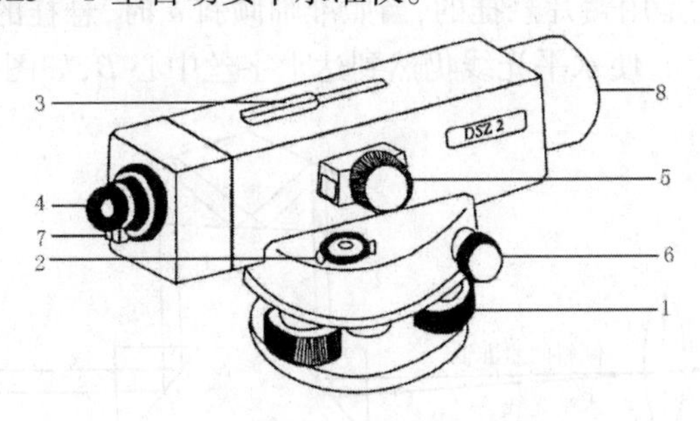

1—脚螺旋;2—圆水准器;3—外瞄准器;4—目镜调焦螺旋;
5—物镜调焦螺旋;6—微动螺旋;7—补偿器检查按钮;8—物镜

图 2-21　DSZ2 型自动安平水准仪

(一)自动安平水准仪的原理

如图 2-23 所示,视准轴已倾斜了一个 α 角,为使经过物镜光心的水平视线能通过十字丝交点,可采用以下两个办法:

(1)在光路中装置一个补偿器,使光线偏转一个 β 角而通过十字丝交点 A。由于 α 和 β 的值都很小,若 $f \cdot \alpha = s \cdot \beta$ 成立,则能达到"补偿"的目的。

(2)若能使十字丝移至位置 B,也可达到"补偿"的目的。

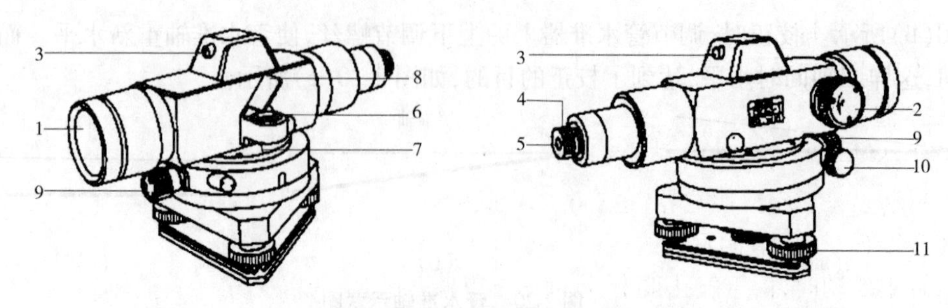

1—望远镜物镜;2—物镜调焦螺旋;3—粗瞄器;4—目镜调焦螺旋;5—目镜;6—圆水准器;

7—圆水准器校正螺丝;8—圆水准器反光镜;9—制动螺旋;10—微动螺旋;11—脚螺旋

图 2-22　DSZ3 - 1 型自动安平水准仪

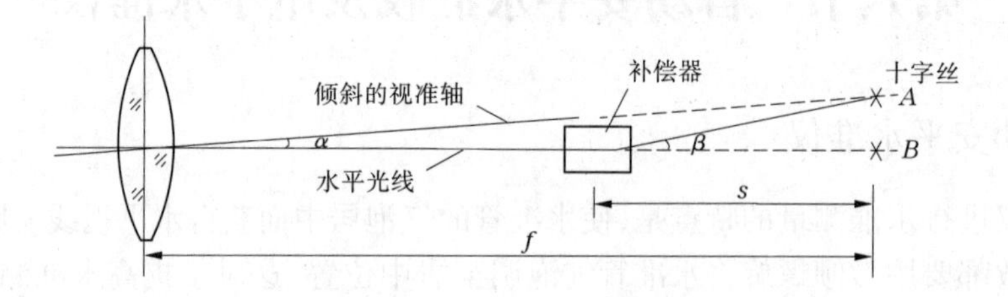

图 2-23　自动安平水准仪原理

(二)光学补偿器

光学补偿器的主要部件是一个屋脊棱镜和两个由金属簧片悬挂的直角棱镜。如图 2-24(a)所示,光线经第一个直角棱镜反射到屋脊棱镜,再经屋脊棱镜三次折射后到第二个直角棱镜,最后到达十字丝中心。当照准轴倾斜时,若补偿器不起作用,到达十字丝中心 B 的光线是倾斜的照准轴,而水平光线则到达 A。

由于两个直角棱镜是用簧片悬挂的,当照准轴倾斜 α 时,悬挂的两个直角棱镜在重力的作用下自动反方向旋转 α,使水平光线仍然到达十字丝中心 B,如图 2-24(b)所示。

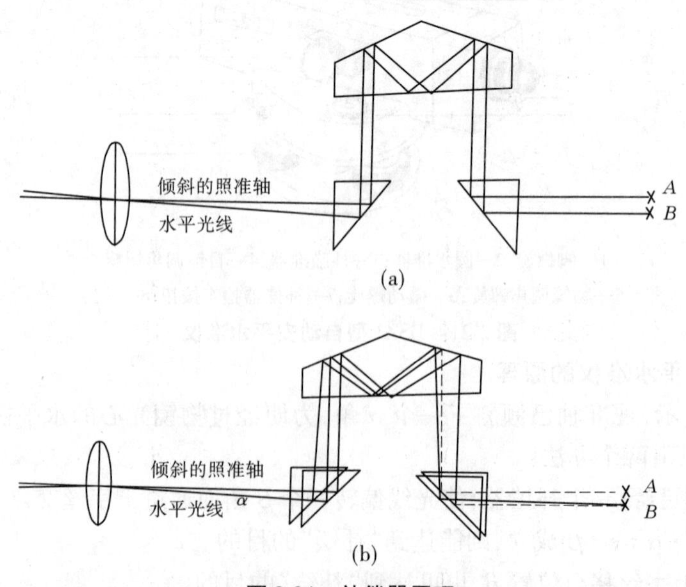

图 2-24　补偿器原理

自动安平水准仪的观测步骤和微倾水准仪相同，不同的是自动安平水准仪只需使圆水准器气泡居中即可。

（三）阻尼器

上述补偿装置有一个因重力作用的“摆”。为使“摆”的摆动能迅速静止，必须装一个阻尼器。目前多采用空气阻尼器，也有的采用磁阻尼器。

图 2-25（a）为空气阻尼器的剖面示意图。活塞 P 置于一个汽缸中并与摆动杆相连；当它在汽缸中摆动时，由于气孔很小、排气速度很慢，汽缸中的空气将产生阻力，因此能迅速使活塞停止摆动。实际装置时，两个气孔已用螺钉堵死，只在检修时才放开。汽缸中的空气则由旁边的窄缝（见图 2-25（b））排出和吸进。

图 2-26 为磁阻尼器的工作原理。在摆动杆上连接一金属阻尼板，金属阻尼板位于两个永久磁铁间的窄缝中，并可左右移动，当摆动杆的摆动使阻尼板移动时，在磁场的作用下将产生电荷，而电荷与磁场的作用又产生一个与阻尼板移动方向相反的力，它将阻止阻尼板的移动，从而使与阻尼板相连的摆动杆迅速静止。

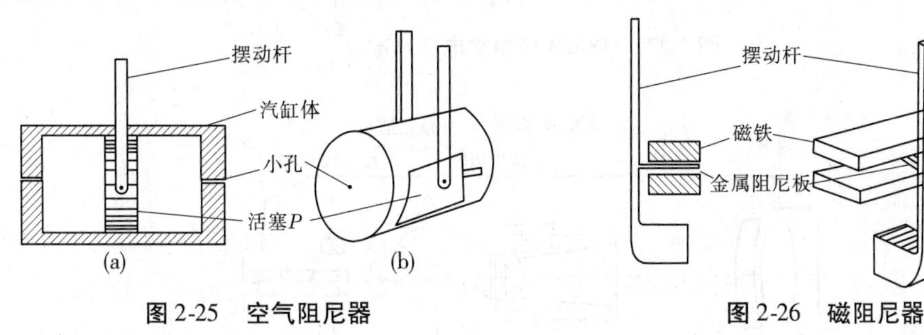

图 2-25　空气阻尼器　　**图 2-26　磁阻尼器**

二、电子水准仪

（一）概述

电子水准仪具有光学水准仪无可比拟的优点。与光学水准仪相比，它具有速度快、精度高、自动读数、使用方便、能减轻作业劳动强度、可自动记录存储测量数据、易于实现水准测量内外业一体化的优点。

电子水准仪区别于水准管水准仪和补偿器水准仪（自动安平水准仪）的主要不同点是在望远镜中安置了一个由光敏二极管构成的线阵探测器，仪器采用数字图像识别处理系统，并配用条码水准标尺。水准尺的分划用条纹编码代替厘米间隔的米制长度分划。线阵探测器将水准尺上的条码图像用电信号传送给信息处理机。信息经处理后即可求得水平视线的水准尺读数和视距值。因此，电子水准仪将原有的用人眼观测读数彻底改变为由光电设备自动探测水平视准轴的水准尺读数。

目前电子水准仪采用的自动电子读数方法有以下三种：相关法，如 Leica 公司 NA2002 型、DNA03 型电子水准仪（见图 2-27）；几何法，如蔡司厂的 DiNi10 型、DiNi20 型电子水准仪；相位法，如拓普康公司的 DL－101C 型、DL－102C 型电子水准仪。

（二）电子水准仪的一般结构

电子水准仪的望远镜光学部分和机械结构与光学自动安平水准仪基本相同。图 2-28 中的部件较自动安平水准仪多了调焦发送器、补偿器监视、分光镜和线阵探测器 4 个部件。

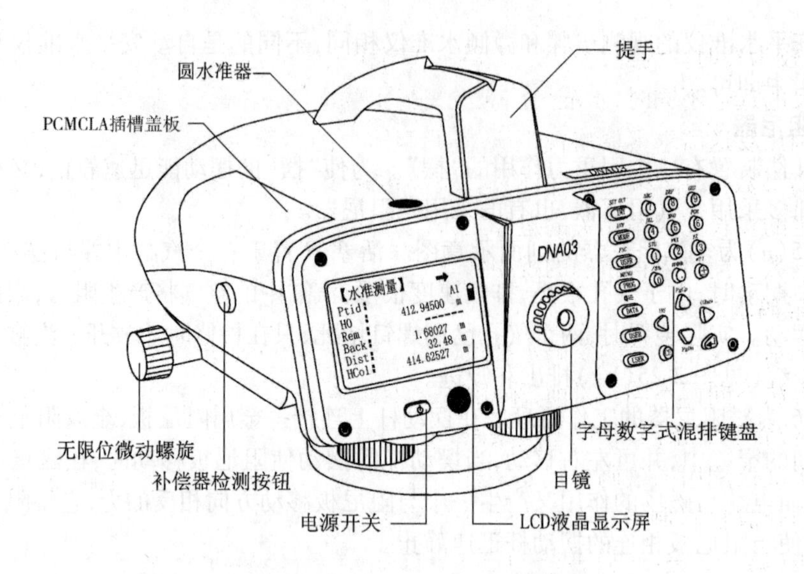

图 2-27　DNA03 型中文电子水准仪

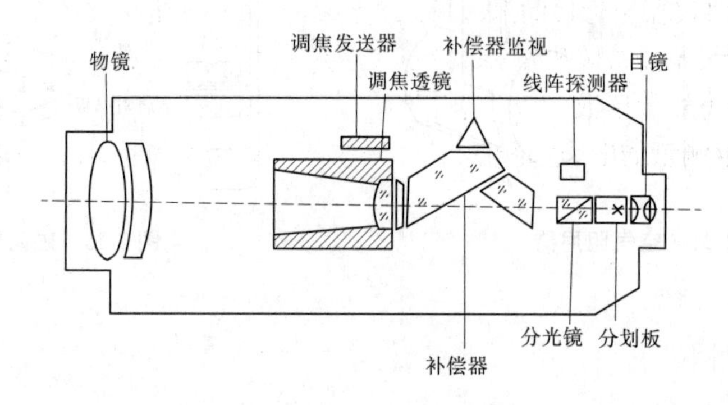

图 2-28　电子水准仪结构略图

调焦发送器的作用是测定调焦透镜的位置,由此计算仪器至水准尺的概略视距值。补偿器监视的作用是监视补偿器在测量时的功能是否正常。分光镜则是将经由物镜进入望远镜的光分离成红外光和可见光两个部分。红外光传送给线阵探测器作标尺图像推测的光源,可见光源穿过十字丝分划板经目镜供观测员观测水准尺。基于 CCD 摄像原理的线阵探测器是仪器的核心部件之一,长约 6.5 mm,由 256 个光敏二极管组成。每个光敏二极管的口径为 25 μm,构成图像的一个像素。这样水准尺上进入望远镜的条码图像将分成 256 个像素,并以模拟的视频信息信号输出。

(三)相关法基本原理

线阵探测器获得的水准尺上的条码图像信号(即测量信号),通过与仪器内预先设置的“已知代码”(参考信息)按信号相关方法进行比对,使测量信号移动以达到两信号最佳符合,从而获得标尺读数和视距读数。

进行数据相关处理时,要同时优化水准仪视线在标尺上的读数(即参数 h)和仪器到水准尺的距离(即参数 d),因此这是一个二维(d 和 h)离散相关函数。为了求得相关函数的峰值,需要在整条尺子上搜索。在这样一个大范围内搜索最大相关值大约要计算 50 000 个相关系数，较为费时。为此，采用了粗相关和精相关两个运算阶段来完成此项工作。由于仪器距水准尺的远近不同时，水准尺图像在视场中的大小也不相同，因此粗相关的一个重要步骤就是用调焦发送器求得概略视距值，将测量信号的图像缩放到与参考信号大致相同的大小。即距离参数 d 由概略视距值确定，完成粗相关，这样可使相关运算次数减少约 80%。然后按一定的步长完成精相关的运算工作，求得图像对比的最大相关值，即水平视准轴在水准尺上的读数。同时求得精确的视距值 d。

（四）条码水准尺

与电子水准仪相配套的条码水准尺（见图 2-29），其条码设计随电子读数方法不同而不同。目前，采用的条纹编码方式有二进制码条码、几何位置测量条码、相位差法条码。

电子水准仪配用的条码标尺是用膨胀系数小于 10×10^{-6} m/℃ 的玻璃纤维合成材料制成的，质量轻，坚固耐用。该尺一面采用伪随机条形码（属于二进制码），供电子测量用；另一面为区格式分划，供光学测量使用。尺子由三节 1.35 m 长的短尺插接使用，三节全长 4.05 m。使用时仪器至标尺的最短可测量距离为 1.8 m，最远为 100 m。要注意标尺不能被障碍物（如树枝等）遮挡，因为标尺影像的亮度对仪器探测会有较大影响，可能会不显示读数。

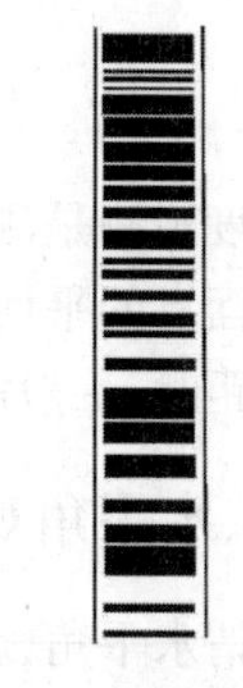

图 2-29　条形编码尺

用于精密水准测量的电子水准仪，其配用的条码标尺有两种：一种为因瓦尺；另一种为玻璃钢尺。

第三章　全站仪及其使用

第一节　角度测量概述

角度观测是测量工作的基本内容之一。角度观测包括:水平角观测和垂直角观测。要确定地面点的平面位置一般需要观测水平角;要确定地面点的高程位置或将测得的斜距化算为平距时,一般需要观测垂直角。

一、水平角观测原理

所谓水平角,就是相交的两直线之间的夹角在水平面上的投影,角值 0°~360°。如图 3-1所示,$\angle CAB$ 为直线 AC 和 AB 之间的夹角,测量中所需要观测的水平角是 $\angle CAB$ 在水平面上的投影,即 $\angle cab$,而不是斜面上的角 $\angle CAB$。

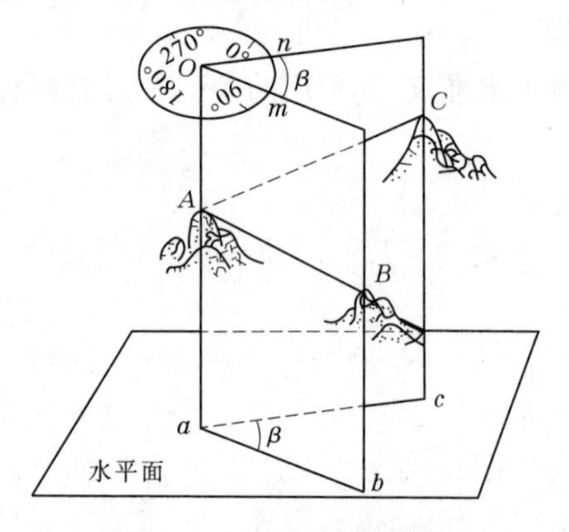

图 3-1　水平角观测原理图

由图 3-1 中可以看出 $\angle cab$ 就是通过 AC 和 AB 的两个铅垂面形成的两面角。这个两面角在铅垂面交线 Aa 上任意位置都可以测量。

要想测量水平角,可设想在竖线 Aa 上放置一个顺时针注记的全圆量角器(度盘),使其中心正好在 Aa 线上,并成水平位置。在 $ACca$ 铅垂面与度盘的交线得一读数 n,再从 $ABba$ 铅垂面与度盘的交线得一读数 m,则水平角 β 为两个方向值之差

$$\beta = m - n \tag{3-1}$$

二、垂直角观测

垂直角是同一竖直面内目标方向与一特定方向之间的夹角。目标方向与水平方向间的夹角称为高度角,又称为垂直角,一般用 α 表示。

如图 3-2 所示,测站点 A 到目标点 B、C 的方向线 AB、AC 与水平面之间的夹角 α_{AB} 、α_{AC} 就是 A 点到 B、C 两点的垂直角。

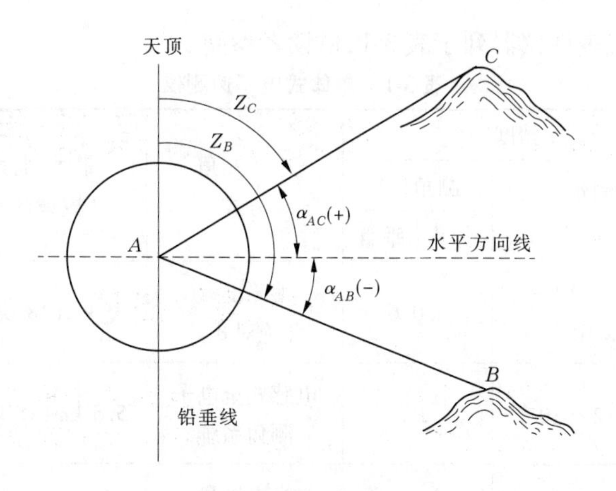

图 3-2　垂直角测量原理

视线上倾所构成的仰角为正，视线下倾所构成的俯角为负，角值范围在 $-90° \sim +90°$。

三、天顶距

目标方向与天顶方向（即铅垂线的反方向）所构成的角，称为天顶距，一般用 Z 表示，天顶距的大小从 $0° \sim 180°$。

垂直角与天顶距的关系为：

$$a = 90° - Z \tag{3-2}$$

第二节　全站仪使用

随着光电测距和电子计算机技术的发展，20 世纪 70 年代以来，测绘界越来越多地使用一种新型的测量仪器——全站型电子速测仪，简称全站仪。这种仪器能同时测角、测距，而且还能自动显示、记录、存储数据，并能进行数据处理，可在野外直接测得点的坐标和高程。若通过传输设备把观测数据输入到计算机，则经计算机处理后可自动绘制电子地图。需要时可由绘图仪自动绘出所需比例尺的图件，由打印机打印出所需成果表册。这样使测绘工作的外业和内业有机地连接起来，实现了真正的数据流。

一、电子速测仪的分类

通常将能同时进行测角和光电测距的仪器称为电子速测仪，简称速测仪。速测仪的类型很多，按结构形式可分为组合式和整体式两种类型。组合式电子速测仪是将电子经纬仪、红外测距仪、微处理器和电子记录装置（电子手簿）通过一定的连接器构成一个组合体。这种仪器的优点是能由系统的现有构件组成，还可通过不同构件进行灵活多样的组合。当个别构件损坏时，可以用其他构件代替，具有很强的灵活性。整体式电子速测仪（即全站仪）是在一个仪器外壳内包含有电子经纬仪、红外测距和电子微处理器。这种仪器的优点是将电子经纬仪和红外测距仪使用共同的光学望远镜，方向和距离测量只需瞄准一次。大多数全站仪都具有双轴自动补偿功能（补偿范围一般为 3′），使得操作十分简便。目前整体式全站仪已成为电子速测仪的主流产品，其产品已有几十种型号，精度指标齐全，现将国内常用的一些知名厂家的代表性仪器列于表3-1,供读者参阅。

表3-1 整体式电子速测仪

厂家型号	精度			电子测角方式	最大测程(棱镜数)	数据记录装置
	测距(mm)	测角(″)				
		水平	垂直			
原西德欧波同 Eeta2	$\pm 5 \sim 10 + 2\times10^{-6}$	± 0.6		编码度盘(绝对式)	5 km(18 块)	固体存储块
瑞典 AGA140	$\pm 5 + 2\times10^{-6}$	± 2		电感式全电子测角系统	5.5 km(18 块)	数据记录器 RS-232 接口
日本索佳 SET2	$\pm 3 + 2\times10^{-6}$	± 2		光电增量编码	3.4 km(9 块)	SDR2 等 RS-232 接口
日本宾得 PTS-V2	$\pm 2 + 2\times10^{-6}$	± 2		增量式旋转编码盘	3.6 km(3 块)	RS-232 内存储器
日本徕卡 TC1500	$\pm 2 + 2\times10^{-6}$	± 2		增量式旋转编码盘	3.5 km(3 块)	RS-232 接口存储卡
日本拓普康 GTS-211D GTS-701	$\pm 3 + 2\times10^{-6}$ $\pm 2 + 2\times10^{-6}$	± 5 ± 2		光栅增量读数	2.7 km(3 块)	RS-212 接口 内存储器存储卡
日本尼康 DTM-A5LG	$\pm 2 + 2\times10^{-6}$	± 2		增量式旋转编码盘	1.8 km(3 块)	RS-232 或 NK-NET 接口
中国南方 NPS-200	$\pm 5 + 2\times10^{-6}$	± 3		光栅增量读数	1.8 km(3 块)	RS-232 接口

速测仪按信息输入方式不同,又可分为全站型和半全站型两种。全站型电子速测仪(亦称自记式电子速测仪)在测站点上开始观测后,只需观测人员照准目标的特定位置,操作一定的按键,则所需的观测数据,如斜距、天顶距、水平方向值等均能自动显示,也可显示平距、高程和点的坐标。整个测量过程简单,避免了人为的差错,精度好、效率高。半全站型电子速测仪(亦称手记式电子速测仪)在测站上开始观测后角度的信息必须由观测人员来读取,距离可用测距仪测定,通过人工按键将所需信息输入到袖珍计算机。

二、全站仪的使用

全站仪基本组成包括电子经纬仪、光电(多为红外线)测距仪、微处理器和数据自动记录装置(电子手簿)。全站仪除能进行角度测量、距离测量、坐标测量、偏心测量、悬高测量和对边测量外,还能进行数据采集、放样及存储管理。因为全站仪种类较多,下面主要介绍GTS-330N全站仪的使用方法。

GTS-330N全站仪结构由照准部、基座组成,其结构如图3-3所示,图3-4为GTS-330N全站仪的操作面板。

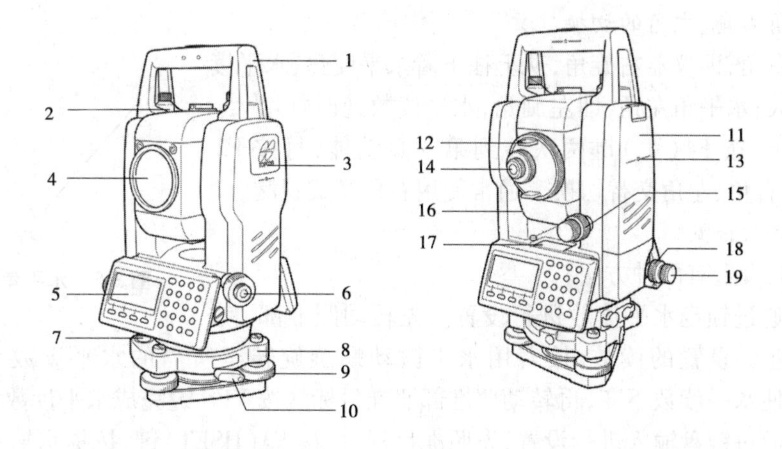

1—提手;2—粗瞄准器;3—垂直度盘;4—物镜;5—操作面板;6—光学对中器;
7—圆水准器;8—基座;9—脚螺旋;10—基座固定钮;11—电池;12—物镜调焦环;
13—仪器中心标志;14—目镜;15—垂直制动螺旋;16—垂直微动螺旋;
17—管水准器;18—水平制动螺旋;19—水平微动螺旋

图 3-3　GTS－330N 全站仪

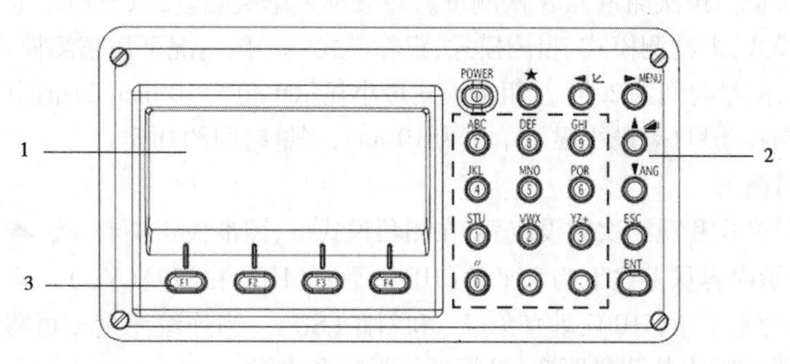

1—显示屏;2—输入键;3—功能键

图 3-4　GTS－330N 全站仪的操作面板

(一)测量准备

将全站仪对中、整平后,按下 POWER 键,即打开电源,显示器初始化约 2 s 后,显示零指示设置指令(OSET)、当前的棱镜常数(PSM)、大气改正值(PPM)以及电池剩余容量。

纵转望远镜,使望远镜的视准轴通过水平线,立即显示垂直度盘读数和水平度盘读数。若仪器没有整平(超出自动补偿范围),又设置了自动倾斜模式,则此时不显示度盘读数。

使用全站仪输入字母、数字是借助软键(F1,F2,F3,F4)和光标移动键(▲、▼、◀、▶)来实现的。按 INPUT(F1)键输入开始,按 ENT(F4)键输入结束。

(二)角度测量

开机设置读数指标后,就进入角度测量模式,或者按 ANG 进入角度测量。

1. 水平角左角和垂直角测量

如图 3-5 所示,欲测 A,B 两方向的水平角,在 O 点整置仪器后,照准目标 A,按 F1(OSET)键和 YES 键,可设置目标 A 的水平读数为 0°00′00″。旋转仪器照准目标 B,直接显示目标 B 的水平角 H 和垂直角 V。

2. 水平角右角、左角的切换

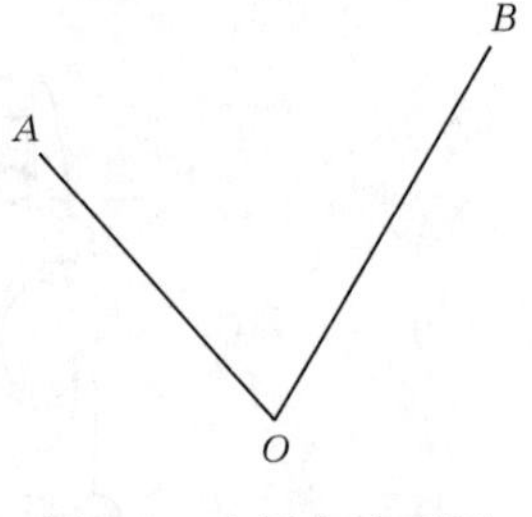

图 3-5　水平角度观测

水平角右角,即仪器右旋角,从上往下看水平度盘,水平读数顺时针增大;水平角左角,即左旋角,水平读数逆时针增大。在测角模式下,按 F4(↓)键两次转到第 3 页功能,每按 F2(R/L)一次,右角、左角交替切换。通常使用右角模式观测。

3. 水平读数设置

水平读数设置有两种方法。

方法 1:通过锁定水平读数进行设置。先转动照准部,使水平读数接近要设置的读数,接着用水平微动螺旋旋转至所需的水平读数,然后按 F2(HOLD)键,使水平读数不变,再转动照准部照准目标。按 YES 键完成水平读数设置。

方法 2:通过键盘输入进行设置,先照准目标,再按 F3(HSET)键,按提示输入所需要的水平读数。

在测角模式下,可进行角度复测、水平角 90°间隔蜂鸣声的设置。垂直角与百分度(坡度)切换、天顶距与高度角切换等。

(三)距离测量

距离测量可设为单次测量和 N 次测量。一般设为单次测量,以节约用电。距离测量可区分三种测量模式,即精测模式、粗测模式、跟踪模式。一般情况下用精测模式观测,最小显示单位为 1 mm,测量时间约 2.5 s。粗测模式最小显示单位为 10 mm,测量时间约 0.7 s。跟踪模式用于观测移动目标,最小显示单位为 10 mm,测量时间约 0.3 s。

1. 直接距离测量

当距离测量模式和观测次数设定后,在测角模式下,照准棱镜中心,按 ◢ 键,即开始连续测量距离,显示内容从上往下为水平角(HR)、平距(HD)和高差(VD)。若再按 ◢ 键一次,显示内容变为水平角(HR)、垂直角(V)和斜距(SD)。当连续测量不再需要时,可按 F1(MEAS)键,按设定的次数测量距离,最后显示距离平均值。

注意:当光电测距正在工作时,HD 右边出现“ * ”标志。

2. 偏心测量

图 3-6 为偏心测量示意图,当棱镜直接架设有困难时,如要测定电线杆中心位置,偏心测量模式是十分有用的。如图 3-6 所示,只要在与仪器平距相同的点 P 安置棱镜,在设置仪器高度、棱镜高度后,用偏心测量(第 2 页 F1)即可测得被测物中心 A_0 的距离和被测物的中心坐标。在距离测量模式下,选择偏心测量(OFSET)模式,接着照准棱镜 P 点,按 F1(MEAS)键,测定仪器到棱镜的水平距离,再按 F4(SET)键,确定棱镜的位置,接着用水平制动螺旋照准目标 A_0 点,然后每按一次距离测量键,即 ◢ 键,平距(HD)、高差(VD)和斜距(SD)依次显示,若在偏心测量之前,设置(输入)了仪器高、棱镜高、测站

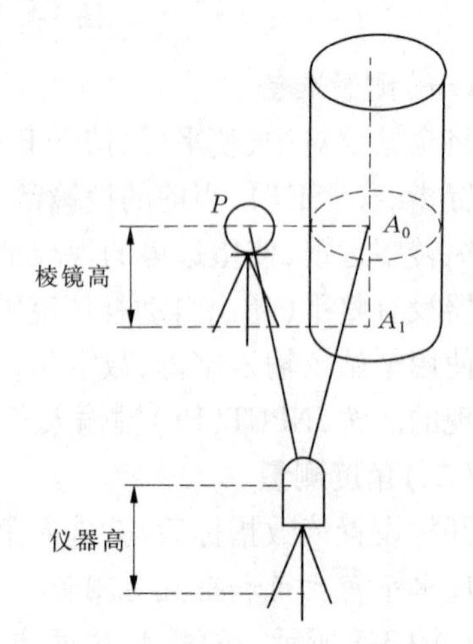

图 3-6　偏心测量示意图

点坐标，每按一次坐标测量键，即⇲键，N，E 和 Z 坐标依次显示。最后按 ESC 键返回前一个模式。

（四）放样（S. O）

在距离测量模式下，按（S. O）键（第 2 页 F2）可进行距离放样，显示出测量的距离与设计的放样距离之差。在放样（S. O）模式下，选择平距（HD）、高差（VD）和斜距（SD）中一种测量方式输入放样设计的距离，然后照准棱镜，按◢键，开始放样测量，显示测量距离与放样设计距离之差。移动棱镜，直到与设计距离的差值为 0 m。

（五）坐标测量

GTS－330N 全站仪可在坐标测量模式⇲下直接测定碎部点（立棱镜点）坐标。在坐标测量之前必须将全站仪进行定向，输入测站点坐标。若测量三维坐标，还必须输入仪器高和棱镜高。具体操作如下：

在坐标测量模式下，先通过第二页的 F1（R. HT），F2（INS. HT），F3（OCC）分别输入棱镜高、仪器高和测站点坐标，再在角度测量模式下，照准后向点（后视点），设定测站点到定向点的水平度盘读数，完成全站仪的定向。然后照准立于碎部点的棱镜，按⇲键，开始测量，显示碎部点坐标（N,E,Z），即（x,y,h）。

第三节　水平角测量

一、观测前的准备

到达测站点后，应立即按序做好如下准备工作。

（1）架设仪器（包括对中、整平）。

（2）量取仪器高、觇标高，一般要求精确至 1 mm，记入手簿。

（3）寻找观测目标。根据计划图上本站应观测的方向，依次从望远镜中找到应测目标，并记下目标附近较明显的特征或背景，以便观测时能迅速准确地找到目标和照准。个别难以寻找的目标，可在计划图上概量角度，依水平角寻找之。一般来说，从低处寻找高处目标较易，而从高处寻找低处目标较难。因此，应先在低处点位设站观测高处目标，后到高处点位设站观测低处目标。目标不清晰的点，可加大测旗或加粗花杆等，以防测错目标。

（4）选定零方向。找到观测目标后，应选择目标清晰、背景明亮、距离适中、易于照准的目标作为零方向。目的是保证零方向的观测精度，避免因零方向观测超限而返工。

（5）做好记录准备。

①记录前，首先填写好测站名称、日期、姓名、仪器编号、天气、觇点名称等。

②绘出观测方向略图（按上北、下南、左西、右东方位绘制）。

二、水平角观测

（一）测回法

测回法是水平角观测的方法之一，常用于两个方向的单角观测。观测方法如图 3-7 所示。A、C 为观测目标，B 为测站，欲测水平角 β。

1. 观测方法

如图 3-7 所示,测站点为 B,两个目标分别为 A、C。水平角的观测步骤如下:

图 3-7 测回法示意图

(1)一盘左位置(正镜),照准目标 A,配置度盘。读取水平度盘读数,记入表 3-2 第(1)栏内。

(2)顺时针旋转照准部,照准目标 C,同样读取水平度盘读数,记入第(2)栏内;以上操作称为上半测回。

(3)纵转望远镜变换为盘右位置(倒镜),顺时针旋转照准部,照准目标 C,读取水平度盘读数,记入第(3)栏内。

(4)逆时针旋转照准部,照准目标 A,读取水平度盘读数,记入第(4)栏内。

以上操作称为下半测回。上、下两个半测回合称为一测回。

2. 计算方法

水平角观测的计算表格如表 3-2 所示,按下面介绍的步骤进行计算。

表 3-2 水平角观测记录实例

观测方向略图:A、B、C

作业日期:2018-04-20 测站:B

仪器:GTS - 1002

观测者:甄实

记录者:郑洁

觇点	读数				半测回	一测回	各测回	附注
	盘左(° ′ ″)		盘右(° ′ ″)		方向(° ′ ″)	平均方向(° ′ ″)	平均方向(° ′ ″)	
1	2	3	4	5	6	7	8	9
第 测回								
	(1)		(4)		(5)	(8)	(10)	
	(2)		(3)		(6)	(9)	(11)	
					(7)			
第Ⅰ测回								
1. A	0 02 18		180 02 16		0 00 00	0 00 00		
2. C	53 33 54		233 33 36		53 31 36	53 31 28		
					20			

续表 3-2

觇点	读数				半测回方向(° ′ ″)	一测回平均方向(° ′ ″)	各测回平均方向(° ′ ″)	附注
	盘左(° ′ ″)		盘右(° ′ ″)					
第Ⅱ测回								
1. A	90 03 06		270 03 12					
2. C	143 34 42		323 34 42					

上半测回的两个方向值均各自减去第(1)栏的方向值：

$$(5)=(1)-(1)=0°00'00''$$

$$(6)=(2)-(1)$$

$$(7)=(3)-(4)$$

(8)栏同第(5)栏。

$$(9)=\frac{1}{2}[(6)+(7)]$$

第(6)和(7)栏之差即上、下半测回较差。上、下半测回较差在图根导线测量中要求不超过 ±36″;满足限差要求时,则可计算第(9)栏。

如观测多个测回,则可计算各测回平均方向。各测回的第(9)栏互差在图根导线测量中要求不超过 ±24″,不超限时,则取平均值记入(11)栏。

$$(10)=0°00'00''。$$

(二)方向观测法

方向观测法简称"方向法",是观测水平角的一种常用方法,即把两个以上的方向合为一组依次进行观测的方法。

1. 全圆方向观测法

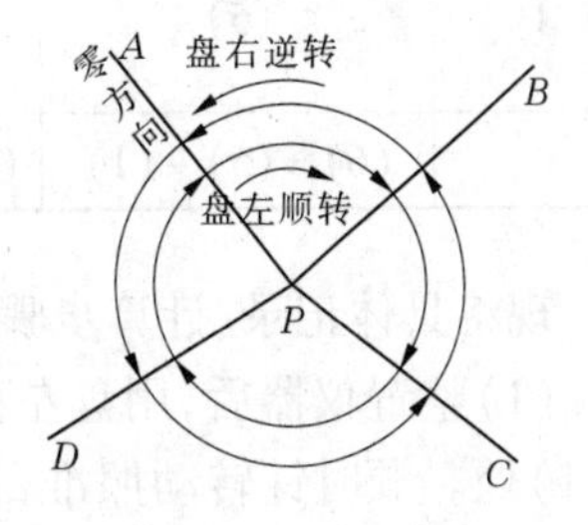

图 3-8　全圆法示意图

如图 3-8 所示,设测站上应观测的方向为 A、B、C、D 等目标,P 为测站。在上半测回中,用望远镜盘左位置(注意:先对好度盘位置,检查无误),顺时针方向旋转照准部,从零方向(即起始方向)开始,依次照准 A、B、C、D、A 各目标,并读数、记录;纵转望远镜,盘右位置,逆时针方向旋转照准部,依相反次序照准 A、D、C、B、A,并读数、记录,此为下半测回。上、下两个半测回合起来为一测回。其余各测回只需按要求变换零方向度盘位置,其观测、记录方法完全相同。

在上、下两个半测回中,都重复照准零方向 A 并读数、记录,称为"归零"。这种半测回归零的观测方法又称为全圆方向法,通常观测方向数大于 3 时,规定必须采用此法。半测回中,零方向两次观测读数之差称为"归零差"。当上、下半测回归零差都符合规定限差要求时,才能进行后面的计算工作。当观测方向数为 3 个时,可以不归零,其他操作同全圆方向法。

2. 方向观测法的记录与计算

1)水平角观测手簿格式一

表3-3、表3-4是地形测量常用的表格。表3-3为观测记录、计算的填表位置及计算方法说明;表3-4为记录、计算的具体示例。

表3-3　水平角观测手簿格式

觇点	读数		半测回方向值	一测回方向值	n测回方向值的中数	附注
	盘左	盘右				
1	2 (° ′ ″)	3 (° ′ ″)	4 (° ′ ″)	5 (° ′ ″)	6 (° ′ ″)	7
第Ⅰ测回	$(7)=\frac{(5)+(1)}{2}$	$(14)=\frac{(8)+(12)}{2}$				
A	(1)	(12)	(15)=0	(22)=0		
B	(2)	(11)	(16)=(2)-(7) (17)=(11)-(14)	$(23)=\frac{(16)+(17)}{2}$		
C	(3)	(10)	(18)=(3)-(7) (19)=(10)-(14)	$(24)=\frac{(18)+(19)}{2}$		
D	(4)	(9)	(20)=(4)-(7) (21)=(9)-(14)	$(25)=\frac{(20)+(21)}{2}$		
A	(5)	(8)				
	(6)=(5)-(1)	(13)=(8)-(12)				

现将具体记录、计算步骤简述如下。

(1)整置仪器后,用盘左位置照准零方向梅山(度盘对零),其读数0°02′12″记在观测手簿(1)处。顺时针转动照准部,依次照准P_6、P_7、P_8、梅山,其读数分别记在观测手簿(2)、(3)、(4)、(5)处(由上往下记)。计算归零差(6),若不超过规定限差要求,取平均值记在(7)处。

(2)纵转望远镜,盘右位置,照准零方向梅山并读数180°02′06″,记在(8)处。逆时针旋转照准部,依次照准P_8、P_7、P_6、梅山,其读数分别记在(9)、(10)、(11)、(12)处(由下往上记)。计算归零差(13),若符合限差要求,取平均值记在(14)处。

(3)方向值的计算:任意方向相对于起始方向的角值为该方向的方向值,由任意方向的观测值减去零方向的观测值求得。故零方向的方向值为0°00′00″,记在(15)处。P_6方向(盘左),上半测回方向值为50°31′16″(50°33′34″与0°02′18″之差),记在(16)处。P_6方向(盘右),下半测回方向值为50°31′20″(230°33′26″与180°02′06″之差),记在(17)处。该方向上、下半测回方向值互差若不超过规定限差,取平均值记在(23)处,此平均值称为P_6方向第Ⅰ测回方向值。

表 3-4　水平角观测记录实例(全圆方向法)

观测方向略图：梅山、P_6、P_7、P_8 自 P_1 引出

作业日期:2018-04-20　　　测站:P_1

仪　器:GTS－1002
观测者:陈　实
记录者:甄　洁

觇点	读数		半测回方向 (° ′ ″)	一测回平均方向 (° ′ ″)	各测回平均方向 (° ′ ″)	附注
	盘左(° ′ ″)	盘右(° ′ ″)				
1	2	3	4	5	6	7
第Ⅰ测回	18	06				
1. 梅山	0 02 12	180 02 06	0 00 00	0 00 00	0 00 00	
2. P_6	50 33 34	230 33 26	50 31 16	50 31 18	50 31 12	
			20			
3. P_7	115 27 06	295 27 00	115 24 48	115 24 51	115 24 50	
			54			
4. P_8	192 52 42	12 52 30	192 50 24	192 50 24	192 50 26	
			24			
1. 梅山	0 02 24	180 02 06				
	$\Delta_{左}$ = + 12″	$\Delta_{右}$ = 00″				
第Ⅱ测回	27″	21″				
1. 梅山	90 32 24	270 32 24	0 00 00	0 00 00		
2. P_6	141 03 36	321 03 24	50 31 09	50 31 06		
			03			
3. P_7	205 57 18	25 57 06	115 24 51	115 24 48		
			45			
4. P_8	283 22 54	103 22 48	192 50 27	192 50 27		
			27			
1. 梅山	90 32 30	270 32 18				
	$\Delta_{左}$ = + 6″	$\Delta_{左}$ = － 6″				

P_7、P_8 各方向方向值依同样方法计算,其计算结果分别记在相应的(18)、(19)、(20)、(21)和(24)、(25)处。各测回同方向方向值互差,若不超过规定限差要求。如 P_6 方向第Ⅰ测回方向值 50°31′18″与第Ⅱ测回方向值 50°31′06″的平均值为 50°31′12″。

2)水平角观测手簿格式二

表 3-5 的记录格式常用于图根点的水平角观测中,而在小三角测量中则常采用表的记录格式。记录方法同前,计算步骤如下。

表 3-5 水平角观测手簿格式二

仪器:GTS - 1002	点名:P_5	等级:5″小三角	日期:2018 年 4 月 20 日
天气:晴	观测值:陈 实	Y = B	开始:9 时 0 分
成像:清晰	记录者:甄 洁	觇标类型:棱镜	结束:9 时 20 分

方向号名称及照准目标	读数(° ′ ″)		左 - 右 ±180° (2C) (° ′ ″)	$\frac{左+右\pm180°}{2}$ (° ′ ″)	方向值 (° ′ ″)	附注
	盘左	盘右				
1	2	3	4	5	6	7
第 测回				$(23)=\frac{(9)+(21)}{2}$		
1/A	(1)	(19)	(20)	(21)	(24) = 0	
2/B	(2)	(16)	(17)	(18)	(25) = (18) - (23)	
3/C	(3)	(13)	(14)	(15)	(26) = (15) - (23)	
4/D	(4)	(10)	(11)	(12)	(27) = (12) - (23)	
1/A	(5)	(7)	(8)	(9)		
归零差	(6) = (5) - (1)	(22) = (7) - (19)				
第Ⅰ测回				0 02 12		两测回平均值
1/梅山	0 02 12	180 02 06	+6	0 02 09	0 00 00	0 00 00
2/ P_6	50 33 54	230 33 36	+18	50 33 45	50 31 33	50 31 20
3/ P_7	115 27 06	295 27 00	+6	115 27 03	115 24 51	115 24 50
4/ P_8	192 52 42	12 52 30	+12	192 52 36	192 50 24	192 50 26
1/梅山	0 02 24	180 02 06	+18	0 02 15		
	$\Delta_{左}$ = +12″	$\Delta_{右}$ = 00″				

(1)计算两倍照准轴误差(2C)值。

$$2C = 盘左读数 - (盘右读数 \pm 180°)$$

各方向分别计算 $2C$ 值,依次填入第 4 栏相应位置(8)、(11)、(14)、(17)、(20)处。同一测回中,$2C$ 值的最大值与最小值之差称为 $2C$ 互差。规范规定 J_6 型仪器同测回 $2C$ 互差绝对值不得大于36″。

(2)计算各方向平均读数(第 5 栏)。

$$平均读数 = \frac{1}{2}[盘左读数 + (盘右读数 \pm 180°)]$$

各方向分别计算,计算结果依次填入第 5 栏相应位置(9)、(12)、(15)、(18)、(21)处。零方向有两个平均读数,再次取平均值填入该栏(23)处。归零差计算同前。

(3)计算各方向的方向值。

将各方向的平均读数减去零方向的平均读数(23),即得各方向的方向值,填入第 6 栏相应位置(24)、(25)、(26)、(27)处。零方向的方向值为零。

(4)计算各测回同方向值的平均值。当各测回同一方向的方向值互差小于规定限差时,取其平均值记在第Ⅰ测回相应方向的附注栏内。

三、限差规定及要求

(一)限差规定

方向观测法限差要求见表 3-6。

表 3-6　方向观测法限差要求

仪器型号	半测回归零差	一测回内 $2C$ 互差	同一方向值各测回较差
DJ_1	6″	9″	6″
DJ_2	8″	13″	9″
DJ_6	18″	—	24″

注:摘自《城市测量规范》(CJJ/T 8—2011)。

(二)重测规定

重测就是观测结果超出规定限差而需要重新进行的观测。重测通常在基本测回完成后进行。其规定如下:

(1)凡超出上述限差规定,均应进行重测。

(2)$2C$ 互差、两个半测回同一方向值互差或各测回同一方向值互差超限时,均应重测超限方向并联测零方向。

(3)零方向的 $2C$ 互差或下半测回的归零差超限,均应重测该测回。方向观测法一测回中,重测方向数超过该测回方向总数的 1/3 时,该测回应重测。

(4)采用方向观测法时,每站基本测回中重测的方向测回数,不应超过全部方向测回总数的 1/3,否则重测该站。

重测数的计算:在基本测回观测结果中,重测一个方向算作一个方向测回,因零方向超限而重测的整个测回算作$(n-1)$个方向测回。每站全部方向测回总数按$(n-1)m$ 计算。n 为该站方向总数,m 为测回数。因对错度盘、测错方向、读记错误、上半测回归零差超限、碰动仪器、气泡偏离过大以及其他原因未测定的测回,均可立即重新观测,而不算作重测测回数，称为补测。补测数没有限制。

（三）原始观测数据更改的规定

（1）读记错误的秒值不许改动，应重新观测。读记错误的度、分值，必须在现场更改，但同一方向盘左、盘右、半测回方向值三者不得同时更改两个相关数字，同一测站不得有两个相关数字连环更改，否则均应重测。

（2）凡划改的数字或划去的不合格成果，均应在附注栏内注明原因。需重测的方向或测回，应注明其重测结果所在页数。废站也应整齐划去并注明原因。

（3）补测或重测结果不得记录在测错的手簿页数的前面。

四、水平角观测注意事项

（1）仪器高度要和观测者的身高相适应；三脚架要踩实，仪器与脚架连接要牢固，操作仪器时不要手扶三脚架，走动时要防止碰动脚架，使用各种螺旋时用力要适当，不可过猛、过大。

（2）对中要认真、仔细。特别是对于短边观测水平角时，对中要求应更严格。

（3）当观测目标间高低相差较大时，更需注意仪器整平。

（4）观测目标要竖直，尽可能用十字丝中心部位瞄准目标（花杆或旗杆）底部，并注意消除视差。

（5）有阳光照射时，要打伞遮光观测；一测回观测过程中，不得再调整照准部管水准器气泡；如气泡偏离中心超过一格，应重新整平仪器、重新观测；在成像不清晰的情况下，要停止观测。

（6）一切原始观测值和记事项目，必须现场记录在正式外业手簿中，字迹要清楚、整齐、美观、不得涂改、擦改、重笔、转抄。手簿中各记事项目，每一测站或每一观测时间段的首末页都必须记载清楚、填写齐全。方向观测时，每站第一测回应记录所观测的方向序号、点名和照准目标，其余测回仅记录方向序号即可。

（7）在一个测站上，只有当观测结果全部计算，检查合格后，方可迁站。

第四节　垂直角测量

一、垂直角和指标差计算公式

全站仪上显示的垂直度盘读数均是通过读数指标得到的。读数指标正常情况下处于水平视线方向。但实际情况下，读数指标位置不可能完全正确，当指标水准器居中时，读数指标与水平视线总有一夹角 i，我们称之为指标差。

盘左垂直度盘读数为 L，盘右垂直度盘读数为 R。没有指标差时的相应正确读数为 L_0、R_0。它们之间的关系为：

$$\left.\begin{aligned} L_0 &= L - i \\ R_0 &= R - i \end{aligned}\right\} \tag{3-3}$$

垂直角为

$$\left.\begin{aligned}\alpha_{左} &= 90° - L + i \\ \alpha_{右} &= R - 270° - i\end{aligned}\right\} \tag{3-4}$$

式中，$\alpha_{左}$为盘左相应的垂直角，$\alpha_{右}$为盘右相应的垂直角。

把式(3-4)中两式相加取均值，得到的垂直角为

$$\alpha = \frac{1}{2}[(R - L) - 180°] \tag{3-5}$$

可见，由式(3-5)得到的垂直角可以消除指标差的影响。

将式(3-5)中两式相减，可得

$$(90° - L + i) - (R - 270° - i) = 0$$

即

$$i = \frac{L + R - 360°}{2} \tag{3-6}$$

二、垂直角观测及手簿的记录计算

垂直角的观测方法有两种：一是中丝法，二是三丝法。下面分别介绍其观测、计录及计算方法。

（一）中丝法

利用十字丝中丝切准目标所进行的垂直角观测方法，称为中丝法。其操作步骤如下：

(1)在测站点 O 安置全站仪，在目标点 A 竖立观测标志，按前述方法确定该仪器垂直角计算公式，为方便应用，可将公式记录于垂直角观测手簿表3-7备注栏中。

(2)盘左位置：瞄准目标 A，使十字丝横丝精确地切于目标顶端，如图3-9所示。转动垂直度盘指标水准管微动螺旋，使水准管气泡严格居中，然后读取垂直度盘读数 L，设为88°05′24″，记入垂直角观测手簿表3-7相应栏内。

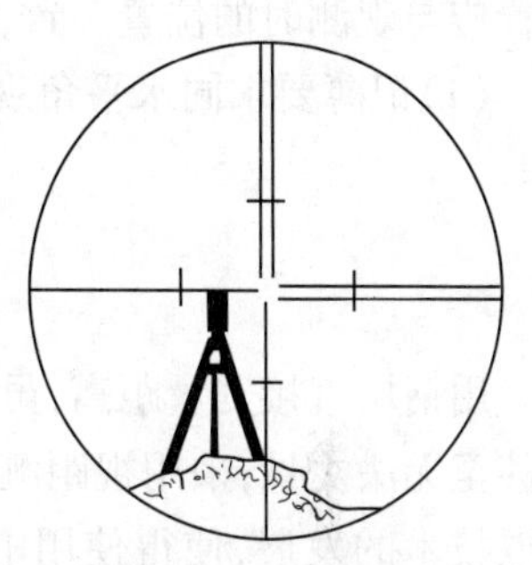

图3-9 垂直角测量瞄准

(3)盘右位置：重复步骤(2)，设其读数 R 为271°55′54″，记入表3-7相应栏内。

表3-7 垂直角观测手簿

测站	觇点	垂直度盘读数 盘左 L (° ′ ″)	垂直度盘读数 盘右 R (° ′ ″)	指标差 i (″)	垂直角 α (° ′ ″)	仪器高 (m)	觇标高 (m)	备注
O	A	88 05 24 88 05 30	271 55 54 271 55 18	+3 +24 中数	+1 55 15 +1 54 54 +1 55 04	1.540	2.510	
O	A	95 06 42 95 23 48 95 41 06	264 20 06 264 37 18 264 54 24	−16 36 +0 33 +17 45 中数	−5 23 18 −5 23 15 −5 23 21 −5 23 18	1.540	2.220	

以上观测为一测回。基本控制点的利用中丝法观测 4 测回;图根控制点利用中丝法观测 2 测回,且两测回要分别进行,不得用一次照准两次读数的方法代替。

(二)三丝法

三丝法就是以上、中、下 3 条水平横丝依次照准目标。其操作方法与中丝法相同。所不同的是,盘左、盘右观测时,均以上、中、下丝的顺序依次切准目标并读数。盘左观测称为上半测回,盘右观测称为下半测回。而在记录时,盘左按自上而下的顺序将读数计入手簿,盘右则按自下而上的顺序将读数计入手簿。当三丝中各丝所测垂直角互差不超过 25″时,取其平均值记入手簿相应位置。

三、注意事项

(1)垂直角观测安置仪器同水平角一样,都需要对中整平。

(2)盘左、盘右照准目标的特定部位,要在观测手簿相应栏内注明,不能含糊不清或没有交代。同一目标必须切准同一部位。

(3)每次设站及时量取仪器高和觇标高,量至毫米,记入观测手簿中。量取觇标高度的位置应与观测时的位置一致,否则,应返工。

(4)记簿要求同水平角观测。

第五节　距离测量

用钢尺直接丈量距离,虽然精度有保证,但效率低,劳动强度大,且受地形条件限制,有时甚至无法丈量;采用视距测量虽然方法简便,受地形限制少,但测程较短,精度较低。随着光电技术的发展,使得使用电磁波测距成为现实,电磁波测距具有测程远,精度高,操作简便,作业速度快和劳动强度小的特点,从而使距离测量发生了革命性的变化。

一、电磁波测距的基本原理

如图 3-10 所示,欲测定 A、B 两点的距离,可以在 A 点架设电磁波测距仪,在 B 点立反射器(反光棱镜),从 A 点发射的电磁波到 B 点后,再被反射回来到 A 点,只要测出电磁波在 A、B 两点间往返传播的时间 t_{2D},就可以按公式计算出两点间的距离 D。

$$D = \frac{1}{2}c \cdot t_{2D} \tag{3-7}$$

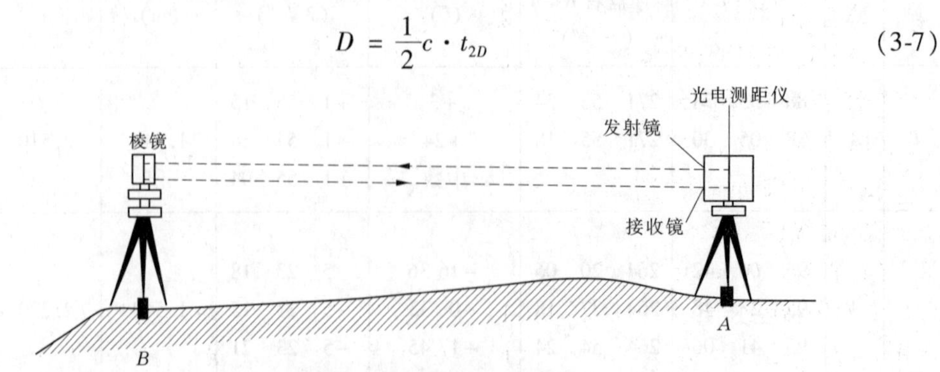

图 3-10　电磁波测距原理

式中，c 为电磁波在空气中的传播速度（与测量时的气压，气温有关）；t_{2D} 为电磁波在 A、B 两点间的往返传播时间。

二、电磁波测距仪的分类

电磁波测距仪的种类很多，有以下几种不同的分类方法。

（一）按测距原理不同分类

（1）脉冲式测距仪。

（2）相位式测距仪。

（3）脉冲—相位式测距仪。

（二）按载波不同分类

（1）微波测距仪采用微波段的无线电波作为载波。

（2）激光测距仪以激光作为载波。

此两种测距仪多用于远程测距，测程可达数十千米，一般用于大地测量。

（3）红外线测距仪以红外光作为载波。

此种测距仪多用于中短程测距，一般用于小面积控制测量、地形测量和各种工程测量。

（三）按结构不同分类

（1）分离式（单测距式）。

（2）组合式（测距仪与经纬仪组合）。

（四）按测程不同分类

（1）短程测距仪（3 km 以下）。

（2）中程测距仪（3～15 km）。

（3）长程测距仪（15 km 以上）。

（五）按载波数不同分类

（1）单载波（可见光、红外光、微波）。

（2）双载波（可见光、可见光；可见光、红外光等）。

（3）三载波（可见光、可见光、微波；可见光、红外光、微波等）。

（六）按发射目标不同分类

（1）漫反射目标（无合作目标）。

（2）合作目标（平面反射镜、角反射镜等）。

（3）有源反射器（同频载波应答机、非同频载波应答机等）。

（七）按精度不同分类

（1）Ⅰ级（$|M_D| \leqslant 2$ mm）。

（2）Ⅱ级（2 mm $< |M_D| \leqslant 5$ mm）。

（3）Ⅲ级（5 mm $< |M_D| \leqslant 10$ mm）。

（4）Ⅳ级（10 mm $< |M_D|$）。

上面按精度分类中，当 $D = 1$ km 时，M_D 为 1 km 测距中误差。测距仪出厂标称精度，表达式为 $M_D = \pm(a + b \times D)$，式中 A 为仪器标称精度中的固定误差，以 mm 为单位；B 为仪器标称精度中的比例误差系数（mm/km）；D 为测距边长度（以 km 为单位）。

在地形控制测量范围内，主要使用短程红外线测距仪，它也是相位式测距仪，下面着重介绍红外线测距仪。

三、测距时的有关规定

（一）测距边的选择

（1）测距边宜在各等级控制网平均边长(1 + 30%)的范围内选择，并考虑所用仪器的最佳测程。

（2）测线宜高出地面或离开障碍物 1.3 m 以上。

（3）测线应避免通过吸热和发热物体(如散热塔、烟囱等)的上空及附近。

（4）安置测距仪的测站应避开电磁场干扰的地方，应避免测线与高压(35 kV 以上)输电线平行，无法避免时，应离开高压输电线 2 m 以上。

（5）应避开在测距时的视线背景部分有反光物体。

（二）观测时间的选择

（1）对于各等级边测距，应在最佳观测时间段内进行，即在空气温度垂直变化梯度为零的时刻前后 1 h 内进行。一般选择在测区日出后 0.5 ~ 2.5 h 和日落前 2.5 ~ 0.5 h 的时间段进行观测。当使用测距仪的精度优于所要求的测距精度时，观测时间段可向中天方向适当延长。但在晴天或少云时，不应在正午和午夜前后 1 h 内进行测量。

（2）全阴天、有微风时，可以在全天进行观测，尽量避开正午和午夜前后 1 h 之内的时间。

（3）对低等级控制边长的测定，无须严格限制观测时间。

（4）雷雨前后、大雾、大风(4 级以上)，雨、雪天气和能见度很差时，不应进行距离测量。

（三）气象数据的测定

当光穿过大气时，其速度会随温度和气压变化。而通过输入温度和气压值，就能自动对其进行改正。气象数据测定使用温度计和气压计。

（1）气象仪表宜选用通风干湿温度计和空盒气压计。在测距时使用的温度计及气压计宜与测距仪检定时使用的一致。

（2）到达测站后，应立刻打开装气压计的盒子，置平气压计，避免日光暴晒。温度计宜悬挂在与测距视线同高、不受日光辐射影响和通风良好的地方，待气压计和温度计与周围温度一致后，才能正式记录气象数据。

对二、三、四等测边，温度的最小读数是 0.2 ℃，气压的最小读数是 50 Pa(或 0.5 mmHg)，对一、二级网和三级导线测边，温度的最小读数是 0.5 ℃，气压的最小读数是 100 Pa(或 1 mmHg)。

（四）作业要求

（1）严格执行仪器说明书中规定的作业程序。

（2）测距前应检查电池电压是否符合要求。在气温较低时作业，应有一定的预热时间，使仪器各电子元件达到正常的工作状态后方可正式测距。读数时，信号指示器指针应在最佳回光信号范围内。

（3）在晴天作业时应给测距仪、气象仪表打伞遮阳。严禁照准头对向太阳，亦不宜顺光或逆光观测。仪器的主要电子附件也不应暴晒。

（4）按仪器性能，在规定的测程范围内使用规定的棱镜个数，作业中使用的棱镜与检验时使用的棱镜一致。

(5)严禁有另外的反光镜位于测线及其延长线上。对讲机亦应暂停使用。

(6)仪器安置好后,仪器站和镜站不准离人,应时刻注意仪器的工作状态和周围环境的变化。风较大时,仪器和反射镜要有保护措施。

距离测量技术要求见表3-8。

表3-8 距离测量技术要求

等级	使用测距仪精度等级	每边测回数		
		往测	返测	总测回数
二级	Ⅰ	1	1	6
三级	Ⅰ	1	1	4
	Ⅱ			6
四级	Ⅰ	1	1	2
	Ⅱ			4

注:1. 一测回是指整置仪器照准目标1次,读取数据5个。

2. 时间段是指定完成一距离测量和往测或返测的时间段,如上午,下午或不同白天。

3. 摘自《城市测量规范》(CJJ/T 8—2011)。

各级精度测距仪观测结果较差限值见表3-9。

表3-9 各级精度较差限值 (单位:mm)

测距仪精度等级	一测回读数间较差限值	测回间较差限值	往返测或不同时间段内较差限差
Ⅰ	5	7	$2(a + b \times D)$
Ⅱ	10	15	

注:1. 往返测较差,应将斜距化算到同一水平面上,方可进行比较。

2. $(a + b \times D \times 10^{-6})$为测距仪标称精度,$a$为固定误差;$b$为比例误差系数;$D$为测距边长度,km。

3. 摘自《城市测量规范》(CJJ/T 8—2011)。

垂直角观测所用仪器、观测方法及测回数的规定见表3-10。

表3-10 仪器、观测方法及测回数规定

方法	测回数			
	5″~10″	10″~30″	大于30″	5″~10″
	DJ_2	DJ_2	J_6	J_6
对向观测中丝法	2	1	2	1
单向观测三丝法	3	2	3	2

垂直角测定中误差的要求可按式(3-8)计算

$$m_a = \frac{\sqrt{2}}{5q\sin\alpha}\rho'' \tag{3-8}$$

式中，m_a 为垂直角的测角中误差；$\rho'' = 206\ 265''$；α 为垂直角；q 为测距要求的相对中误差的分母值。

(五)测距边的倾斜改正

通常情况下测距仪直接测得的都是斜距，需加上倾斜改正才能求得水平距离。倾斜改正量可用两端点的高差计算，也可用观测的垂直角进行计算。

测距边的水平距离应按下列公式计算。

(1)对于3 km以内的短距离，用测定的两端点间的高差计算公式

$$D = \sqrt{S^2 - h^2} \tag{3-9}$$

(2)用观测的垂直角计算公式

$$\begin{cases} D = S\cos(\alpha + f) \\ f = (1 - k)\rho \dfrac{S\cos\alpha}{2R_m} \end{cases} \tag{3-10}$$

式(3-9)、式(3-10)中，D 为测距边两端点仪器与棱镜平均高程面上的水平距离，m；S 为经气象、加常数与乘常数等改正后的斜距，m；h 为测距仪与反光镜之间的高差，m；α 为垂直角的观测值；f 为地球曲率与大气折光对垂直角的改正值(″)，无论仰角还是俯角，f 恒为正值；k 为当地的大气折光系数；R_m 为地球平均曲率半径，m。

第六节　全站仪检验与校正

一、全站仪的主要轴线及几何条件

(一)全站仪有5条主要轴线

(1)管水准轴。过管水准器零点(水准管圆弧顶点)与圆弧相切的切线称为管水准轴。

(2)圆水准轴。连接圆水准器零点(玻璃盖中央小圆圈的中心)与球面球心的直线称为圆水准轴。

(3)照准轴。望远镜物镜光心与十字丝网中心的连线称为照准轴(或视准轴)。

(4)水平轴。望远镜旋转的中心轴称为水平轴(或横轴)。

(5)垂直轴。照准部旋转的中心轴称为垂直轴。

(二)全站仪应满足的几何条件

要保证观测精度，主要轴线和平面之间，必须满足一定的几何条件。这些条件是：

(1)照准部管水准轴应垂直于垂直轴。

(2)十字丝竖丝应垂直于水平轴。

(3)照准轴应垂直于水平轴。

(4)水平轴应垂直于垂直轴。

(5)垂直度盘指标差应接近于0。

(6)垂直轴应与水平度盘盘面正交，且过度盘中心。

(7)水平轴应与垂直度盘盘面正交，且过度盘中心。

以上条件在仪器出厂时，除(6)、(7)两项已得到严格保证外，其他5项只是得到一定程度的满足。再者，由于长期使用及搬运等因素，某些条件还会或多或少地被破坏。因此，在

作业前应查明仪器是否满足上述条件,如不满足则应调整其所设置的调整装置,使之恢复应有的几何条件,以减少其对角度测量的影响。

二、全站仪的检验与校正

(一)管水准轴应垂直于垂直轴

若此条件不满足,则管水准器无法严格整平。

1. 检验方法

(1)将管水准器置于与两个脚螺旋 A、B 边线平行的方向上(见图 3-11),旋转这两个脚螺旋使管水准器气泡居中。

(2)将仪器旋转 180°,观察管水准器气泡的移动;若管水准器气泡居中,说明满足检验条件,否则,应进行校正。

2. 校正方法

(1)调整管水准器一端的校正螺丝,利用改针将管水准器气泡向中间移回偏移量的一半。

(2)利用脚螺旋调整剩下的一半。

(3)将仪器再一次旋转 180°,检查气泡的偏移情况,若气泡还有偏移,则重复上述校正过程。

(二)圆水准器应垂直于垂直轴

若此条件不满足,则管水准器气泡居中时圆水准器气泡不居中。

1. 检验方法

先将管水准器整平,观察圆水准器,若圆水准器气泡居中,则不需要校正,否则,进行校正。

2. 校正方法

利用改针,调整圆水准器盒底部的三个校正螺丝(见图 3-12),使圆水准气泡居中。

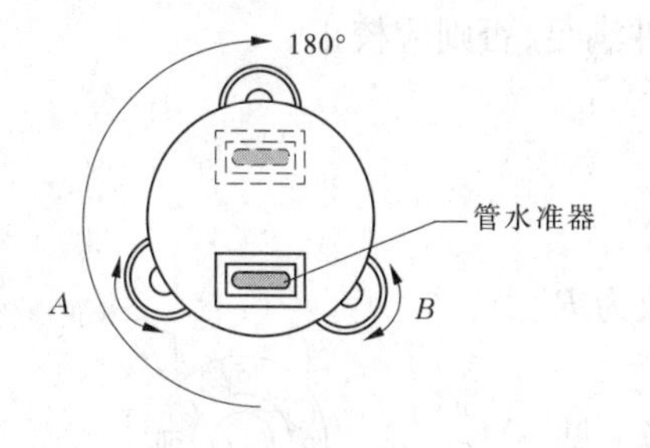

图 3-11　管水准器检验

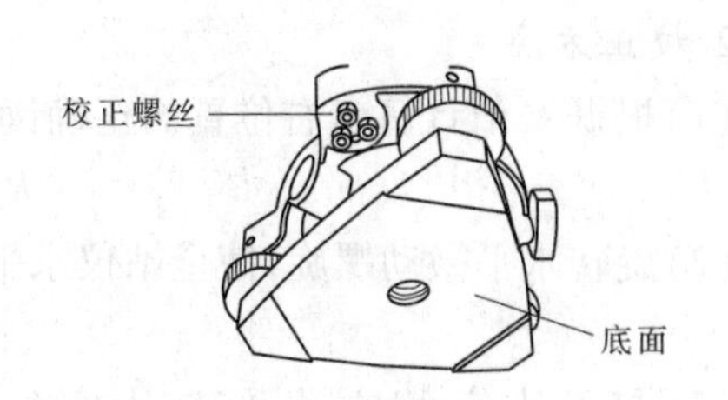

图 3-12　圆水准器校正螺丝位置

(三)十字丝竖丝应垂直于水平轴

若此条件不满足,则十字丝倾斜,无法严格照准目标。

1. 检验方法

(1)将仪器安置在三脚架上,严格整平。

(2)用十字丝中心瞄准 50 m 外的一点 A;A 点要求清晰可见。

(3)通过望远镜微动螺旋,让望远镜上下轻微移动;移动过程中,观察 A 点是否偏离十字丝的竖丝,若是,则要校正,否则不用校正,见图 3-13。

2. 校正方法

(1)逆时针旋转十字丝护罩,取下护罩,可见 4 颗目镜固定螺丝(见图 3-14)。

(2)利用螺丝刀松开 4 颗固定螺丝(记住旋转的圈数),旋转目镜直至十字丝竖丝与 A 点重合,最后按刚才旋转的相同圈数将 4 颗固定螺丝旋紧。

(3)再检验一次,直到满足条件,才算校正完毕。

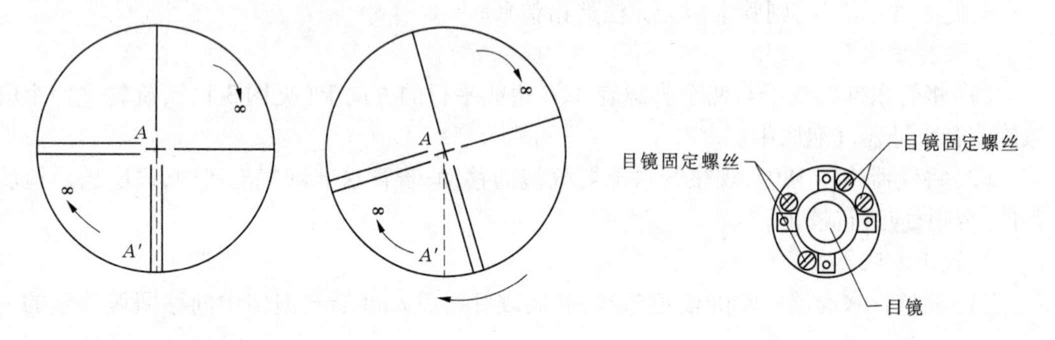

图 3-13　十字丝检查　　　　图 3-14　目镜固定螺丝

(四)照准轴应垂直于水平轴

若此条件不满足,则引起 $2C$ 误差,它可以通过盘左盘右观测计算消除,但 $2C$ 误差过大,对半测回的观测影响较大。

1. 检验方法

(1)将仪器安置在三脚架上,严格整平。

(2)选择一目标 A,盘左照准,并读数。

(3)盘右照准目标,并读数。

(4)按式(3-11)计算 $2C$

$$2C = L' - R' \pm 180° \tag{3-11}$$

对于 6″级仪器, $|C|$ 值如不超过 1′,则认为条件满足,否则应校正。

2. 校正方法

(1)根据 C 值计算盘右位置的正确读数 R:

$$R = R' + C \tag{3-12}$$

(2)旋转水平微动螺旋,使全站仪水平度盘读数为 R 值;

(3)打开十字丝护罩,旋转十字丝校正螺丝(见图 3-15),使十字丝中心照准目标 A,校正结束后将校正螺丝拧紧。

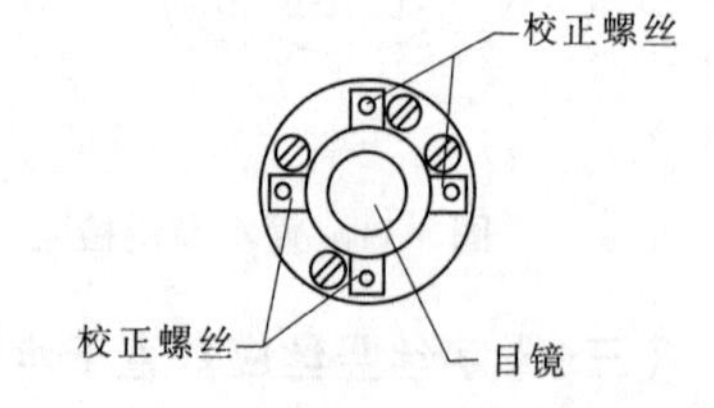

图 3-15　十字丝校正螺丝

(五)水平轴应垂直于垂直轴

1. 检验方法

(1)在离墙约 20 m 处安置仪器并整平,在墙的高处(垂直角约等于 30°)贴上白纸片,并画一"十"字标明目标点 P(称为高点)。在 P 点的正下方与仪器同高处贴一白纸片。

(2)盘左照准高点 P,松开垂直制动螺旋,下俯望远镜到水平位置并制动,指挥另一人在

十字丝中心照准的 P 点下方的白纸片上点一点 A(称为平点)。

(3)松开两个制动螺旋,纵转望远镜,用盘右位置照准高点 P,然后松开垂直制动螺旋,下俯望远镜到水平位置并制动,又在十字丝中心照准的 P 点下方的白纸片上点一点为 B。如果在水平位置的 A、B 两点重合,表示水平轴垂直于垂直轴,否则应进行校正。

2. 校正方法

水平轴的校正一般由仪修人员进行,外业人员只做检验,若不合格就送仪修人员修理。

(六)垂直度盘指标差应接近于零

1. 检验方法

(1)整平仪器,用盘左照准远方一明显目标 P(用水平中丝切准),读取垂直度盘读数为 L。

(2)松开两制动螺旋,倒转望远镜于盘右位置,用水平中丝切准目标 P 的原部位,读取垂直度盘读数 R。

(3)按下式计算指标差:

$$i = \frac{1}{2}(L + R - 360°) \tag{3-13}$$

$|i| \leq 1'$ 即为合格,否则应进行校正。

2. 校正方法

TOPCON 全站仪中垂直角指标差的校正步骤如表 3-11 所示。

表 3-11　垂直角指标差校正步骤

操作过程	操作按键	屏幕显示
安置仪器并整平		
按住 F1 键,开机	F1 + POWER	校正模式　　1/2 F1:竖角零基准 F2:仪器常数 F3:指标差/轴系差　P↓
选择 F1"竖角零基准"	F1	竖角零基准 <第一步> 正镜 V:　90°00′00″ 回车
选择一目标 A,照准后按 F4"回车"	F4	竖角零基准 <第二步> 正镜 V:　270°00′00″ 回车
换为盘右,照准目标 A 后按 F4"回车",屏幕显示"设置"后退出,完成校正	F4	<设置!>

注:此处竖角应为垂直角,屏幕显示未做修改。

校正完成后,应按前述检验方法,重新进行检验。若不满足条件,则应重新校正。

(七)光学对中器的校正

1. 检验方法

(1)将光学对中器中心对准某一清晰地面点。

(2)将仪器旋转 180°,观察光学对中器的中心标志,若与地面点重合,则不需校正,否则,需校正。

2. 校正方法

(1)打开光学对中器目镜端的护罩,可见 4 颗校正螺丝(见图 3-16(a)),利用改针旋转校正螺丝,将中心标志移向地面点,注意校正量应为偏离量的一半(见图 3-16(b))。

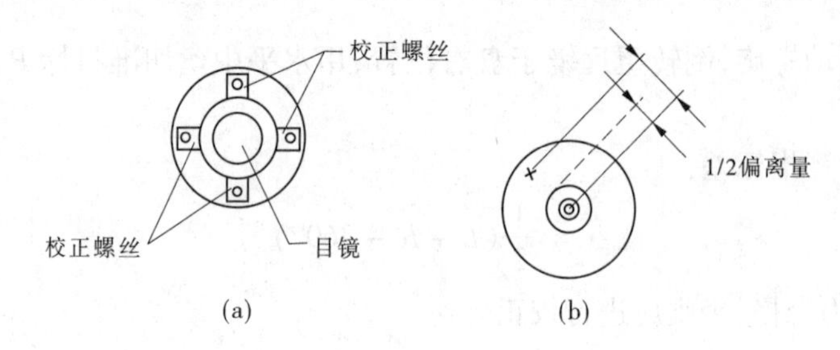

图 3-16　光学对中器校正

(2)利用脚螺旋使地面点与中心标志重合。

(3)再一次将仪器旋转 180°,检查光学对中器的中心标志与地面点是否重合,若不重合,则重复上述步骤。

第七节　角度观测误差来源

角度观测的误差来源多种多样,这些误差来源对角度观测的影响又各不相同。现将几种主要误差来源介绍如下。

一、仪器检校不完善和制造加工不完备引起的误差

(一)仪器检校不完善引起的误差

经纬仪经过检验校正后,通常只能在一定程度上满足某些几何条件,达到规定的限差要求,而不可能检校得十分彻底,因为限差本身就是一种宽容度。因此,检校后的仪器仍然有残存误差,这些残存误差必将影响角度观测的精度,其中:

(1)照准轴误差(照准轴与水平轴正交的残存误差)和水平轴误差(水平轴与垂直轴正交的残存误差),可以通过盘左、盘右观测,取一测回方向中数的方法,消除其对水平角观测方向值的影响。

(2)垂直轴误差(垂直轴与经纬仪照准部管水准轴正交的残存误差),不能通过盘左、盘右观测取中数的方法消除其对水平角观测方向值的影响。只能通过校正尽量减少残存误差,每测回观测前仔细整平仪器,倾斜角 α 大的测站更要特别注意仪器整平削弱其影响。

照准轴误差、水平轴和垂直轴误差是经纬仪的三个主轴误差,通常称为三轴误差,它是

仪器误差的重要组成部分，必须予以充分重视。

（二）仪器制造加工不完备引起的误差

仪器制造加工不完备的误差，如水平度盘偏心（即水平度盘旋转中心与度盘刻划中心不一致，其对度盘读数的影响称为水平度盘偏心差），垂直度盘偏心（即竖盘旋转中心与度盘刻划中心不一致，当仪器为单指标时其对度盘读数的影响称为垂直度盘偏心差），照准部偏心（即照准部旋转中心与水平度盘刻划中心不重合，其对水平度盘读数的影响称为照准部偏心差），度盘刻划误差（即度盘刻划不均匀给读数带来的误差，称为度盘刻划误差），水平度盘与垂直轴不正交等，这些仪器误差不能通过一般的仪器检校减小其影响，其中：

（1）照准部偏心差和水平度盘偏心差。此两项可以通过盘左、盘右观测，取一测回水平角观测方向值中数的方法消除。

（2）水平度盘刻划误差。此误差一般较小，且呈周期性变化，故可通过按规定配置各测回零方向的度盘位置的方法减弱其影响。

（3）单指标经纬仪竖盘偏心差。由于盘左、盘右读数相差不是整 180°，故此误差不能通过盘左、盘右读数取平均值的方法加以消除。但就目前 J_6 型经纬仪的制造水平而言，其影响不明显，在地形测量中可不予考虑。如果有明显的偏心差存在（特别是仪器经过剧烈震动后），则观测不同高度目标的垂直角时，其指标差之差很容易超限，且呈规律性变化，此时应交仪修人员检校。

（4）水平度盘与垂直轴不正交的误差。就现代仪器来说，一般都很小。在地形测量中，其对角度观测的影响可不予考虑。

二、仪器的对中误差和目标偏心误差

（一）仪器对中误差

仪器对中误差是指仪器经过对中后，仪器垂直轴没有与过测站点中心的铅垂线严密重合的误差（也称测站偏心误差）。它对水平角观测的影响如图 3-17 所示，C 为测站标志中心，观测 $\angle ACB = \beta$；C_0 为仪器实际对中位置，测得 $\angle AC_0B = \beta'$；e（即为 CC_0）为对中误差，S_A、S_B 分别为测站至目标点 A、B 的距离，δ_1、δ_2 分别为对中误差 e 对观测目标 A、B 水平方向值的影响。显然

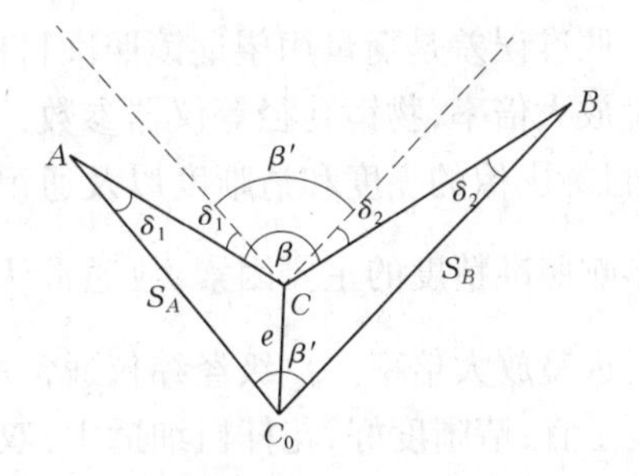

图 3-17　仪器对中误差

$$\beta = \beta' + (\delta_1 + \delta_2)$$

故由对中误差引起的水平角误差为

$$\Delta\beta = \beta - \beta' = \delta_1 + \delta_2 \tag{3-14}$$

若以 δ 代表 δ_1、δ_2，S 代表 S_A、S_B。因 δ 很小，故

$$\delta = \frac{e}{S}\rho'' \tag{3-15}$$

由此可知，S 一定时，e 越长，δ 越大；e 相同时，S 越长，δ 越小；e 的长度不变而只是方向改变时，e 与 S 正交的情况 δ 最大，e 与 S 方向一致的情况 δ 为零，故 $\angle AC_0B = \angle BC_0B = 90°$ 时，$\delta_1 + \delta_2$ 的值最大。所以，观测接近 180°的水平角或边长过短时，应特别注意仪器对中。

例如，解析图根测量中，取 $S_1 = 200$ m，$e = 3$ mm（规范规定对中误差≤3 mm），所以

$$\delta_{最大} = 3 \times 206\ 265''/(200 \times 1\ 000) \approx 3''$$

$$\Delta_{最大} = \delta_1 + \delta_2 \approx 6''$$

此误差相当于全站仪的估读误差。若 S 大于 200 m，δ 会更小，$\Delta\beta$ 也更小，但对于只有几十米长的短边，e 与目标方向正交时，此误差不可忽视，应注意严格对中。

（二）目标偏心误差

目标偏心误差是指照准点上竖立的花杆或旗杆不垂直或没有立在点位中心而使观测方向偏离点位中心的误差。如图 3-18 所示，O 为测站点，A、B 分别为目标点标志的实际中心，A'、B'为观测时照准的目标中心，e_1、e_2 分别为目标 A、B 的偏心误差，β 为实际角度，β'为观测角度，S_A、S_B 分别为目标 A、B 至测站点的距离，δ_1、δ_2 分别为 A、B 目标偏心对水平观测方向值的影响。若以 δ 代表 δ_1、δ_2，S 代表 S_A、S_B，e 代表 e_1、e_2，因 δ 很小，故有 $\delta = \frac{e}{S} \cdot \rho''$。

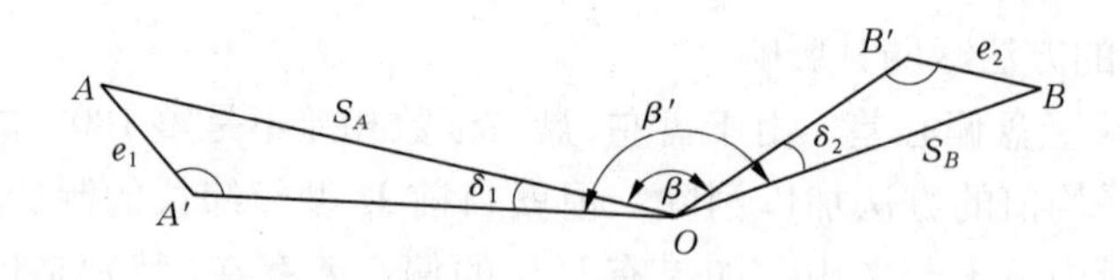

图 3-18　目标偏心误差

三、照准误差和读数误差

（一）照准误差

照准误差是衡量用望远镜照准目标的精度。在角度观测中，影响照准精度的因素有望远镜放大倍率，物镜孔径等仪器参数，人眼的判断能力，照准目标的形状、大小、颜色、衬托背景、目标影像的亮度和清晰度以及通视情况等，一般认为望远镜放大倍率和人眼的判断能力是影响照准精度的主要因素，故通常认为照准误差是 $\frac{60''}{V}$，其中 60″ 为人眼的一般鉴别角，V 为望远镜放大倍率。J_6 级经纬仪通常取 $V = 25$，则其照准误差约为 ±2.4″。经验证明：目标亮度适宜，清晰度好，花杆粗细适中，双丝照准时，照准精度会略高一些。

（二）读数误差

读数误差是衡量仪器读数的精度概念。读数误差主要取决于仪器的读数设备，一般以仪器最小估读数作为读数误差的极限。对于 J_6 级经纬仪，其读数误差的极限为 6″。如果照明情况不佳或显微目镜调焦不好以及观测者技术不熟练，其读数误差将会超过 6″，但一般不会大于 20″。

四、外界条件的影响

外界条件的影响主要指各种外界条件的变化对角度观测精度的影响。如大风影响仪器稳定；大气透明度差影响照准精度；空气气温变化，特别是太阳直接暴晒，可能使脚架产生扭转，并影响仪器的正常状态，地面辐射热会引起空气剧烈波动，使目标变得模糊甚至漂移，视线贴近地面或通过建筑物旁，冒烟的烟囱上方，接近水面的空间还会产生不规则的折光，地面坚实与否影响仪器的稳定程度等。这些影响是极其复杂的，要想完全避免是不可能的，但大多数是与时间有关的。因此，在角度观测时应选择有利的观测时间，操作要稳定，尽量缩短一测回的观测时间，仪器不能让太阳直接暴晒，尽可能避开不利的条件等，以减少外界条件变化的影响。

五、水平角观测精度

对于水平角观测精度，通常以某级经纬仪的标称精度作为基础，应用误差传播定律进行分析，求得必要的数据，再结合由大量实测资料经统计分析求得的数据，考虑系统误差的影响来确定。下面仅以标称精度为基础进行分析。

设 J_6 经纬仪室外一测回的方向中误差为

$$m_{1角} = m_{1方}\sqrt{2} = \pm 6''\sqrt{2} = \pm 8.5''$$

由于一测回方向值是两个半测回的平均值，故半测回方向值的中误差为

$$m_{半方} = m_{1方}\sqrt{2} = \pm 6''\sqrt{2} = \pm 8.5''$$

因归零差是半测回中零方向两次观测值之差，故归零差中误差为

$$m_{归零} = m_{半方}\sqrt{2} = \pm 6''\sqrt{2} \times \sqrt{2} = \pm 12''$$

取限差为中误差的 2 倍，故归零限差为 ±24″。

由于同一方向值各测回较差是两个一测回一方向值之差，故同一方向值各测回较差的中误差为 $m_{1方d} = m_{1方}\sqrt{2} = \pm 6''\sqrt{2} = \pm 8.5''$ 取限差为中误差的 2 倍，则同一方向值各测回较差的限差为 ±17″。

第四章　平面控制测量

第一节　平面控制测量概述

任何一种测量工作都会产生误差,为了不使测量误差累积,保证测量成果的质量,必须采用一定的程序和方法。在测量工作中,首先在测区内选择一些具有控制意义的点,组成一定的几何图形,构成测区的整体骨架,用相对精确的测量手段和方法,在统一坐标系中,确定这些点的平面坐标和高程,这些具有控制意义的点称为控制点;由控制点组成的几何图形称为控制网;对控制网进行布设、观测、计算,确定控制点位置的工作称为控制测量。

在实际测量工作中必须遵循"从整体到局部,先控制后碎部"的原则,即先在整个测区内进行控制测量,建立控制网,然后以测定的控制网点为基础,分别在各个控制点上施测周围的碎部点。

一、平面控制测量方法

(一)导线测量

在地面上,选定一系列控制点,以折线的形式将它们连接起来,测定边长和转折角,然后根据起算数据算出各导线的坐标。导线可布设成单一的,如图 4-1(a)所示;网状的,如图 4-1(b)所示。

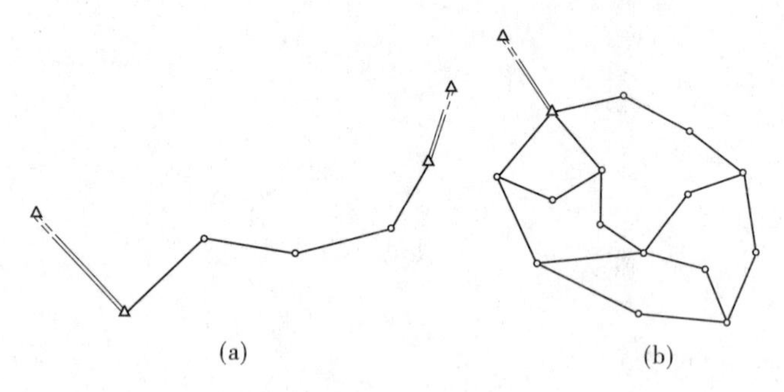

图 4-1　导线布设形式

随着电磁波测距仪和全站仪的普及应用,导线测量在各种控制测量中得到广泛的应用。导线的优点是:呈单线布设,坐标传递速度快;只需前后两个相邻导线点通视,易于越过地形、地物障碍,布设灵活;各导线边均直接测定,精度均匀;导线纵向误差较小等,因此导线测量是目前平面控制测量的主要手段之一。

(二)GNSS 测量

在测区范围内,选择一系列控制点,彼此之间可以通视也可以不通视,在控制点上安置 GNSS 接收机,接收卫星信号,通过一系列解算及数据处理,求得控制点的坐标,这种测量方法称为 GNSS 测量。GNSS 测量具有速度快,精度高,全天候,不需要点间通视,不用建立观测觇标,能同时获得点的三维坐标等特点。

近年来,随着 GNSS 接收机性价比的大幅度提高,GNSS 测量已成为各级控制测量的主要方法。虽然 GNSS 测量在城市、森林等对空遮蔽严重的地区测量有很大的局限性,但是在上述地区的测量中,可以先采用 GNSS 测量方法在对空通视良好的区域建立骨干控制网,在此基础上再采用导线测量等方法进行控制网加密。

GNSS 测量具体内容见本书第六章。

二、平面控制网的建立

(一)国家控制网

在全国范围内布设的平面控制网,称为国家平面控制网,我国原有国家控制网主要按三角网方法布设,按精度高低分为 4 个等级,其中一等三角网精度最高,二、三、四等精度逐级降低。一等三角网由沿经线、纬线方向的三角锁构成,并在锁段交叉处测定起始边,如图 4-2所示,三角形平均边长为 20 ~ 25 km。一等三角网不仅作为低等级平面控制网的基础,还为研究地球形状和大小提供重要的科学资料;二等三角网布设在一等三角锁围成的范围内,构成全面三角网,平均边长为 13 km。二等三角网是扩展低等平面控制网的基础;三、四等三角网的布设采用插网和插点的方法,作为一、二等三角网的进一步加密,三等三角网平均边长 8 km,四等三角网平均边长 2 ~ 6 km。四等三角点每点控制面积为 15 ~ 20 km^2,可以满足 1∶1万和 1∶5 000 比例尺地形测图需要。

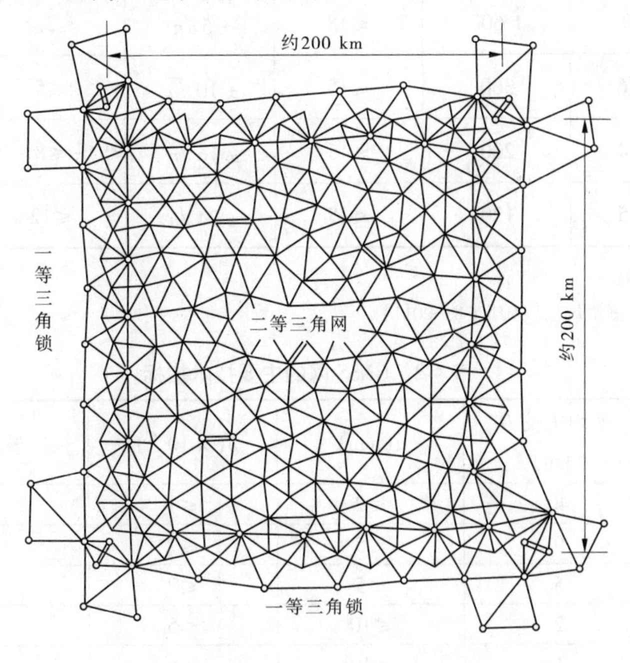

图 4-2　国家一、二等三角网示意图

20 世纪 80 年代末,GPS 控制测量开始在我国用于建立平面控制网。GPS 控制测量按精度和用途分为 A、B、C、D、E 级。在全国范围内,已建立了国家(GPS)A 级网 28 个点、B 级网 818 个点。

“2000 国家 GPS 控制网”由原国家测绘局布设的高精度 GPS A、B 级网,总参测绘局布设的 GPS 一、二级网，中国地震局、总参测绘局、中国科学院、原国家测绘局共建的中国地壳运动观测网组成。该控制网整合了上述三个大型的、有重要影响的 GPS 观测网的成果，共 2 609个，通过联合处理将其归于一个坐标参考框架，形成了紧密的联系体系，可满足现代测量技术对地心坐标的需求，同时为建立我国新一代的地心坐标系统打下了坚实的基础。

（二）城市控制网

在城市地区，为满足 1∶500～1∶2 000 比例尺地形测图和城市建设施工放样的需求应进一步布设城市平面控制网。城市平面控制网在国家控制网的控制下布设，按城市范围大小布设不同精度等级的平面控制网。城市平面控制网分为二、三、四等及一、二、三级。城市平面控制测量主要采用 GNSS 测量、导线测量等方法。城市平面控制网的首级网应与国家控制网联测。

按照我国《城市测量规范》（CJJ/T 8—2011）的规定，城市平面控制测量的主要技术要求如表 4-1、表 4-2 所示。

表 4-1　采用电磁波测距导线测量方法布设平面控制网的主要技术指标

等级	闭合环或附合导线长度（km）	平均边长（m）	测距中误差（mm）	方位角闭合差（″）	测角中误差（″）	导线全长相对闭合差
三等	≤15	3 000	≤18	$\pm 3\sqrt{n}$	≤1.5	$\leq \frac{1}{60\ 000}$
四等	≤10	1 600	≤18	$\pm 5\sqrt{n}$	≤2.5	$\leq \frac{1}{40\ 000}$
一级	≤3.6	300	≤15	$\pm 10\sqrt{n}$	≤5	$\leq \frac{1}{14\ 000}$
二级	≤2.4	200	≤15	$\pm 16\sqrt{n}$	≤8	$\leq \frac{1}{10\ 000}$
三级	≤1.5	120	≤15	$\pm 24\sqrt{n}$	≤12	$\leq \frac{1}{6\ 000}$

注：1. n 为转折角个数。

2. 本表摘自《城市测量规范》（CJJ/T 8—2011）。

表 4-2　GNSS 网的主要技术指标

等级	平均边长 D（km）	a（mm）	b（$\times 10^{-6}$）	最弱边相对中误差
CORS	40	≤2	≤1	≤1/800 000
二等	9	≤5	≤2	≤1/120 000
三等	5	≤5	≤2	≤1/80 000
四等	2	≤10	≤5	≤1/45 000
一级	1	≤10	≤5	≤1/20 000
二级	<1	≤10	≤5	≤1/10 000

注：1. a 为固定误差，b 为比例误差系数。当边长小于 200 m 时，边长中误差应小于 20 mm。

2. $m_D = \sqrt{a^2 + (b \cdot D)^2}$。

3. 本表摘自《卫星定位城市测量技术规范》（CJJ/T 73—2010）。

（三）小区域控制网

在小于 10 km^2范围内建立的控制网，称为小区域控制网。在这个范围内，水准面可视为水平面，采用平面直角坐标系计算控制点的坐标，不需将测量成果归算到高斯平面上。小区域平面控制网，应尽可能与国家控制网或城市控制网联测，将国家或城市高级控制点坐标作为小区域控制网的起算和校核数据。如果测区内或测区附近无高级控制点，或联测较为困难，也可建立独立平面控制网。

第二节 导线测量

导线测量在工程建设、城市建设的平面控制和地形测图的平面控制中，有着广泛的应用。过去由于受到距离测量的限制，平面控制测量主要采用三角测量的方法进行。随着电磁波测距仪的出现和普及，很快就可以测量两点间的距离；另外，由于导线的布设不受地形条件的限制，布设灵活、平差计算比较简单，使导线测量的使用越来越广泛，越来越显示出优越性，尤其在平坦隐蔽地区以及城市和建筑区，布设导线则既方便，又能提高作业速度。因此，导线测量是目前平面控制测量中主要的常用方法。

在测量工作中，将一系列控制点以折线的形式连接起来的布设形式称为导线，其中的控制点称为导线点，连接相邻控制点的直线称为导线边，相邻导线边间的水平角称为转折角（转折角分左角和右角；沿导线前进方向左侧的角称为左角；沿导线前进方向右侧的角称为右角；左角 + 右角 = 360°）。野外观测和测定导线边、转折角的过程称为导线测量；由观测的数据和已知点的坐标推算导线点平面坐标的过程称为导线计算。

一、导线测量的布设形式

按测量的精度不同可分为：国家等级导线测量、基本控制导线测量、图根导线测量。

按布设形式的不同可分为附合导线、闭合导线、支导线、导线网等。

（一）附合导线

由一个已知点出发，附合于另一已知点的导线就称为附合导线。附合导线还可细分为测两个连接角的双定向附合导线、只测一个连接角的单定向附合导线、不测连接角的无定向附合导线。如图 4-3（a）、（b）、（c）所示。

（二）闭合导线

由一已知点出发，最后仍回到这一点而形成一个闭合多边形的导线称为闭合导线。如图 4-3（d）所示。由于闭合导线没有相应的检校条件，则可靠性较差，在实际工作中应避免单独使用。

（三）支导线

由一已知点出发，既不附合也不闭合于一已知点的导线称为支导线。如图 4-3（e）所示。由于支导线缺乏检核条件，故一般只限于地形测量的图根导线中采用。

（四）导线网

导线网分为附合导线网（见图 4-3（f））、自由导线网（见图 4-3（g））。

具有一个以上已知控制点或具有附合条件的导线网称为附合导线网。仅有一个已知控制点和一个起始方位角的导线网称为自由导线网。

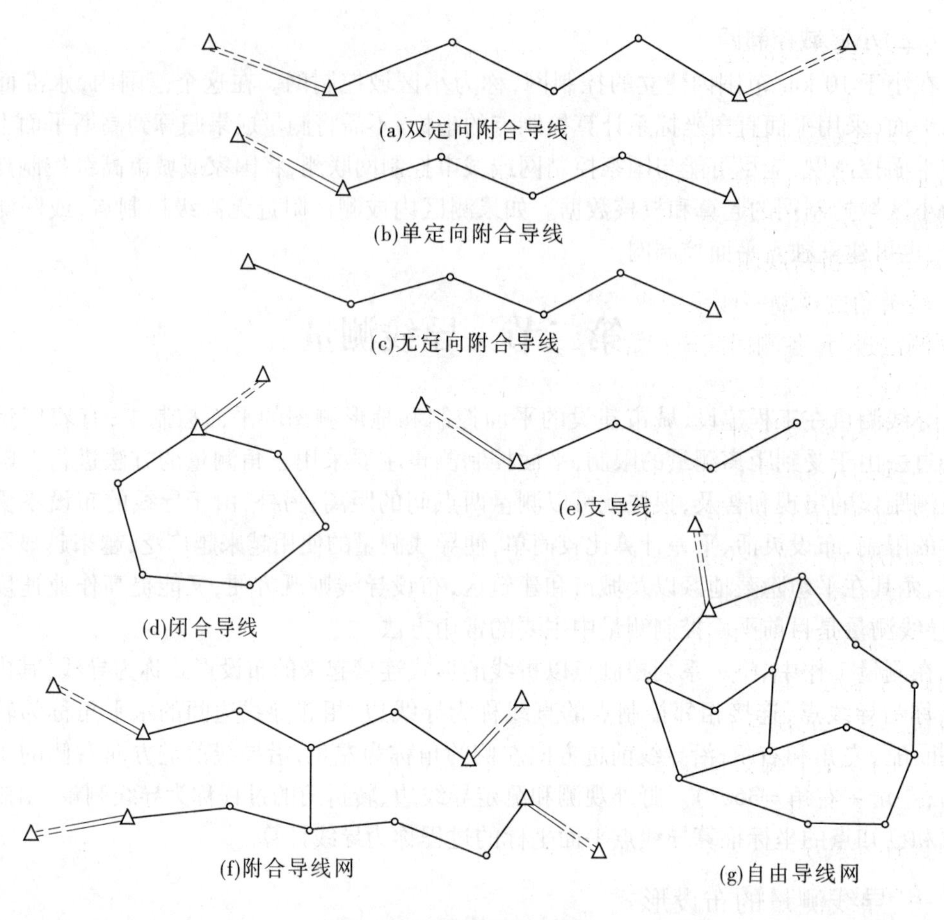

图 4-3　导线测量布设图形

导线网中导线相交的交点称为结点，只含有一个结点的导线网，称为单结点导线网；多于一个结点的导线网称为多结点导线网。

应该指出，与闭合导线类似，自由导线网的可靠性较差，在实际测量工作中应避免单独使用。

二、导线测量外业工作

导线测量的外业工作，包括选点、埋石、转折角（水平角）观测、导线边测量的工作。

（一）选点、埋石

选点前应调查、搜集测区已有的近期大或中比例尺地形图和高级控制点的成果资料。然后到实地踏勘，根据已知点的分布和完好状况及测区地形情况及测图比例尺，在地形图上拟订出导线布设方案，最后到实地确定点位。如果没有测区原有地形图资料，则需详细踏勘现场，根据测区的已知控制点的分布，测区地形条件及测图比例尺等具体情况，合理地选定导线点的位置，实地选点应注意以下几点：

（1）相邻点间通视良好，便于测角和量距。

（2）点位应选择在土质坚实，便于保存标志和安置仪器的地方。

（3）视野开阔，便于测图。

（4）导线各边的边长应大致相等，相邻边长之比不宜超过 1∶3，尽可能布设成为直线形状。

（5）导线点应有足够的密度，分布均匀，便于控制整个测区。导线点选定后，要在每一点位上打一木桩，并在桩顶钉一小钉，作为临时测量标志。若导线点需保存时间较长，就要埋设标石，并绘出导线点“点之记”。

（二）转折角观测

转折角的观测一般采用测回法进行。当导线点上观测的方向数多于 3 个时，应采用方向观测法进行，各测回间应按规定进行水平度盘配置。

在进行一、二、三级导线和图根导线转折角观测时，一般应观测导线前进方向的左角；对于闭合导线，若按逆时针方向进行观测，则观测的转折角既是闭合多边形的内角，又是导线前进方向的左角；对于支导线，应分别观测导线前进方向的左角和右角，以增加检核条件。

当观测短边之间的转折角时，测站偏心和目标偏心对转折角的影响将十分明显。因此，应对所用仪器和光学对中器进行严格检校，并且要特别仔细进行对中和精确照准。为了减少对中误差对测角量边的影响，各等级导线观测宜采用三联脚架法。

三联脚架法通常使用三个既能安置全站仪，又能安置带有觇牌的通用基座和脚架，基座应有通用的光学对中器。如图 4-4 所示，将全站仪安置在测站点 i 的基座中，带有觇牌的反射棱镜安置在后视点 $i-1$ 和前视点 $i+1$ 的脚架和基座中，而后进行导线测量。迁站时，导线点 i 和 $i+1$ 的脚架和基座不动，只取下全站仪和带有觇牌的反射棱镜，在导线点 $i+1$ 上安置全站仪，在导线点 i 的基座上安置带 $i-1$ 点上的觇牌和反射棱镜，并将导线点 $i-1$ 上的脚架连同基座一块搬迁至导线点 $i+2$ 处并予以安置，然后将 $i+1$ 处的反射棱镜和觇牌安装在基座上，这样直到测完整条导线为止。

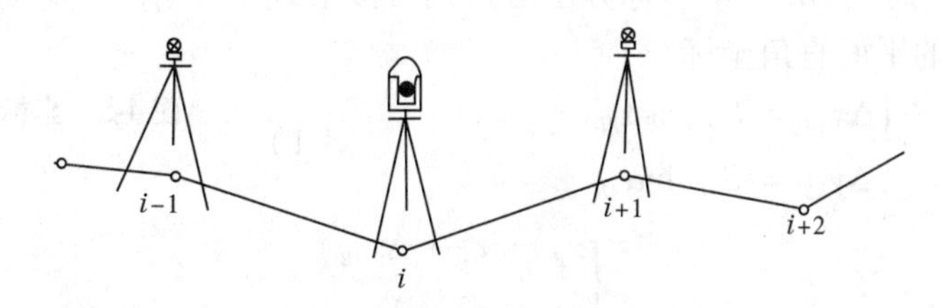

图 4-4　三联脚架法导线观测

（三）导线边长观测

导线边长可采用电磁波测距仪测量，也可采用全站仪在测定转折角的同时，测定导线边的边长。导线边长应对向观测，以增加检核条件。电测波测距仪测量的通常是斜距，还需观测垂直角，用以将倾斜距离改化为水平距离，必要时，还应将其归算到椭球面上和高斯平面上。

三、导线测量的技术要求

采用电磁波测距方法布设平面控制网的主要技术指标见表 4-1。

导线应尽可能布设成直伸形，并构成网形。导线布设成结点网时，结点与结点、结点与高级点间的附合导线长度，不超过表 4-1 中附合导线长度的 0.7 倍。当附合导线长度短于规定长度的 1/3 时，导线全长闭合差可放宽至不超过 ±0.13 m。

水平方向观测法各项限差不超过表 4-3 的规定。凡超过规定限差的成果，均应进行重测。因配错度盘、测错方向、读记错误,以及其他原因未测完的测回,可立即重新观测。

表 4-3　水平方向观测法各项限差

经纬仪型号	光学测微器两次重合读数差	半测回归零差	一测回内 2C 较差	同一方向值各测回较差
DJ_1	1	6	9	6
DJ_2	3	8	13	9
DJ_6	—	18	—	24

注:本表摘自《城市测量规范》(CJJ/T 8—2011)。

各级测距仪观测结果各项较差的限差不超过表 3-8 的规定。光电测距时应测定气象数据,一、二级导线测距时温度测记至 0.5 ℃,气压测记至 100 Pa,每边测定一次。

第三节　坐标计算的基本原理

解析控制测量的目的就是根据已知点的坐标,利用观测的水平角和边长,计算出未知点(待定点)的坐标。本节简单介绍坐标计算的基本原理及有关内容。

一、坐标计算的基本原理及公式

如图 4-5 所示,若已知点 A 的平面坐标为(x_A , y_A),测得 A、B 两点的水平距离为 S_{AB} ,AB 边与 x 轴的夹角(坐标方位角)为 α_{AB} (称为 AB 边的坐标方位角),则可按下式计算出待定点 B 的平面直角坐标

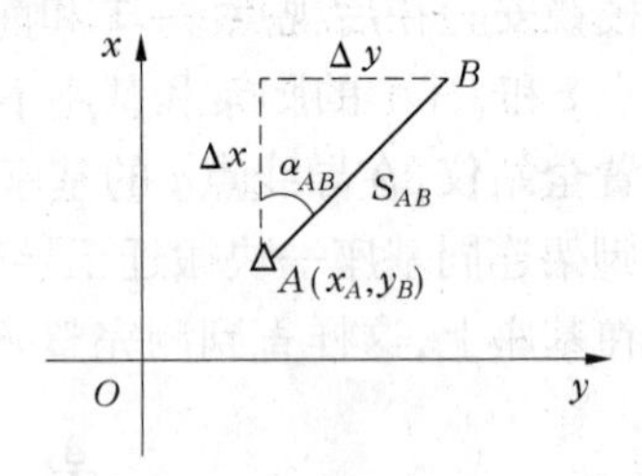

图 4-5　坐标计算基本原理

$$\begin{cases}\Delta x_{AB} = S_{AB}\cos\alpha_{AB} \\ \Delta y_{AB} = S_{AB}\sin\alpha_{AB}\end{cases} \tag{4-1}$$

$$\begin{cases}x_B = x_A + \Delta x_{AB} \\ y_B = y_A + \Delta y_{AB}\end{cases} \tag{4-2}$$

二、方位角的概念

在测量工作中,常常需要确定控制点的平面位置或两点间的平面位置的相对关系,除要测定两点间的距离外,还需要确定两点所连直线的方向。一条直线的方向是根据某一基准方向来确定的,确定一条直线与某一基准方向的关系称为直线定向。

(一)基准方向

1. 真北方向

过地面上某一点的真子午线切线北端所指示的方向称为真北方向。真北方向可采用天文测量的方法测定,如观测太阳、北极星等,也可采用陀螺经纬仪测定。

2. 坐标北方向

坐标纵轴(x 轴)北端所指示的方向称为坐标北方向。实用上常取与高斯平面直角坐标系中 x 坐标轴平行的方向为坐标北方向。

3. 磁北方向

当磁针自由静止时所指向北端的方向称为磁北方向。磁北方向可用罗盘仪测定。

(二)方位角

以通过直线一端点的基准方向起,顺时针方向量至该直线的水平角称为该直线的方位角。方位角的取值范围为0°~360°。

1. 真方位角

以通过直线一端点的真北方向为基准方向,顺时针量至该直线的水平角称为该直线的真方位角,用 A 表示,如图4-6所示。

2. 坐标方位角

以通过直线一端点的坐标北方向为基准方向,顺时针量至该直线的水平角称为该直线的坐标方位角,简称方位角。用 α 表示,如图4-6所示。

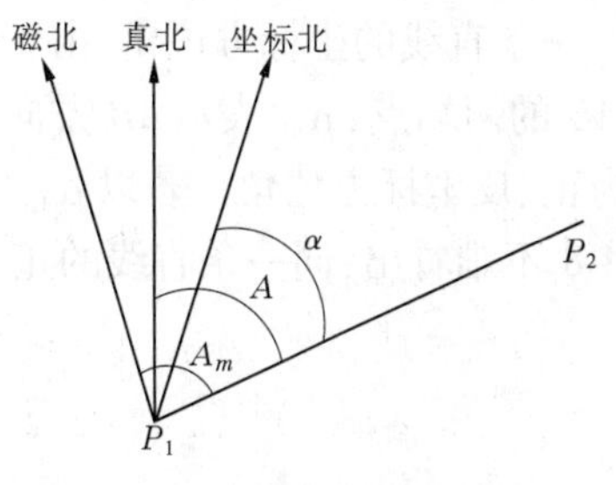

图4-6　三种方位角的表示方法

3. 磁方位角

以通过直线一端点的磁北方向为基准方向,顺时针量至该直线的水平角称为该直线的磁方位角,用 A_m 表示,如图4-6所示。

(三)子午线收敛角与磁偏角

1. 子午线收敛角

过一点的坐标北方向与真北方向之间的夹角称为子午线收敛角,用 γ 表示。γ 的符号规定为:若坐标北方向偏在真北方向东侧时称为东偏,γ 为正;若坐标北方向偏在真北方向西侧时称为西偏,γ 为负。

地面点 P 的子午线收敛角可按下式计算

$$\gamma_P = (L_P - L_C)\sin B_P = \Delta L \sin B_P \tag{4-3}$$

式中,L_C 为中央子午线的大地经度;L_P、B_P 为 P 点的大地经度和大地纬度。

由式(4-3)可知,当 ΔL 不变时,纬度越高,子午线收敛角越大,在两极时 $\gamma = \Delta L$;纬度越低,子午线收敛角越小,在赤道上是 $\gamma = 0$。

2. 磁偏角

由于地球磁极与地球南北极不重合,因此过地面上一点的磁北方向与真北方向不重合,则过一点的磁北方向与真北方向之间的夹角称为磁偏角,用 δ 表示,δ 的符号规定为:磁北方向偏在真北方向东侧时称为东偏,δ 为正;磁北方向偏在真北方向西侧时称为西偏,δ 为负。地球上磁偏角的大小不是固定不变的,而是因地而异的。同一地点,也随时间有微小的变化,有周年变化和周日变化。发生磁暴时和在磁力异常地区,如磁铁矿和高压线附近,磁偏角将会产生急剧变化而影响测量,应尽量避免。

(四)方位角之间的相互转换

由于三个指北的基准方向并不重合,所以一条直线的三种方位角并不相等,它们之间存在着一定的换算关系。如图4-7所示,直线 P_1、P_2 的真方位角 A,磁方位角 A_m,坐标方位角 α 之间有如下关系式

$$
\begin{cases}
A = A_m - \delta \\
A = \alpha + \gamma \\
\alpha = A_m - \delta - \gamma
\end{cases}
\tag{4-4}
$$

式中，δ 为磁偏角；γ 为子午线收敛角。

（五）正、反坐标方位角

一条直线的坐标方位角，由于起始点的不同而存在着两个值。如图 4-8 所示，A、B 为直线 AB 的两端点，α_{AB} 表示 AB 方向的坐标方位角；α_{BA} 表示 BA 方向的坐标方位角。α_{AB} 与 α_{BA} 互为正、反坐标方位角。若以 α_{AB} 为该直线的正方位角，则称 α_{BA} 为该直线的反方位角。由图 4-8 不难看出：同一条直线的正、反坐标方位角相差 180°。即

$$
\alpha_{AB} = \alpha_{BA} \pm 180° \tag{4-5}
$$

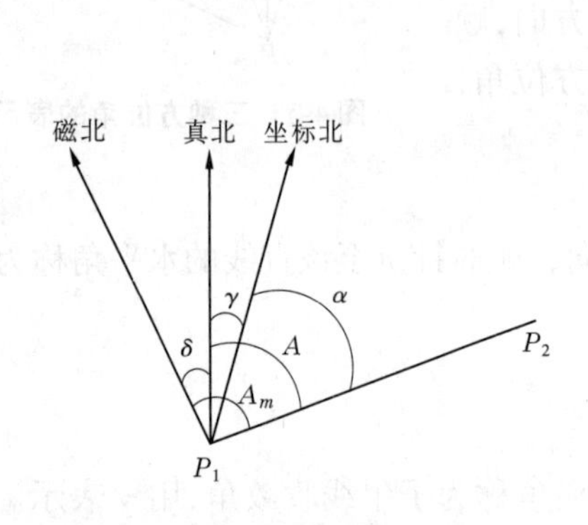

图 4-7　三北方向关系图

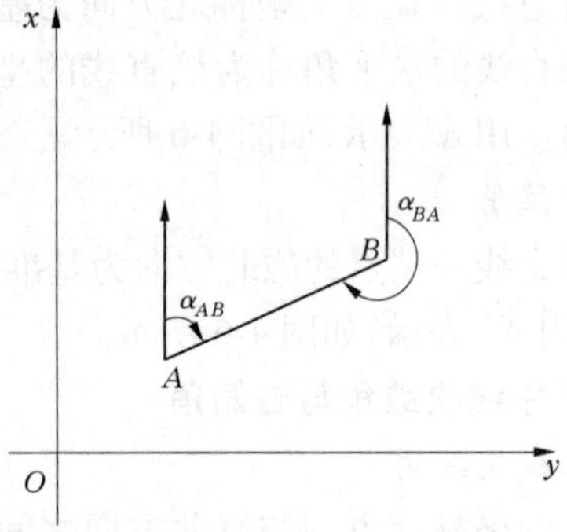

图 4-8　正、反坐标方位角

因坐标方位角的取值范围为 0° ~ 360°，则当 α_{BA} 小于 180°时加上 180°，大于 180°时，减去 180°。

（六）坐标方位角的推算

如图 4-9 所示，已知直线 AB 的坐标方位角为 α_{AB}，B 点处的转折角为 β，当 β 为左角时，如图 4-9(a)所示，则直线 BC 的坐标方位角 α_{BC} 为

$$
\alpha_{BC} = \alpha_{AB} + \beta_{左} - 180° \tag{4-6}
$$

当 β 为右角时，如图 4-9(b)所示，则直线 BC 的坐标方位角 α_{BC} 为

$$
\alpha_{BC} = \alpha_{AB} - \beta_{右} + 180° \tag{4-7}
$$

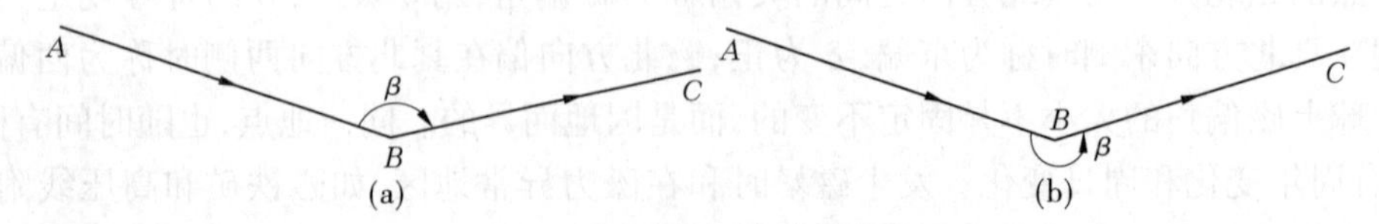

图 4-9　坐标方位角的推算

由式(4-6)、式(4-7)可得出推算坐标方位角的一般公式为

$$
\alpha_{前} = \alpha_{后} \begin{matrix} + \beta_{左} \\ - \beta_{右} \end{matrix} \pm 180° \tag{4-8}
$$

若计算出的 $\alpha_{前} > 360°$，则减去 360°；若 $\alpha_{前} < 0°$ 则加上 360°。

（七）由坐标方位角反推夹角

如图4-10(a)、(b)所示：

$$
\begin{cases}\beta_{左} = 360° - \beta_{右} = 360° - (\alpha_{BA} - \alpha_{BC}) = \alpha_{BC} + 360° - \alpha_{BA} = 360° - \alpha_{BA} + \alpha_{BC} \\ \beta_{右} = \alpha_{BA} - \alpha_{BC}\end{cases} \tag{4-9}
$$

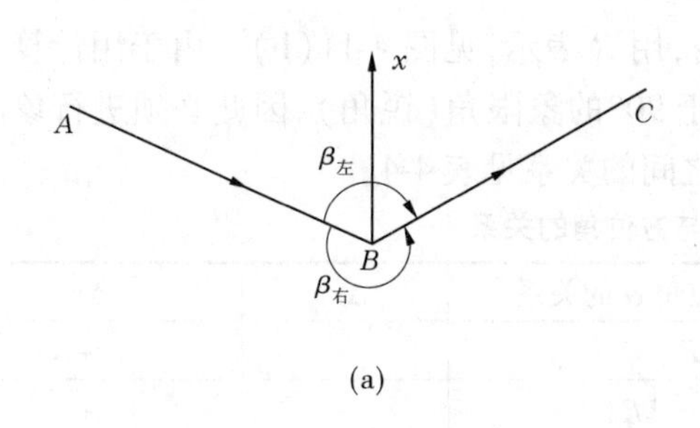

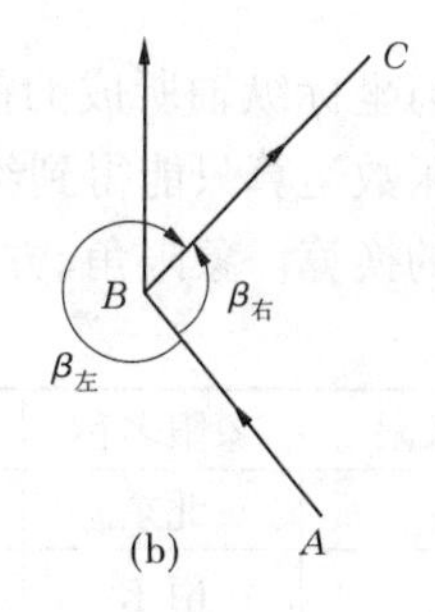

图4-10　由坐标方位角反推夹角

三、坐标增量的计算

地面上两点的直角坐标值之差称为坐标增量。用 Δx_{AB} 表示 A 点至 B 点的纵坐标增量。Δy_{AB} 表示 A 点至 B 点的横坐标增量。坐标增量有方向性和正负意义，Δx_{AB}、Δy_{AB} 则表示 B 点至 A 点的纵、横坐标增量，其符号与 Δx_{AB}、Δy_{AB} 相反。

在图4-11(a)中，设 A、B 两点的坐标分别为 $A(x_A, y_A)$、$B(x_B, y_B)$，则 A 点至 B 点的坐标增量为

$$
\begin{cases}\Delta x_{AB} = x_B - x_A \\ \Delta y_{AB} = y_B - y_A\end{cases} \tag{4-10}
$$

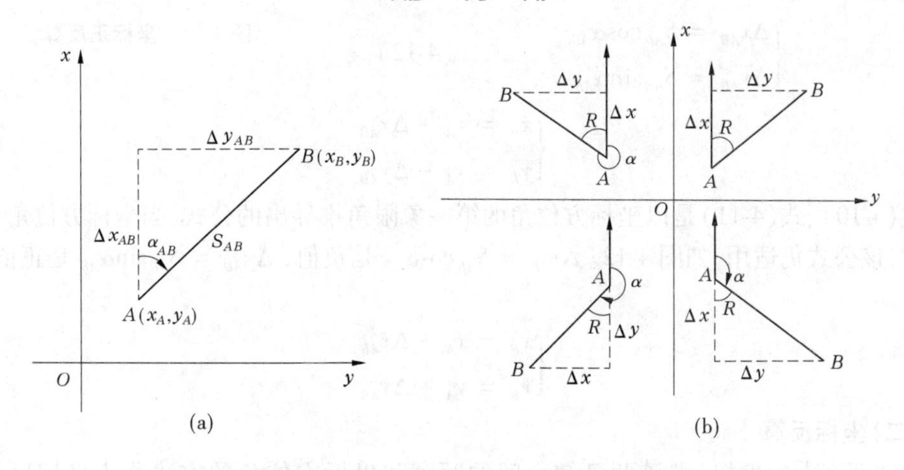

图4-11　坐标增量、坐标方位角、象限角及互相之间的关系

而 B 点至 A 点的坐标增量为

$$
\begin{cases}\Delta x_{BA} = x_A - x_B \\ \Delta y_{BA} = y_A - y_B\end{cases} \tag{4-11}
$$

很明显,A 点至 B 点与 B 点至 A 点的坐标增量,绝对值相等,符号相反。由于坐标方位角和坐标增量均带有方向性(由下标表示),因此须务必注意下标的书写次序。

另外,如果知道两点间的边长和坐标方位角,同样可以求得两点的坐标增量,见式(4-1)。

四、象限角、方位角、坐标增量之间的关系

直线与坐标纵轴所成的锐角,称为象限角,用 R 表示,见图 4-11(b)。由于用计算器进行反三角函数运算只能得到绝对值小于或等于 90°的象限角(锐角),因此必须进行象限角与方位角的换算。象限角、方位角、坐标增量之间的关系见表 4-4。

表 4-4　象限角与方位角的关系

方位角象限	象限名称	象限角 R 与方位角 α 的关系	Δx	Δy
Ⅰ	北东	$\alpha = R$	+	+
Ⅱ	南东	$\alpha = 180° - \|R\|$	−	+
Ⅲ	南西	$\alpha = 180° + R$	−	−
Ⅳ	北西	$\alpha = 360° - \|R\|$	+	−

五、坐标正反算

(一)坐标正算

已知一个点的坐标及该点至未知点的距离和坐标方位角,计算未知点坐标的方法称为坐标正算。如图 4-12 所示,已知 $A(x_A, y_A)$、S_{AB}、α_{AB},求 $B(x_B, y_B)$。

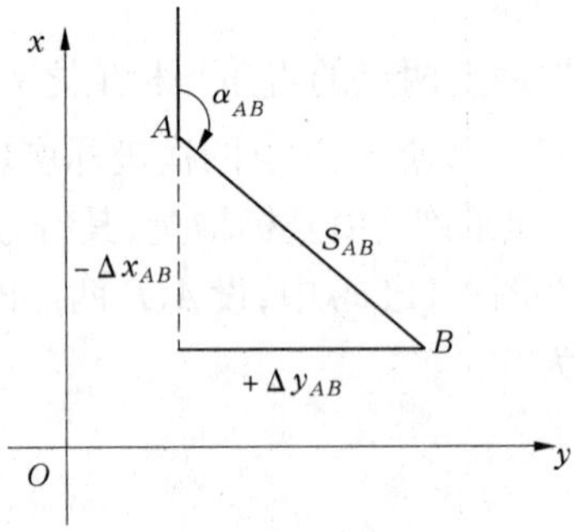

x
α_{AB}
A
S_{AB}
$-\Delta x_{AB}$
B
$+\Delta y_{AB}$
O
y

图 4-12　坐标正反算

由图 4-12 可知

$$\begin{cases}\Delta x_{AB} = S_{AB}\cos\alpha_{AB} \\ \Delta y_{AB} = S_{AB}\sin\alpha_{AB}\end{cases} \tag{4-12}$$

则

$$\begin{cases}x_B = x_A + \Delta x_{AB} \\ y_B = y_A + \Delta y_{AB}\end{cases} \tag{4-13}$$

式(4-10)、式(4-11)是以坐标方位角的第一象限角推导出的公式,当坐标方位角在其他象限时,该公式仍适用,如图 4-12。$\Delta x_{AB} = S_{AB}\cos\alpha_{AB}$ 是负值,$\Delta y_{AB} = S_{AB}\sin\alpha_{AB}$ 是正值,所以仍为

$$\begin{cases}x_B = x_A + \Delta x_{AB} \\ y_B = y_A + \Delta y_{AB}\end{cases}$$

(二)坐标反算

已知两个点的坐标,求该两已知点间的距离和坐标方位角的方法称为坐标反算。如图 4-9所示,已知 $A(x_A, y_A)$、$B(x_B, y_B)$,求 α_{AB}、S_{AB}。

1. 反算坐标方位角

由图 4-10(b)可以看出,由于两已知点所处的位置不同,则两点所连直线的方向就不同。因此,在进行反算求坐标方位角时,则是根据 Δx、Δy 先求出该直线的象限角。

由
$$\tan R = \frac{\Delta y_{AB}}{\Delta x_{AB}}$$

得
$$R = \arctan \frac{\Delta y_{AB}}{\Delta x_{AB}} \tag{4-14}$$

然后根据 Δx_{AB}、Δy_{AB} 的正负，判断该直线位于第几象限，并根据表 4-4 中象限角 R 与方位角 α 的关系，求出该直线的坐标方位角

$$\begin{cases} \alpha_{AB} = R(\text{第 Ⅰ 象限}) \\ \alpha_{AB} = 180° - |R|(\text{第 Ⅱ 象限}) \\ \alpha_{AB} = 180° + R(\text{第 Ⅲ 象限}) \\ \alpha_{AB} = 360° - |R|(\text{第 Ⅳ 象限}) \end{cases} \tag{4-15}$$

2. 反算距离

反算两已知点间的距离，可利用两点之间的坐标增量按勾股定理进行计算。即

$$S_{AB} = \sqrt{\Delta x_{AB}^2 + \Delta y_{AB}^2} \tag{4-16}$$

也可按两点之间的坐标增量和该边的坐标方位角进行计算。即

$$S_{AB} = \frac{\Delta x_{AB}}{\cos\alpha_{AB}} = \frac{\Delta y_{AB}}{\sin\alpha_{AB}} \tag{4-17}$$

第四节　导线测量内业计算

导线测量主要应用附合导线、闭合导线、支导线和单结点导线网。下面以附合导线为主，介绍导线测量的计算。

在导线内业计算之前应对外业资料做一次全面的检查和整理，查看有无遗漏、记错或算错的地方；各项限差是否在允许范围之内，如有不符合要求的情况，应立即进行重测。在此基础上，绘出导线略图，然后着手计算导线点坐标。

一、附合导线的计算

如图 4-13 所示是一条附合导线，AB 和 CD 为已知边，Ⅰ，Ⅱ，Ⅲ，…，N 为待定点，转折角 β_i 和边长 S_{ij} 是观测值。若已知起始边和终边的坐标方位角，就可以根据各转折角推导出其他导线边的坐标方位角，然后根据各边的坐标方位角和观测的边长，按坐标正算的方法求得相邻两点的坐标增量，并根据已知点的坐标，求得各未知点的坐标。在实际计算中，AB 和 CD 的坐标方位角及 B、C 点的坐标是已知的，由于观测各转折角和量测各导线边有误差，则由 α_{AB} 推求的 α'_{CD} 与已知的 α_{CD} 可能不等，由 B 点坐标推求的 C' 点坐标与已知的 C 点坐标也不一样，这种几何矛盾是不允许的。因此，在导线计算过程中，还必须消除这些几何矛盾，测量上称为平差。下面介绍附合导线近似平差计算的方法和步骤。

（一）坐标方位角的计算

1. 方位角闭合差计算

在图 4-13 中，运用式(4-8)用 β_i 推算的各导线边的坐标方位角

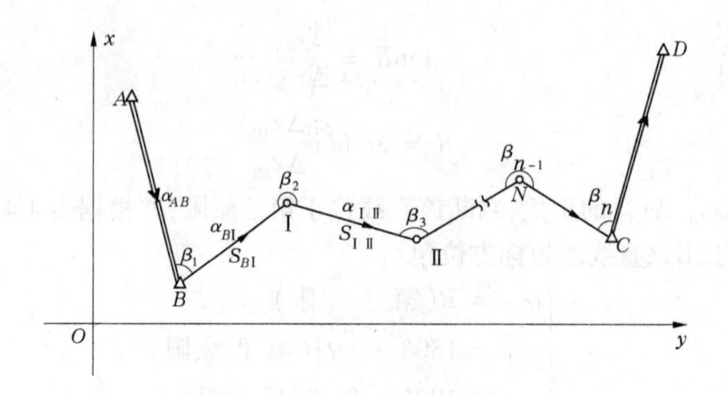

图 4-13　附合导线观测略图

$$
\begin{cases}
\alpha'_{B\text{I}} = \alpha_{AB} \pm 180^\circ + \beta_1 \\
\alpha'_{\text{I II}} = \alpha'_{B\text{I}} \pm 180^\circ + \beta_2 \\
\vdots \\
\alpha'_{CD} = \alpha'_{NC} \pm 180^\circ + \beta_n
\end{cases}
\tag{4-18}
$$

将等式两端分别相加，经整理可得

$$\alpha'_{CD} = \alpha_{AB} \pm 180^\circ + \sum \beta \tag{4-19}$$

式中，$\sum \beta = \beta_1 + \beta_2 + \beta_3 + \cdots + \beta_n$，其中，$n$ 为转折角或测站数，N 为待定点数，它们的关系式为 $N = n - 2$。

因为水平角观测值含有误差，所以由式(4-19)计算的方位角 α'_{CD} 与已知的 α_{CD} 有一个差值，这个差值被称为方位角闭合差，又称角度闭合差。用 f_β 表示，则有

$$
\begin{aligned}
f_\beta &= \alpha'_{CD} - \alpha_{CD} = \alpha_{AB} + \sum \beta - \alpha_{CD} \pm n \cdot 180^\circ \\
&= \sum \beta \pm n \cdot 180^\circ - (\alpha_{CD} - \alpha_{AB})
\end{aligned}
\tag{4-20}
$$

式(4-20)为附合导线角度闭合差的计算方式。规范中规定图根导线的角度闭合差允许值为 $f_{\beta允} = \pm 40'' \sqrt{n}$。由式(4-20)计算出的闭合差 f_β 应小于这一允许限差，方可进行下面的计算。

2. 方位角闭合差的分配

上述闭合差的产生是因为角度观测值有误差，由于导线各转折角是用相同的仪器和方法在相同的条件下观测的，所以每一个角度观测值的误差可以认为是相同的。因此，可将闭合差按相反符号平均分配到各观测角中。设以 $v_{\beta i}$ 表示各观测角 β_i 的角度改正数，则有

$$v_{\beta i} = -\frac{f_\beta}{n} \tag{4-21}$$

式中，f_β 为方位角闭合差；n 为观测角的总数。

当上式不能除尽时，则可将余数凑整到短边所夹的角的改正数中，这是由于仪器对中误差和照准误差对短边影响较为显著。角度改正数之和应满足下式，用来检验改正数是否正确。

$$\sum v_{\beta_i} = -f_\beta \tag{4-22}$$

3. 各导线边方位角推算

用改正后的导线转折角和起始方位角依次推求各导线边的坐标方位角。当推算至终边

CD 时,计算值应与已知值 α_{CD} 相同,以作检核,即

$$\begin{cases}\alpha_{B\mathrm{I}} = \alpha_{AB} \pm 180^\circ + \beta_1 + v_{\beta_1} \\ \alpha_{\mathrm{I}\,\mathrm{II}} = \alpha_{B\mathrm{I}} \pm 180^\circ + \beta_2 + v_{\beta_2} \\ \quad\vdots \\ \alpha_{CD} = \alpha_{NC} \pm 180^\circ + \beta_n + V_{\beta_n}\end{cases} \tag{4-23}$$

(二)坐标增量及其闭合差计算

(1)在图 4-13 中,根据各导线边的距离观测值 S_{ij},用式(4-1)可逐一求出各导线边近似坐标增量,即

$$\begin{cases}\Delta x'_{B\mathrm{I}} = S_{B\mathrm{I}}\cos\alpha_{B\mathrm{I}}, \Delta y'_{B\mathrm{I}} = S_{B\mathrm{I}}\sin\alpha_{B\mathrm{I}} \\ \Delta x'_{\mathrm{I}\,\mathrm{II}} = S_{\mathrm{I}\,\mathrm{II}}\cos\alpha_{\mathrm{I}\,\mathrm{II}}, \Delta y'_{\mathrm{I}\,\mathrm{II}} = S_{\mathrm{I}\,\mathrm{II}}\sin\alpha_{\mathrm{I}\,\mathrm{II}} \\ \quad\vdots \\ \Delta x'_{NC} = S_{NC}\cos\alpha_{NC}, \Delta y'_{NC} = S_{NC}\sin\alpha_{NC}\end{cases} \tag{4-24}$$

(2)坐标闭合差计算。

由于量测的边长有误差,调整后的角度也会有剩余误差,所以由式(4-25)计算的纵横坐标增量总和 $\sum \Delta x'$、$\sum \Delta y'$ 一般不等于已知的坐标增量,其差值为坐标闭合差。以 f_x、f_y 分别表示纵、横坐标闭合差,则有

$$\begin{cases}f_x = \sum \Delta x' - \sum \Delta x = \sum \Delta x' - (x_C - x_B) \\ f_y = \sum \Delta y' - \sum \Delta y = \sum \Delta y' - (y_C - y_B)\end{cases} \tag{4-25}$$

(3)坐标闭合差的限差。

因纵、横坐标闭合差的影响,计算出的 C' 点不与已知的 C 点重合,所产生的位移值称为导线全长闭合差。用 f_S 表示,可按式(4-26)计算

$$f_S = \sqrt{f_x^2 + f_y^2} \tag{4-26}$$

设导线全长(各导线边长度之和)为 $\sum S$,则导线全长相对闭合差为

$$k = \frac{f_S}{\sum S} = \frac{1}{\frac{\sum S}{f_S}} \tag{4-27}$$

规范规定,对于大比例尺测图,图根导线全长最大相对闭合差应小于 $\frac{1}{4\ 000}$。如果计算的相对闭合差不超过上述规定,则可进行坐标闭合差的分配。

(4)坐标闭合差的分配。

将 f_x、f_y 反号按边长成比例配赋到各坐标增量中去,以 v_x、v_y 分别表示纵、横坐标增量的改正数,则有

$$\begin{cases}v_{x_{ij}} = \frac{-f_x}{\sum S} S_{ij} \\ v_{y_{ij}} = \frac{-f_y}{\sum S} S_{ij}\end{cases} \tag{4-28}$$

坐标增量改正数之和应满足下式

$$\begin{cases} \sum v_x = -f_x \\ \sum v_y = -f_y \end{cases} \tag{4-29}$$

改正后的坐标增量为

$$\begin{cases} \Delta x_{ij} = \Delta x'_{ij} + v_{x_{ij}} \\ \Delta y_{ij} = \Delta y'_{ij} + v_{y_{ij}} \end{cases} \tag{4-30}$$

(三)导线点的坐标计算

坐标增量改正后,便可从已知点开始逐点推算出各导线点的坐标,计算公式为

$$\begin{cases} x_{\mathrm{I}} = x_B + \Delta x_{B\mathrm{I}}, & y_{\mathrm{I}} = y_B + \Delta y_{B\mathrm{I}} \\ x_{\mathrm{II}} = x_{\mathrm{I}} + \Delta x_{\mathrm{I}\,\mathrm{II}}, & y_{\mathrm{II}} = y_{\mathrm{I}} + \Delta y_{\mathrm{I}\,\mathrm{II}} \\ \quad\vdots & \quad\vdots \\ x_C = x_N + \Delta x_{NC}, & y_C = y_N + \Delta y_{NC} \end{cases} \tag{4-31}$$

推算的 $C(x_C, y_C)$ 应与已知值相同,以此进行验核。

(四)算例

附合导线坐标计算见表4-5。

二、闭合导线的计算

闭合导线计算与附合导线计算基本相同。因为起闭点重合,所构成的图形为多边形,所以坐标方位角闭合差为

$$f_\beta = \sum \beta_i - (n-2) \times 180° \text{(}n\text{ 为多边形中边的个数,}\beta_i\text{ 为内折角)} \tag{4-32}$$

坐标闭合差为

$$\begin{cases} f_x = \sum \Delta x' \\ f_y = \sum \Delta y' \end{cases} \tag{4-33}$$

其他计算与附合导线相同,闭合导线坐标计算见表4-6。

注意:对于闭合导线测量,如果连接角测错、抄错或已知点坐标抄错,在计算过程中是无法发现的,虽然 f_β、f_x、f_y 都很小,但计算结果都是错的。因此,实际工作中,能用附合导线时,应尽量避免使用闭合导线。

三、支导线计算

支导线中没有多余观测值,因此也没有任何闭合差产生,导线的转折角和计算的坐标增量不需要进行改正。支导线的计算步骤如下:

(1)根据观测的转折角推算各边坐标方位角。

(2)根据各边的边长和方位角计算各边的坐标增量。

(3)根据各边的坐标增量推算各点的坐标。

表 4-5　附合导线坐标计算

点名与点号	观测角 β (° ′ ″)	改正数 v_β (″)	改正后角值 (° ′ ″)	方位角 α (° ′ ″)	距离 S(m)	纵增量 $\Delta x'$(m)	改正数 v_x(mm)	横增量 $\Delta y'$(m)	改正数 v_y(mm)	纵坐标 x(m)	横坐标 y(m)
A											
				192 59 22							
B	173 25 13	−9	173 25 04							3 115 534.570	114 252.462
				186 24 26	160.593	−159.590	+7	−17.921	−13		
Ⅰ	77 23 19	−9	77 23 10							3 115 374.987	114 234.528
				83 47 36	171.857	+18.58	+8	+170.85	−14		
Ⅱ	158 10 46	−9	158 10 37							3 115 393.575	114 405.364
				61 58 13	161.505	+75.896	+7	+142.561	−13		
Ⅲ	193 35 13	−9	193 35 04							3 115 469.478	114 547.912
				75 33 17	148.658	+37.084	+6	+143.958	−12		
C	197 58 03	−10	197 57 53							3 115 506.568	114 691.858
				93 31 10							
D											
Σ	800 32 34	−46	800 31 48		642.613	−28.03	+28	+439.448	−52		

备注

$f_\beta = \alpha_{AB} + \sum\beta \pm n \cdot 180° = +46''$

$f_{\beta允} = \pm 40''\sqrt{5} = \pm 89''$

$f_x = \sum\Delta x' - (x_C - x_B) = -0.028\ \text{m}$

$f_y = \sum\Delta y' - (y_C - y_B) = +0.052\ \text{m}$

$f_S = \sqrt{f_x^2 + f_y^2} = 0.059,\ k = \dfrac{f_S}{\sum S} = \dfrac{1}{10\ 890} < \dfrac{1}{4\ 000}$

表 4-6　闭合导线坐标计算

点名与点号	观测角 β (° ′ ″)	改正数 v_β (″)	改正后角值 (° ′ ″)	方位角 α (° ′ ″)	距离 S(m)	纵增量 $\Delta x'$(m)	改正数 v_x(mm)	横增量 $\Delta y'$(m)	改正数 v_y(mm)	纵坐标 x(m)	横坐标 y(m)
A											
				313 21 02							
B	(169 06 33)		(169 06 33)							3 485 609.654	20 621 170.780
				302 27 35	243.330	+130.597	−20	−205.314	−11		
1	131 02 36	−7	131 02 29							3 485 740.231	20 620 965.455
				253 30 04	206.069	−58.523	−17	−197.584	−9		
2	98 46 27	−8	98 46 19							3 485 681.691	20 620 767.862
				172 16 23	225.961	−223.909	−19	+30.381	−10		
3	116 23 21	−7	116 23 14							3 485 457.763	20 620 798.233
				108 39 37	264.842	−84.738	−22	+250.920	−12		
4	98 32 42	−7	98 32 35							3 485 373.003	20 621 049.141
				27 12 12	266.107	+236.673	−22	+121.651	−12		
B	95 15 30	−7	95 15 23							3 485 609.654	20 621 170.780
				302 27 35							
1											
Σ	540 00 36	−36	540 00 00		1 206.309	+0.100	−100	+0.054	−54		

备注

α_{AB}=313° 21′ 02″

β_0=169° 06′ 33″

$f_\beta = \sum\beta - (n-2)\cdot 180° = +36''$

$f_{\beta允} = \pm 40''\sqrt{5} = \pm 89''$

$f_x = \sum \Delta x' = +0.100$ m

$f_y = \sum \Delta y' = +0.054$ m

$f_S = \sqrt{f_x^2+f_y^2} = 0.114, k = \frac{f_S}{\sum S} = \frac{1}{10\,580} < \frac{1}{4\,000}$

四、单定向附合导线的计算

如图 4-14 所示为仅有一个连接角的附合导线，A、B 为已知点，$P_1,P_2,\cdots,P_n$ 为待定点，$\beta_i(i=1,2,\cdots,n+1)$ 为转折角，S_{ij} 为导线的边长。

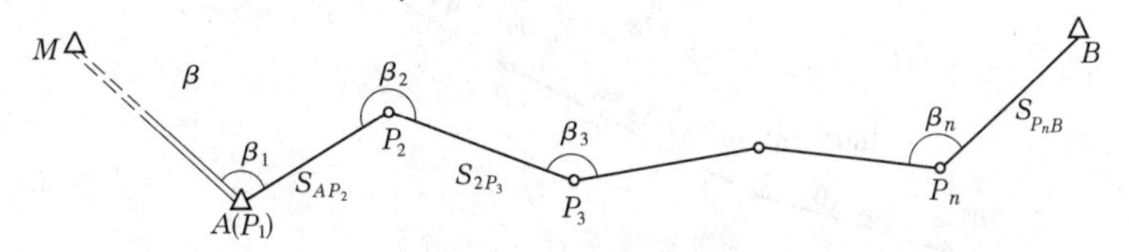

图 4-14　单定向导线略图

导线的计算顺序与支导线相同，但其最后一点为已知点 B，故最后求得的坐标 x'_B 和 y'_B 的值由于观测角度和边长存在误差，必然与已知的坐标 x_B 和 y_B 不相同，它将产生坐标闭合差 f_x，f_y，即

$$\begin{cases} f_x = x'_B - x_B \\ f_y = y'_B - y_B \end{cases} \tag{4-34}$$

可见，这种导线较之支导线增加了一项处理坐标闭合差的计算，可按各导线边的长度成比例地改正它们的坐标增量，其改正数为

$$\begin{cases} v_{\Delta x_{ij}} = \dfrac{-f_x}{\sum S} S_{ij} \\ v_{\Delta y_{ij}} = \dfrac{-f_y}{\sum S} S_{ij} \end{cases} \tag{4-35}$$

改正后的坐标增量为

$$\begin{cases} \Delta x_{ij} = \Delta x'_{ij} + v_{\Delta x_{ij}} \\ \Delta y_{ij} = \Delta y'_{ij} + v_{\Delta y_{ij}} \end{cases} \tag{4-36}$$

求得改正后的坐标增量后，即可按式(4-31)依次推算 $P_1,P_2,\cdots,B$ 各导线点的坐标，此时，B 点的坐标应等于已知值。

在仅有一个连接角的附合导线计算中，导线全长相对闭合差是评定导线精度的重要指标，它是全长绝对闭合差 f_S 与其导线全长 $\sum S$ 的比值，通常用 k 表示，即

$$k = \frac{1}{\dfrac{\sum S}{f_S}} \tag{4-37}$$

式中，$f_S = \sqrt{f_x^2 + f_y^2}$

五、无定向附合导线的计算

无定向附合导线的两端各仅有一个已知的(高级点)，缺少起始边和终边的坐标方位角。图 4-15 所示为某无定向附合导线的略图(为前例的附合导线去掉两端的 A、D 两个已知点)，在已知点 B、C 之间布设点号为 5、6、7、8 的 4 个待定点，观测 5 条边长和 4 个转折角(左角)。已知点坐标及边长和角度观测值注明于图上，计算在表 4-7 中进行。计算的方法和步骤如下。

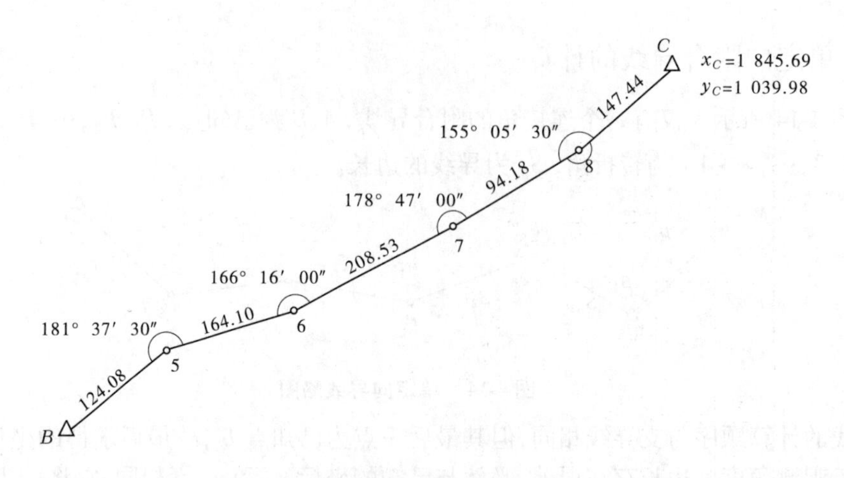

图 4-15　无定向附合导线略图

(一)假定坐标增量的计算即方位角和边长的改正

无定向附合导线由于缺少起始坐标方位角,不能直接推算导线各边的方位角。但是,导线受两端已知点的控制,可以间接求得起始方位角。其方法为:先假定一条边的方位角作为起始方位角,计算导线各边的假定坐标增量,再进行改正。

如图 4-15 所示,先假定 $B5$ 边的坐标方位角 $\alpha'_{B5} = 90°00'00''$(也可以假定为 $0°00'00''$ 或其他任意角度),在表 4-7 的第 2 栏中填上导线各左角,在第 3 栏中推算各边假定方位角 α',在第 4 栏中填上各边边长 D,用式(4-1)计算各边的假定坐标增量 $\Delta x'$、$\Delta y'$,填于表中第 5、6 栏,并取其总和 $\sum \Delta x'$、$\sum \Delta y'$,作为 B、C 两点间的假定坐标增量

$$\begin{cases}\Delta x'_{BC} = \sum \Delta x' \\ \Delta y'_{BC} = \sum \Delta y'\end{cases}$$

然后按坐标反算公式(4-16)和式(4-14)及式(4-15),计算 B、C 两点间的假定长度 L'_{BC}(B、C 两点间的长度称为闭合边)和假定坐标方位角 α'_{BC}。但是,根据 B、C 两点的已知坐标,按坐标反算公式可以算得闭合边的真长度 L_{BC} 和真坐标方位角 α_{BC},几何意义如图 4-16所示。

假定坐标方位角和计算假定坐标增量,相当于围绕 B 点把导线旋转一个角度 θ

$$\theta = \alpha'_{BC} - \alpha_{BC} \tag{4-38}$$

θ 角称为真假方位角差(本例中,$\theta = 46°56'01''$)。根据 θ 角,可以将导线各边的假定坐标方位角改正为真坐标方位角

$$\alpha_{ij} = \alpha'_{ij} - \theta \tag{4-39}$$

改正后的各边坐标方位角填写于表 4-7 中第 7 栏。

由于导线测量中存在误差,所以由假定坐标增量算得闭合边 BC 的假定长度 L'_{BC} 和根据 B、C 两点坐标反算的真实长度 L_{BC} 之比闭合边的真假长度比

$$R = \frac{L_{BC}}{L'_{BC}} \tag{4-40}$$

在本例中,$R = 0.999\,986$,用此长度比去乘导线各边长观测值,得到改正后的边长,填写于表 4-7 中第 8 栏。闭合差长度比 R 是无定向附合导线计算中唯一可以检验测量误差的

表 4-7 无定向附合导线坐标计算

点名	转折角(左)(° ′ ″)	假定方位角 α'(° ′ ″)	边长 D(m)	假定坐标增量(m)		改正后方位角 α(° ′ ″)	改正后边长 D(m)	坐标增量(m)		坐标(m)	
				$\Delta x'$	$\Delta y'$			Δx	Δy	x	y
1	2	3	4	5	6	7	8	9	10	11	12
B										1 230.88	673.45
		90 00 00	124.08	0	124.08	43 03 59	124.08	90.65	84.73		
5	181 37 30									1 321.53	758.18
		91 37 30	164.10	−4.65	164.03	44 41 29	164.10	116.66	−0.01 115.41		
6	166 16 00									1 438.19	873.58
		77 53 30	208.53	43.74	203.89	30 57 29	208.52	178.81	107.26		
7	178 47 00									1 617.00	980.84
		76 40 30	94.18	21.71	91.64	29 44 29	94.18	81.77	46.72		
8	155 05 30									1 698.77	1 027.56
		51 46 00	147.44	91.25	115.81	4 49 59	147.44	146.92	12.42		
C										1 845.69	1 039.98
		合计		+152.05	+699.45			+614.81	+366.54	+614.81	+366.53

$L' = 715.79$ m　　$L = 715.78$ m　　$R = \frac{L}{L'} = 0.999\ 986$　　$\delta\Delta x = 0$

$\alpha' = 77°44'08''$　　$\alpha = 30°48'07''$　　$\theta = \alpha' - \alpha = 46°56'01''$　　$\delta\Delta y = +0.01$

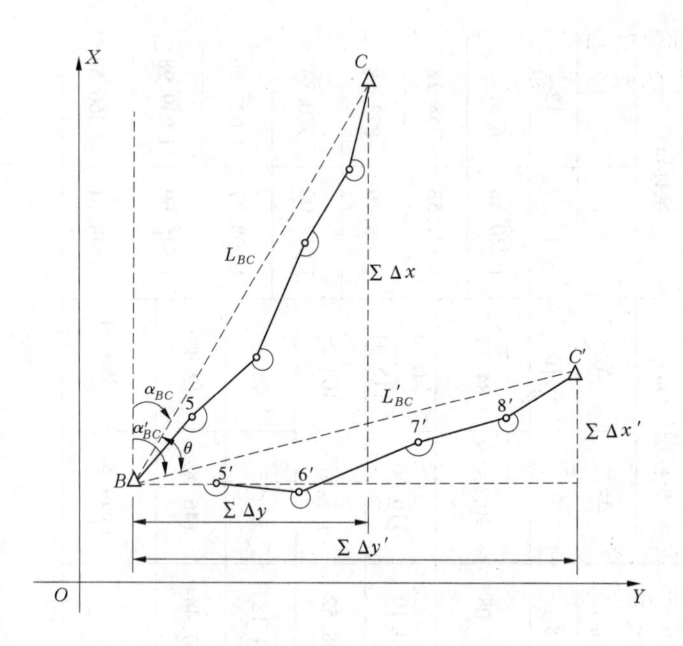

图 4-16 无定向导线计算的几何意义

值，R 愈接近与 1，则观测值的误差愈小。

（二）坐标增量和坐标的计算

用改正后的边长和改正后的坐标方位角计算各边坐标增量 Δx、Δy，填写于表 4-7 中第 9、10 两栏。由于已经过上述两项改正，导线各边、角的数值已符合两端已知点坐标所控制的数值，因此其坐标增量总和应满足下式，作为计算的检核

$$\begin{cases}\sum \Delta x = x_C - x_B \\ \sum \Delta y = y_C - y_B\end{cases} \quad 或 \quad \begin{cases}\delta\Delta x = \sum \Delta x - (x_C - x_B) = 0 \\ \delta\Delta y = \sum \Delta y - (y_C - y_B) = 0\end{cases}$$

最后根据经过检核后的坐标增量，利用式（4-2）推算出各待定导线点的坐标，填于表 4-7中第 11、12 两栏。

第五节　导线测量错误检查

在导线计算中，如果发现闭合差超限，则应首先复查导线测量外业观测记录、内业计算的数据抄录和计算。如果都没有发现什么问题，则说明导线外业中边长或角度测量中有错误，应到现场去返工重测。但是在去现场以前，如果能分析判断出错误可能发生在某处，则应首先到该处重测，以避免边长和角度的全部返工。

一、一个角度测错的查找方法

在图 4-17 中，设附合导线的第 3 点上的转折角 β_3 发生了 $\Delta\beta$ 的错误，使角度闭合差超限。如果分别从导线两端的已知坐标方位角推算各边的方位角，则到测错角度的第 3 点为止推算的坐标方位角仍然是正确的。经过第 3 点的转折角 β_3 以后，导线边的坐标方位角开始向错误方向偏转，而且会愈来愈大。因此，一个转折角测错的查找方法为：分别从导线两

端的已知点坐标及已知坐标方位角出发，按支导线计算导线各点的坐标，得到两套坐标。如果某一个导线点的两套坐标值非常接近，则该点的转折角最有可能测错。

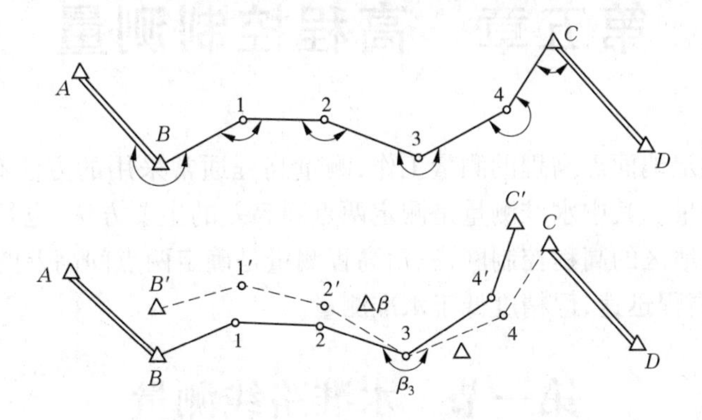

图 4-17　导线中一个转折角测错

对于闭合导线，查找方法也相类似，只是从同一个已知点及已知坐标方位角出发，分别沿顺时针方向和逆时针方向按支导线法计算出两套坐标，去寻找两套坐标值最为接近的导线点。

二、一条边长测错的查找方法

当角度闭合差在允许范围内而坐标增量闭合差超限时，说明边长测量有错误。在图 4-18中，设导线边 2—3 发生错误 ΔD 。由于其他各边和各角没有发生错误，因此从第 3 点开始及以后各点均产生一个平行于 2—3 边的位移量 ΔD 。如果其他各边、各角中的偶然误差可以忽略不计，则计算的导线全长闭合差

$$f = \sqrt{f_x^2 + f_y^2} = \Delta D \tag{4-41}$$

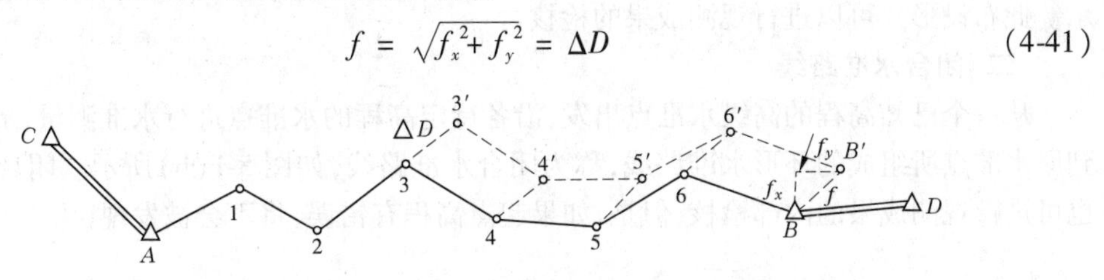

图 4-18　导线中一条边长测错

此时，可按下式计算导线全长闭合差的方位角 α_f 即等于 2—3 边的坐标方位角 α_{23} ，或再加上 180°

$$\alpha_f = \arctan\left(\frac{f_y}{f_x}\right) = \alpha_{23}(\text{或} \pm 180°) \tag{4-42}$$

式(4-42)也可以写成另外一种形式

$$\frac{f_x}{f_y} = \frac{\Delta x_{23}}{\Delta y_{23}} \tag{4-43}$$

根据这个原理，可以查找出有可能发生量距误差的导线边。

如果哪一条边的方位角等于或最接近 α_f ，则该边可能含有错误。在导线测量中如果存在一个角度或一条边长的观测错误，可以按此法进行查找。

第五章　高程控制测量

高程测量是确定地面点高程的测量工作,测量高程通常采用的方法有:水准测量、三角高程测量和物理测量。其中水准测量是测定两点间高差的主要方法,也是最精密的方法,主要用于建立国家或地区的高程控制网,三角高程测量是确定两点间高差的简便方法,不受地形条件限制,传递高程迅速,但精度低于水准测量。

第一节　水准路线测量

水准路线的布设形式分为单一水准路线和水准网。在水准路线和水准网中,相邻两个水准点之间称为一个测段;在水准测量观测时,每安置一次仪器进行观测称为一个测站。

一、水准路线的布设形式

根据测区的自然地理状况和已知点的数量及分布状况,单一水准路线的布设形式有附合水准路线、闭合水准路线、支水准路线等三种。

(一)附合水准路线

从一个已知高程的高级水准点出发,沿各个待定高程的水准点进行水准测量,最后附合到另一已知高程的高级水准点所构成的一条水准路线,称为附合水准路线。如图 5-1(a)所示。此布设形式可以进行观测成果的检核。

(二)闭合水准路线

从一个已知高程的高级水准点出发,沿各待定高程的水准点进行水准测量,最后仍闭合到原水准点所组成的环形水准路线,称为闭合水准路线,如图 5-1(b)所示。闭合水准路线也可进行观测成果的内部检核,但是,如果起点高程有错误,将不会被发现。

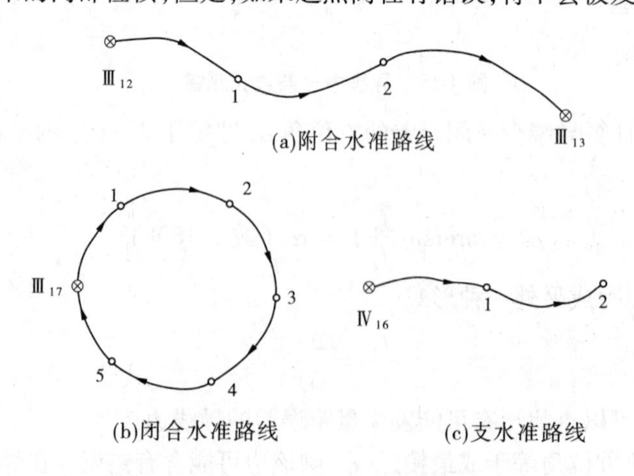

图 5-1　单一水准路线的布设形式

（三）支水准路线

从一个已知高程的高级水准点出发，沿各个待定高程的水准点进行水准测量，最后没有连接到已知高程点上的水准路线，称为支水准路线。如图 5-1（c）所示。为了能进行观测成果的检核和提高精度，支水准路线必须进行往返观测，并认真检查已知水准点高程的正确性。

等外水准测量和图根水准测量常采用以上三种简单布设形式。

（四）水准网

若干条单一水准路线相互连接，形成网状的水准路线，称为水准网，如图 5-2 所示。有多个已知高程点和若干个未知高程点所构成的水准网称为附合水准网，如图 5-2（a）所示；只有一个已知高程点和若干个未知高程点所构成的水准网称为独立水准网，如图 5-2（b）所示。单一水准路线相互连接的点称为结点。图 5-2（a）中点 2、点 5 及图 5-2（b）中点 1、点 3、点 5、点 6 都是结点。只有一个结点的水准网称为单结点水准网，如图 5-2（c）所示。

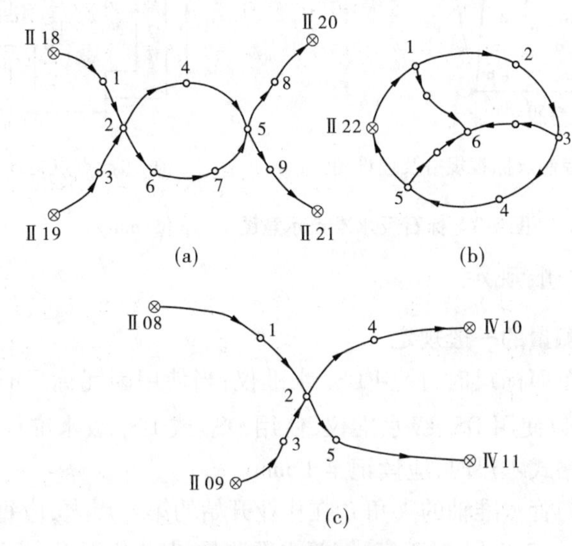

图 5-2　水准网的布设形式

二、水准路线的设计、勘选和埋石

在拟订水准路线以前，应收集已有的水准点和三角点、导线点的成果资料、原有旧图、测区地理状况，然后到实地进行踏勘，了解已知点的完好状况和实地的地形情况。结合作业目的和任务，进行综合分析和研究，根据所确定的水准测量等级做好技术设计。首先在旧图上，根据已知点的分布状况和自然地理状况，确定布设什么样的水准路线，然后从已知高程点出发，选择坡度较小，设站较少，土质较硬，易于通过的施测路线，根据有关规范规定的水准路线长度，确定出各未知点的位置。

规范规定，等外水准测量中，高级点间附合路线或闭合环线长度不得大于 10 km；单结点路线长度不得大于 7 km；支水准路线长度不得大于 2. 5 km，图根水准测量中，当等高距为 0. 5 m 时，附合路线或闭合路线全长不得超过 5 km，支水准路线全长不得大于 2 km，单结点水准网的路线全长不得超过 4 km；当等高距为 1 m 时，附合路线或闭合路线全长不得超过 8 km，支水准路线全长不得超过 3 km，单结点水准网的路线全长不得超过 6 km。

在进行水准路线设计时,可将已有的三角点、导线点等平面控制点包括在内(因这些点还需测量出高程),如需单独选定水准点,应埋设标石。基本控制点的标石,通常用混凝土制作,可以预制,也可以现场浇灌,其尺寸如图5-3(a)所示。所有水准点(含水准路线中的三角点、导线点等)埋石后,应绘制出埋石点的“点之记”,如图5-3(b)所示,以便于以后使用时寻找。对于临时性的点位,可打木桩或选定坚固的地物,如水泥墩、大岩石等,并在上面做明显标志。

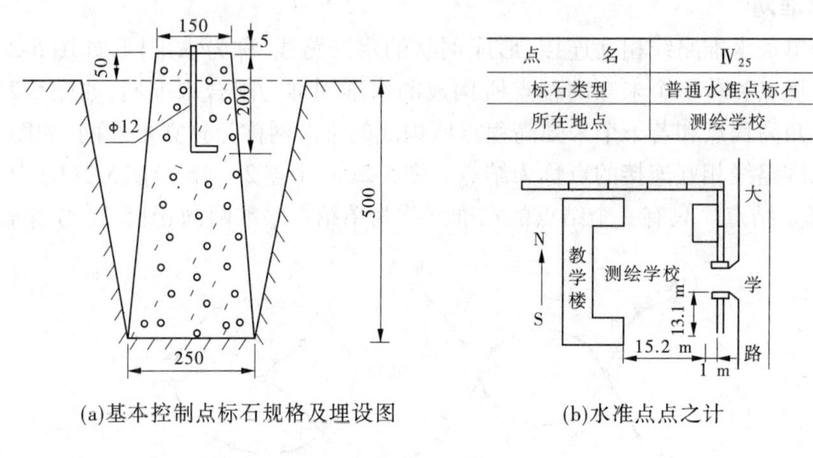

(a)基本控制点标石规格及埋设图　　(b)水准点点之计

图5-3　标石及水准点示意图　(单位:mm)

三、水准测量的一般规定

(一)三、四等水准测量的一般规定

(1)当使用双面或单面标尺时,使用DS_3水准仪;当使用因瓦标尺时,使用DS_1型水准仪。三等水准测量还可以使用DS_{05}级水准仪,使用DS_{05}或DS_1级水准仪时,应读记至0.05 mm或0.1 mm;使用区格式木尺时,应读记至1 mm。

(2)水准仪视准轴与管水准轴的夹角i,在作业开始的第一周内,应每天测定一次。i角稳定后,可每间隔15 d测定一次,对于三、四等水准测量,其i角不得大于±20″。另外,只要使前后视距相等就可以消除i角误差的影响,因此观测时应尽量使前后视距相等,使前后视距累积差很小,则可削弱i角误差对每测站所测高差的影响。

(3)对三等水准测量,采用中丝读数法,进行往返观测。用下丝读数减去上丝读数计算视距。当使用DS_1级仪器和因瓦标尺进行观测时,可采用光学测微法进行单程双转点法观测。两种方法每站的观测顺序为:后—前—前—后(黑—黑—红—红)。

(4)对四等水准测量,采用中丝读数法,可直接读取视距,每测站观测顺序为:后—后—前—前(黑—红—黑—红)。当水准路线为附合路线或闭合路线时,采用单程观测;当采用单面标尺时,应变动仪器高度并观测两次。支水准路线应进行往返观测或单程双转点法观测。

(5)每测段的往测和返测的测站数应为偶数。由往测转为返测时,两根标尺应互换位置,并重新整置仪器。

(6)三、四等水准观测的视线长度、前后视距、视线高度等要求见表5-1。

表 5-1　三、四等水准观测有关要求　（单位：m）

等级	仪器类别	视线长度	前后视距差	任一测站上前后视距累积差	视线高度	数字水准仪重复测量次数
三等	DS_3	≤75	≤2.0	≤5.0	三丝能读数	≥2 次
	DS_1/DS_{05}	≤100				
四等	DS_3	≤100	≤3.0	≤10.0	三丝能读数	≥2 次
	DS_1/DS_{05}	≤150				

注：摘自《三、四等水准测量规范》（GB/T 2898—2009）。

（7）三、四等水准观测每一测站的观测限差见表 5-2。

表 5-2　三、四等水准测量测站观测限差

等级		基辅分划或黑红面读数的差（mm）	基辅分划、黑红面或两次高差的差（mm）	单程双转点法观测左右路线转点差（mm）	检测间歇点高差的差（mm）
三等	光学测微法	1.0	1.5	1.5	3.0
	中丝读数法	2.0	3.0	—	
四等		3.0	5.0	4.0	5.0

注：摘自《三、四等水准测量规范》（GB/T 2898—2009）。

（8）三、四等水准观测主要技术要求见表 5-3。

表 5-3　三、四等水准测量主要技术要求

等级	每千米高差中数中误差		测段、区段、路线往返测高差不符值	测段、路线的左右路线高差不符值	附合路线或环线闭合差		检测已测测段高差之差
	偶然中误差 M_Δ（mm）	全中误差 M_w（mm）			平原丘陵	山区	
三等	不超过 ±3	不超过 ±6	不超过 $\pm 12\sqrt{L_S}$	不超过 $\pm 8\sqrt{L_S}$	不超过 $\pm 12\sqrt{L}$	不超过 $\pm 15\sqrt{L}$	不超过 $\pm 20\sqrt{L_i}$
四等	不超过 ±5	不超过 ±10	不超过 $\pm 20\sqrt{L_S}$	不超过 $\pm 14\sqrt{L_S}$	不超过 $\pm 20\sqrt{L}$	不超过 $\pm 25\sqrt{L}$	不超过 $\pm 30\sqrt{L_i}$

注：摘自《城市测量规范》（CJJ/T 8—2011）。

现对表 5-3 作如下说明：

①M_Δ 为每千米高差中数偶然中误差，M_w 为每千米高差中数全中误差

$$M_\Delta = \pm\sqrt{\frac{1}{4n'}\left[\frac{\Delta\Delta}{L_S}\right]} \tag{5-1}$$

$$M_w = \pm\sqrt{\frac{1}{N}\left[\frac{ww}{L}\right]} \tag{5-2}$$

②Δ 为测段往返测高差的不符值,mm;n'为测段数;w 为经过各项改正后的水准路线闭合差,mm;N 为水准环线周长,km;L_S 为测段、区段或路线长度,km;L 为附合路线或环线长度,km;L_i 为检测测段长度,km。

③水准环线由不同等级水准路线构成时,闭合差的限差应按各等级路线长度分别计算,然后取其平方和的平方根为限差。

④检测已测测段高差的限差,对单程及往返检测均适用,检测测段长度小于 1 km 时,按 1 km 计算。

(二)等外水准测量的一般规定

(1)等外水准测量,适用于平坦地区,起闭点应是国家等级控制点。使用仪器精度不低于 DS_3 型水准仪,标尺为具有厘米区格式分划的双面或单面标尺。

(2)开始观测之前应按规范要求对仪器进行全面的检验校正。等外水准 i 角应不超过 $\pm 30''$。

(3)每测站的观测顺序为;后—后—前—前(黑—红—黑—红)。

(4)直接读取视距,按中丝读数法测定高差,附合、闭合水准路线单程观测,支水准路线应往返观测(或单程双测),估读至 mm。

(5)水准测量最好在成像清晰及大气稳定的时段内进行,并用伞遮住阳光,不使仪器受到暴晒。

(三)图根水准测量的一般规定

(1)图根水准测量主要用于测定图根点的高程,适合在平坦地区使用,不应超过二次附合。一级图根水准应起闭于基本高程控制点,支线水准点不得再发展,使用仪器精度不低于 DS_{10}型水准仪,单程观测(水准支线应往返观测),估读至 mm,视距不大于 100 m,且前后视距应大致相等。

(2)图根水准测量路线的高程闭合差或支水准路线的往返测高差较差应不超过 $60\sqrt{L}$,其中 L 为路线全长,以 km 为单位,不足 1 km 时,按 1 km 计算。闭合差或较差以 mm 为单位。

四、水准测量的观测与记录

(一)等外水准测量的观测与记录

1. 使用单面标尺的施测程序

将水准标尺立在已知高程的水准点上作为后视尺,水准仪安置在前进方向的合适位置,另一立尺员在前进方向上选择与后视距大致相等的位置上确定一点作为转折点(转点),放上尺垫,用脚踩实并放上标尺(前视标足)。观测员将仪器粗平后,瞄准后视尺,转动微倾螺旋使十字丝的上丝(或下丝)切准标尺上某一整分划,直接读取后视距(因上、下丝读数差乘以 100 就是立尺点到测站点的距离,所以标尺上每 1 cm 对应的就是 1 m,故直接读数有多少厘米,就是实地的多少米),继续转动微倾螺旋,使符合水准器气泡居中,用水平中丝精确读取后视读数(4 位数,读至 mm)。旋转照准部瞄准前视标尺(此时即使圆水准器气泡不居中,也不能再调脚螺旋),按与观测后视尺的方法读取前视距和中丝读数。每次读取中丝读数时,都必须转动微倾螺旋,使符合水准器气泡居中。

2. 记录与计算

等外水准测量的记录、计算方法见表5-4。表中第(8)栏为相应点号的高程,其中转点(没有固定标志)可不计算其高程。

表5-4 等外水准测量手簿记录示例

测站	点号	视距(m)	后视	前视	高差		高程(m)	备注
					+	−		
(1)	(2)	(3)	(4)	(5)	(6)	(7)	(8)	(9)
1	Ⅳ3005	56	0347			−1284	46.215	
	转点	54		1631				
2	转点	72	0306			−2318		
	101	74		2624			42.613	
3	101	98	0833			−0683		
	转点	96		1516				
4	转点	41	1528		+1027			
	转点	43		0501				
5	转点	79	2368		+1674			
	102	77		0694			44.631	

表5-4中,

$$高差 = 后视中丝读数 - 前视中丝读数 \tag{5-3}$$

$$本点高程 = 前一点高程 + 高差 \tag{5-4}$$

(二)三、四等水准测量的观测与记录

1. 三等水准测量的观测顺序

采用水准仪和双面木质标尺进行三等水准测量,每测站的观测顺序为:

(1)照准后视标尺黑面,转动脚螺旋,使圆水准器气泡居中,转动微倾螺旋,使符合水准器气泡居中后,读取上、下丝读数和黑面中丝读数。

(2)旋转照准部,照准前视标尺,转动微倾螺旋,使符合水准器气泡居中后,读取上、下丝读数和黑面中丝读数。

(3)照准前视标尺红面,转动微倾螺旋,使符合水准器气泡居中后,读取红面中丝读数。

(4)旋转照准部,照准后视标尺红面,转动微倾螺旋,使符合水准器气泡居中后,读取红面中丝读数。

以上的观测顺序可以归结为:后—前—前—后(黑—黑—红—红)。

2. 四等水准测量的观测顺序

四等水准测量可采取如下较简单的顺序进行观测,视距可直接读取;照准后视标尺黑面,转动脚螺旋,使圆水准器气泡居中,直读视距,当符合水准器气泡居中后读取黑面标尺中丝读数,尔后将标尺翻面,再读取红面读数,旋转照准部照准前视标尺后用同样方法直读视距,当符合水准器气泡居中后读取黑、红面中丝读数。四等水准测量的观测顺序可以归结为:后—后—前—前(黑—红—黑—红)。

3. 记录

四等水准测量的观测记录手簿如表 5-5 所示,按下列顺序观测。

表 5-5　四等水准观测手簿记录示例

测自:A_1 至 A_2　　　　　　　　　　2018 年 6 月 20 日

时刻:始　9 时 15 分　　　　　　　　天气:　晴　　　　　　观测者:任珍

　　　末　9 时 40 分　　　　　　　　呈像:　清晰　　　　　记录者:付泽

测站编号	后尺 上丝 下丝 后视距 视距差 d	前尺 上丝 下丝 前视距 $\sum d$	方向及尺号	标尺读数		K+黑−红	高差中数	备注
				黑面	红面			
(1)			后(3)	(5)	(6)	(7)		
			前(4)	(11)	(12)	(13)		
	(2)	(8)	后−前	(14)	(15)	(16)	(17)	
	(9)	(10)						
1			后 46	1345	6032	0		
			前 47	1390	6179	−2		
	76.7	73.2	后−前	−45	−147	+2	−46.0	
	+3.5	+3.5						
2			后 47	1438	6223			
			前 46	1444	6130			
	69.4	72.5	后−前					
3			后 46	1390	6078			
			前 47	1378	6163			
	49.3	48.6	后−前					
4			后 47	1682	6468			
			前 46	1160	5848			
	69.8	72.0	后−前					

注:表中 K 为水准标尺的红黑面零点差数 4687 或 4787,简写为 46 或 47。

将测站编号填入(1)栏;

后视距、前视距分别填入(2)、(8)栏;

后视尺、前视尺的尺号分别填入(3)、(4)栏;

后视尺黑、红面中丝读数分别填入(5)、(6)栏;

前视尺黑、红面中丝读数分别填入(11)、(12)栏。

特别需要注意的是,在观测过程中,每次用中丝读数以前,必须使符合水准器的气泡符合,转动照准部要轻、稳,读数要仔细。记录者应该把观测者所报的读数复诵一遍以免出差错。由后视尺转到前视尺观测时,即使圆水准器气泡不居中,也不能转动脚螺旋调圆水准器气泡居中,以免视线高度变动。也就是说:在一测站观测过程中,读取后视标尺黑面中丝读数后,再也不能调节(转动)三个脚螺旋。每测站的各项限差都不超限,才可以迁站,否则该站应重测。在一测站还没观测完时,后尺垫严禁碰动。否则,可能会导致前功尽弃。观测中,水准标尺要立直、立稳,观测、记录、立尺三者要互相配合好。

4.计算检核

为了保证每一测站的结果正确而又合乎精度要求,在每站观测过程中及结束后,应立即按下列步骤进行计算和检核。

(1)计算前、后视距差 d 及视距累积差 $\sum d$。

前、后视距差 d:　　　　(9) = (2) - (8)

视距累积差 $\sum d$:　　　　(10) = 前站的(10) + 本站的(9)

此项计算应在前视距离(8)读出后立即进行,如 d 或 $\sum d$ 超过规定限差,只能移动前视标尺位置(前标尺不能动时移动仪器位置),后视标尺决不能动,否则,要从固定点起重测。另外,记录者应经常将累积差告诉观测者和前标尺员,以便随时调整前距,使视距累积差保持在零附近。

(2)同一标尺黑、红面读数差的检核。

同一标尺黑、红面的读数之差,应等于该尺黑、红面的常数差 4687 或 4787,限差为 3 mm。黑、红面读数差记在手簿的(7)、(13)处,其算式为:"K + 黑 - 红",即

$$(7) = K + (5) - (6)$$

$$(13) = K + (11) - (12)$$

K 为标尺黑、红面的常数差。在实际工作中,若(7)或(13)的绝对值大于 3 mm,应及时重新观测本测站,超限的记录应废去。

是否超限,记录员有一个简便算法,即一般情况下,前两位数不会读错,关键看后两位。由于黑面读数加 87(或减 13)等于红面读数后两位,观测员读完黑面读数后,记录员可通过心算加 87(或减 13),算出红面读数后两位的正确读数,并记在心里,等观测员读出红面读数后,记录员马上将后两位数进行比较,如在 ±3 mm 以内则合格,并记入手簿;否则让其重测。但前两位数也应计算检核。

(3)高差的计算与检核。

标尺黑面读数算得的高差即黑面高差,记于(14)处

$$(14) = (5) - (11)$$

标尺红面读数算得的高差即红面高差,记于(15)处

$$(15) = (6) - (12)$$

$$(16) = (14) - (15) \pm 100$$

$$检核计算(16) = (7) - (13)$$

如后视尺是 4687,则应加 100,是 4787,则应减 100。按横向和纵向算出的(16)应完全一致,否则,说明计算有误,应查出原因改正之。当(16)项的绝对值大于规定值 5 mm 时,应

重测本站。

若黑、红面读数差和黑红面高差之差均未超过限差，即可计算高差中数，记于(17)处

$$(17)=\frac{1}{2}[(14)+[(15)\pm 100]]$$

(17)是以黑面高差为准，将红面高差加或减100后，取中数求得(取至mm)。

在测站上，只有当每一项检核计算都合格，即表5-5中的(9)、(10)、(7)、(13)、(16)都符合限差要求时，才能迁站。

(4)累加检核。

当一天外业观测结束或一测段观测结束后，应全面检核各项计算是否正确和合乎规范要求。对每一测段应做如下检核计算：

$$\sum(9)=\sum(2)-\sum(8)=\text{末站}(10)$$

四等水准观测每一测段应为偶数站，故

$$\sum(17)=\frac{1}{2}\sum(14)+\sum(15)$$

等外水准一测段的测站数为偶数时，检核公式与上式相同；若测站数为奇数时，则用下式检核

$$\sum(17)=\frac{1}{2}\sum(14)+[\sum(15)\pm 100]$$

式中"±100"的符号依最后一站后视尺的 K 值而定，K 为4687时应为"+"，K 为4787时应为"-"。

等外水准测量视距读数至整米，高差中数取至mm。由于每站高差中数计算有取舍误差，$\sum(17)$的值与其累加检核值可能会有几毫米的差值，最后的高差中数之和应以直接相加的为准。

每条水准路线观测结束后，在野外要计算该路线的闭合差，并与允许闭合差比较，如果超过限差，经检核无误，则应找出原因返工重测。

五、水准测量成果的重测

(1)凡超过表5-1、表5-2、表5-3中规定限差的结果，均应进行重测。

(2)因测站观测限差超限，在本站观测时发现，应立即重测；迁站后发现，则应从水准点或间歇点开始重测。

(3)测段往返测高差不符值超限，应先对可靠性较小的往测或返测进行整测段重测。当重测的高差与同方向原测高差的不符值超过往返测高差不符值的限差，但与另一单程的高差不符值未超出限差时，则取用重测结果；当同方向两高差的不符值未超出限差，且其中数与另一单程原测高差的不符值亦限差时，则取同方向高差中数作为该单程高差；当重测高差或同方向的高差中数与另一单程高差的不符值不超出限差时，则应重测另一单程；当出现同方向不超限，而异向超限的"分群现象"时，如果同方向高差不符值小于限差的一半，则取原测的往返高差中数作为往测结果，取重测的往返测高差中数作为返测的结果。

(4)单程双转点观测中，当测段的左右路线高差不符值超限时，可只重测一个单线，并与原测结果中符合限差的一个单线取中数；当重测结果与原测均符合限差时，则应重测一个单线。

(5)单程测量时，如附合路线或环线闭合差超限，应先找可靠性较小的测段重测。当用重测高差参与闭合差计算不超限时，则取重测结果，如超限，则应找其他可靠性较小的整测

段重测,直到满足限差要求。

(6)当 M_{Δ},M_{w} 区段往返测高差不符值、符合路线或环线闭合差超限时,应认真分析,先就路线上可靠性较小的一些测段进行重测。

六、外业手簿记载及资料整理的要求

(1)外业观测记录必须在编号、装订成册的手簿上进行。已编号的各页不得任意撕去、记录中间不得留下空页或空格。

(2)一切外业原始观测值和记事项目,必须在现场用铅笔直接记录在手簿中,记录的文字和数字应端正、整洁、清晰,杜绝潦草模糊。

(3)外业手簿中的记录和计算的修改以及观测结果的淘汰,禁止擦拭、涂抹与刮补,而应以横线或斜线正规划去,并在本格内的上方写出正确数字和文字。除计算数据外,所有观测数据的修改和淘汰,必须在备注栏内注明原因及重测结果记于何处,重测记录前需加"重测"二字。

在同一测站内不得有两个相关数字"连环更改"。例如:更改了标尺的黑面前两位读数后,就不能再改同一标尺的红面前两位读数。否则就叫连环更改。有连环更改记录时应立即废去重测。

对于黑红面四个中丝读数的尾数有错误(厘米和毫米)的记录,不论什么原因都不允许更改,而应将该测站观测结果废去重测。

(4)凡有正、负意义的量,在记录计算时,都应带上"+""-"号,正号不能省略。对于中丝读数,要求读记四位数,前后的0都要读记。

(5)作业人员应在手簿的相应栏内签名,并填注作业日期、开始及结束时刻、天气及观测情况和使用仪器型号等。

(6)作业手簿必须经过作业小组认真地进行200%的检查(即记录员和观测员各检查一遍),确认合格后,方可运用该成果进行内业计算。

七、水准测量的注意事项

造成水准测量中的事故或精度达不到要求而返工的原因,往往是作业人员对工作不熟悉和不细心。为此,除要求作业人员树立高度的责任心外,还应注意以下几点。

(一)观测

(1)观测前,必须对仪器进行认真必要的检校,使之达到该满足的精度要求。

(2)仪器放到三脚架头上后,手要抓牢仪器,并立即把连接螺旋旋紧,观测中,作业人员一定不要离开仪器,以保证仪器的安全。

(3)仪器应安置在土质坚实的地方,并将三脚架踩实,防止仪器下沉。

(4)水准仪至前、后视水准尺的距离应尽量相等。

(5)每次读数一定要消除视差;符合水准器气泡严格居中后方可读取中丝读数,读数时应仔细、果断、迅速、准确。

(6)每测站观测时,照准后视尺时,应首先使圆水准器气泡严格居中,当观测前视尺时,若圆水准器气泡不居中,千万不能再调了(这说明仪器检校不完善),按正常观测进行。也就是说在每测站观测时圆水准器气泡只能调一次,否则将会改变仪器的高度,使观测前、后尺时视线不是一条水平视线,而给观测的高差带来一定的误差。

(7)晴天阳光下,应撑伞保护仪器。

(8)搬站时,应将三脚架收拢,用一只胳膊托住三脚架,另一只手托住仪器,稳步前进,远距离搬运时,应装箱。

(二)记录

(1)听到观测员读数后,要复诵一遍,无误后,应立即直接记录到表格相应栏中,严禁记入别处,而后转抄。

(2)字体要清晰、工整、大小要适中,按照记录字体的要求进行书写,记录有错,应按要求划去,不准用橡皮擦和小刀刮。

(3)每站的高差必须当场计算,合格后方可搬站。

(三)立尺

(1)水准点(已知点或待定点)上都不要放尺垫,只有转点才放尺垫。转点应选在土质坚实的地方,立尺前,必须将尺垫踏实。

(2)水准尺必须竖直,应立在尺垫中央半球形的顶部,两手扶尺,保持水准尺稳定。

(3)水准仪搬站时,作为前视点的立尺员,应保护好作为转点的尺垫,尺子可从尺垫上拿下,不能受到碰动。

第二节　水准测量高程计算

一、检查、整理外业成果

(1)检查外业观测手簿的记录计算是否齐全,计算是否正确,有无违反规范规定的现象。

(2)计算路线闭合差是否小于限差要求,如小于限差要求则可进行内业计算,如超限,则重测某些测段,直到满足限差要求为止。

二、绘制水准测量计算略图

如图5-4所示,略图中的水准点要与实地的方位一致,路线用曲线连接(已知点用“⊗”表示,未知点用“○”表示)并在图上注明点名,各点间的观测高差、距离等,还要用箭头标出水准测量的观测方向。

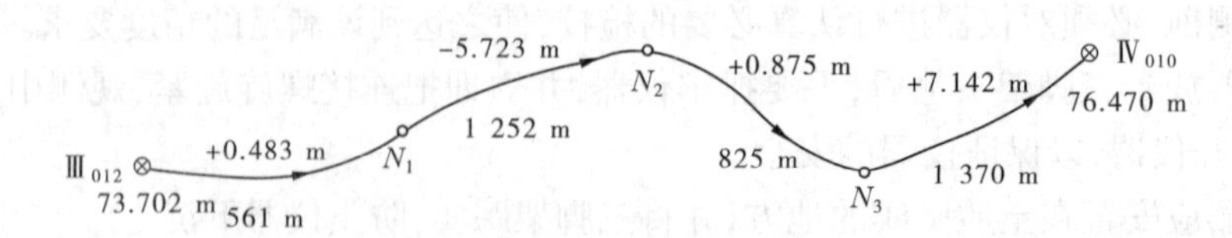

图5-4　水准测量计算略图

三、水准路线的高程计算

某一附合水准路线的观测略图与观测成果如图5-4所示,已知$H_{Ⅲ012}=73.702$ m,$H_{Ⅳ010}=76.470$ m,计算N_1、N_2、N_3点的高程。

(1)将水准路线中的起始点、各待定点和终点的点名依次填入表5-6的(1)处,将各测段距离和高差填入(2)处、(3)处。

(2)计算路线全长 $\sum d$ 和高差总和 $\sum h$,如表5-6中的4 008 m和+2.777 m。

表5-6　高程误差配赋表

计算者:甄　洁　　　　　　　　　　　　　　　　　　　　检查者:付　泽

点号	距离(m)	高差中数(m)	改正数(mm)	改正后的高差(m)	高程(m)	备注
(1)	(2)	(3)	(4)	(5)	(6)	(7)
$Ⅲ_{012}$					73.702	附合水准路线 $f_h = \sum h - (H_{终} - H_{始})$ $= +9(mm)$ $f_{h允} = \pm 20\sqrt{L}$ $= \pm 20 \times \sqrt{4.008}$ $= \pm 40(mm)$ $f_h < f_{允}$ 可以分配
	561	+0.483	-1	+0.482		
N_1					74.184	
	1 252	-5.723	-3	-5.726		
N_2					68.458	
	825	+0.875	-2	+0.873		
N_3					69.331	
	1 370	+7.142	-3	+7.139		
$Ⅳ_{010}$					76.470	
$\sum$	4 008	+2.777	-9	+2.768		

(3)计算水准路线高程闭合差

$$f_h = \sum h - (H_{终} - H_{始}) = +2.777 - (76.470 - 73.702) = +9(mm)$$

(4)计算高程闭合差允许值

$$f_{h允} = \pm 20\sqrt{L}$$

式中, L 即路线全长 $\sum d$,以km为单位,不足1 km时按1 km计算。

$$f_{h允} = \pm 20\sqrt{L} = \pm 20 \times \sqrt{4.008} = \pm 40(mm)$$

(5)高程闭合差配赋。

当计算的高程闭合差 f_h 小于 $f_{h允}$ 时,可以进行高程闭合差配赋。当高程闭合差在允许值的范围内时,对于平坦地区,测段的高差改正数 v_i 为

$$v_i = \frac{-f_h}{\sum D} D_i \tag{5-5}$$

式中, $\sum D$ 为路线全长; D_i 为第 i 测段的长度。改正数凑整至毫米,余数可分配于长测段中。

对于山区,可按测段的测站数 n 分配闭合差

$$v_i = \frac{-f_h}{\sum n} n_i \tag{5-6}$$

式中，$\sum n$ 为路线测站数之和；n_i 为第 i 测段的测站数。

各测段高差改正数之和与闭合差数值上应相等，但符号相反，即 $\sum v = -f_h$，作为检核用。

表5-6(4)处为各测段相应改正数，改正数总和为 -9 mm，与其闭合差 +9 mm 绝对值相等，符号相反。

各测段高差观测值加上相应改正数即得改正后高差 $\hat{h}_i$

$$\hat{h}_i = h_i + v_i \tag{5-7}$$

表5-6中(5)处为各测段相应改正后的高差。改正后高差之和与 $H_{终} - H_{始}$ 应相等，即等于 +2.768 m。

(6)计算各待定点高程。

由起始点的已知高程 H_0 开始，逐个加上与相邻点间的改正后高差 $\hat{h}_i$，即得下一点的高程 H_i

$$H_i = H_{i-1} + \hat{h}_i \tag{5-8}$$

最后推求的终点高程应与已知值一致。

表5-6(6)处中，$H_{N_1} = 73.702 + 0.482 = 74.184$(m)，依此类推。最后 $H_{\text{IV}010} = 69.331 + 7.139 = 76.470$(m)。

四、单结点水准网计算

如图5-5所示，为一单结点水准网略图，从已知水准点 A、B、C、D 经四条水准路线测至结点 E，其计算步骤如下。

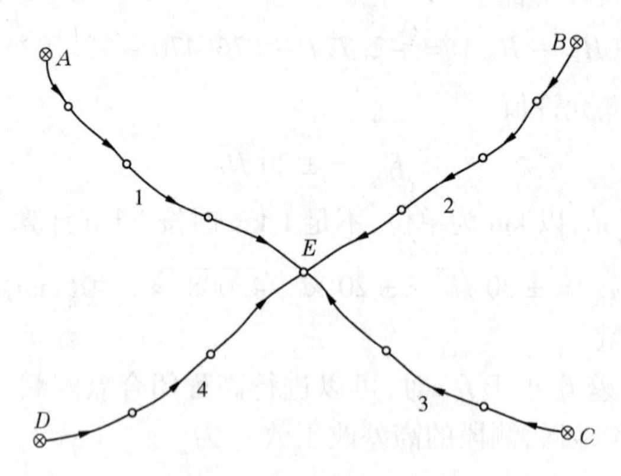

图5-5　单结点水准网

(1)根据 A、B、C、D 四个已知点的高程和各自所测至 E 点的高差，分别求出 E 点的各观测高程 H_{E_i}。

(2)分别求出四条水准路线的长度 $\sum S_i$（或测站数 $\sum n_i$）。

(3)按式(5-9)、式(5-10)求出各水准路线的权

$$p_i = \frac{C}{s_i} \tag{5-9}$$

$$p_i = \frac{C}{n_i} \tag{5-10}$$

(4)按加权平均值公式求 E 点高程的最或然值作为 E 点的高程

$$H_E = \frac{P_1 H_{E_1} + P_2 H_{E_2} + P_3 H_{E_3} + P_4 H_{E_4}}{P_1 + P_2 + P_3 + P_4} \tag{5-11}$$

(5)E 点高程求出后,分别按 $A \to E, B \to E, C \to E, D \to E$ 四条附合水准路线,求出中间各待定点的高程,计算方法同附合水准路线,此处不再重复。

E 点高程最或然值的计算。

$H_{E_1} = H_A + (h_1) = 57.960 - 9.201 = 48.759(\mathrm{m})$,其他类似,为计算方便,定权时取 $C = 10$。

根据加权平均值计算公式(5-11),求得结点 E 的高程最或然值为 48.768 m。

根据 A、E 两点的高程,按表 5-6 的计算方法,即可以求得 A、E 两点之间各待定点的高程。用同样的方法可求得 $B \to E, C \to E, D \to E$ 另外三条附合水准路线上中间各待定点的高程。其计算方法同附合水准路线,这里不再举例,至于中间各点的距离、高差,可以从原始记录手簿中查找。

第三节 水准测量的误差来源

水准测量不可避免地会产生误差,误差的主要来源为仪器误差、观测误差及外界因素引起的误差。为了提高水准测量的精度,应从现行水准测量的仪器和方法的实际情况出发,分析其误差来源及影响的规律,从中找出消除或减弱这些误差影响的方法。再次指出误差与粗差是不相同的,粗差是由于操作不当和粗心大意的工作态度而造成的错误。如读错整米,数读颠倒,读错横丝,碰动仪器或尺垫等。测量误差是不包含粗差的。

一、仪器误差

(一)照准轴与管水准器轴不平行的误差

水准仪经过检查校正后,照准轴应与管水准器轴平行。但实际上不可能校正得十分准确,加上其他因素的影响,总会剩下一个微小的 i 角的存在,当管水准气泡居中时,照准轴并不水平,这样在标尺上读取的读数就产生了误差。如图 5-6 所示,后视和前视的 i 角分别为 i_1, i_2,视线长分别为 D_1 和 D_2,受 i 角影响的读数误差为 δ_1 和 δ_2,则

$$h = a_0 - b_0 = (a - \delta_1) - (b - \delta_2)$$

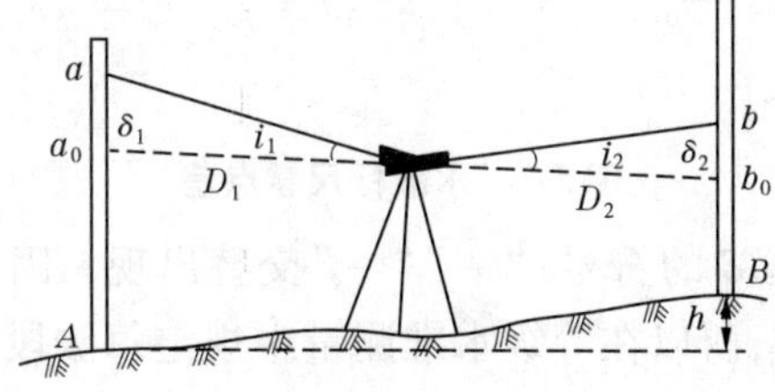

图 5-6 照准轴与水准管轴不平行的误差

因 i 角很小,所以

$$\delta_1 = \frac{i_1}{\rho}D_1, \delta_2 = \frac{i_2}{\rho}D_2$$

故
$$h = (a - b) + (\frac{i_2}{\rho}D_2 - \frac{i_1}{\rho}D_1) \tag{5-12}$$

由式(5-12)看出,若要消除 i 角误差的影响,必须满足 $i_1 = i_2, D_1 = D_2$。仪器的 i 角不是定值,是随温度的变化而变化的,并与调焦有关。欲使 $i_1 = i_2$,仪器的温度应保持稳定,这就要求观测过程中要打好伞,并要避免望远镜在前后尺读数期间调焦。在 $i_1 = i_2 = i$ 的情况下,则

$$h = (a - b) + \frac{i}{\rho}(D_2 - D_1)$$

而每一测段的高差为

$$\sum h = \sum (a - b) + \frac{i}{\rho}\sum (D_2 - D_1) \tag{5-13}$$

由此可知,若使 $D_1 = D_2$,则在每站的观测高差中,可以消除 i 角误差的影响。在实际作业中,做到前后视距完全相等是比较困难的,但只要使 D_1 与 D_2 接近,i 角影响就可忽略不计。对每一个测段来说,若使其前后视距累积差 $\sum (D_2 - D_1)$ 很小,就可以使 $\sum h$ 的误差 $\frac{i}{\rho}\sum (D_2 - D_1)$ 接近于零,从而减弱了前后视距对测段高差的影响。因此,水准测量中对前后视距差及视距累积差做出了限制规定。

(二)水准标尺零点差

标尺底面与其分划零点的差值称为水准标尺的零点差。如图 5-7 所示,设Ⅱ号标尺因磨损使得读数增大,其磨损量为 δ,则每一测站的高差应为

$$h_1 = a_1 - (b_1 - \delta) = a_1 - b_1 + \delta$$
$$h_2 = (a_2 - \delta) - b_2 = a_2 - b_2 - \delta$$
$$h_3 = a_3 - (b_3 - \delta) = a_3 - b_3 + \delta$$
$$h_4 = (a_4 - \delta) - b_4 = a_4 - b_4 - \delta$$

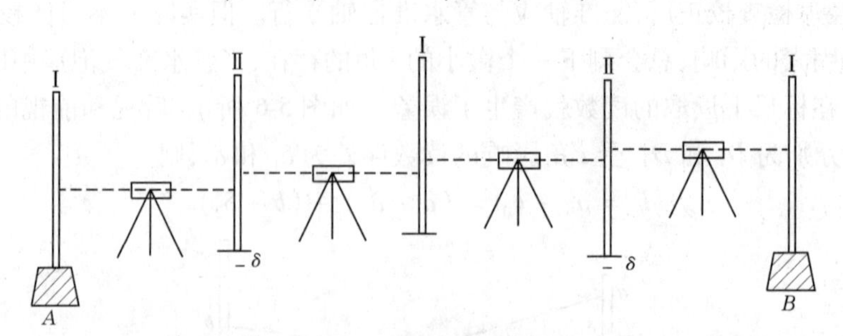

图 5-7　水准标尺零点差

可见各站测得的高差中,δ 的符号:“+”“−”交替出现。因此,每测段只要是偶数站,就能消除标尺零点差的影响,所以在等级水准测量中规定每测段的测站数必须是偶数。等外水准测量无此规定。

二、观测误差

(一)管水准器气泡居中的误差

水准测量的主要条件是视线必须水平。假设在水准仪不存在 i 角误差的情况下,我们用微倾螺旋使管水准器气泡居中,此时一般认为管水准器轴就水平了,因而望远镜照准轴也就水平了。其实不然,在观察到气泡居中的一瞬间,还不能认为管水准器轴是水平的。因为我们在衡量气泡是否居中时,是用眼睛观察的,由于生理条件的限制,一般不可能准确辨别气泡的居中位置;在停止转动微倾螺旋后仍然运动着的气泡在居中的一瞬间它还受到惯性力的推动及管内液体与管内壁摩擦阻力的作用,这样就会产生管水准器气泡居中的误差。因此,我们在中丝读数前要经常注意气泡的居中情况,随时给予调整,以减小这种误差的影响。通常认为管水准器气泡居中的误差为其分划值的1/10。采用符合水准器时,其误差可减小一半,即

$$m_{居中} = \frac{0.1\tau''}{2 \times \rho''} \times D \tag{5-14}$$

对于 S_3 水准仪,其水准管的分划值 $\tau'' = 30''$,令视距 $D = 100$ m,则 $m_{居中} = 0.73$ mm。

因此,作业前必须认真地进行仪器的检验校正,特别是 i 角误差的检校。另外,每次读取中丝读数时,必须转动微倾螺旋,使符合水准器气泡严格居中,等气泡居中并稳定后,再读取读数。只要细心,由此引起的误差是可以不予考虑的。

(二)在水准尺上的估读误差

观测读数时是用十字丝横丝在厘米间隔内估读毫米数,而厘米分划又是经过望远镜将视角放大后的像,所以毫米读数准确程度与厘米间隔的像的宽度及十字丝粗细有关。目前,十字丝的宽度经目镜放大后在人眼明视距离上约为 0.1 mm。只要厘米间隔的像大于 1 mm,则估读其间隔的1/10,即估读的数值可以得到保证,否则估读精度将受到影响。如用放大率为20倍的望远镜在距离50 m以内时,厘米间隔的像可≥1 mm。

由此可见,此项误差与望远镜的放大率和距离有关,所以对各级水准测量规定仪器望远镜的放大率和限制视线的最大长度是必要的。

(三)标尺倾斜的误差

由图5-8可以看出,水准标尺竖立不直,将使尺上的读数增大,从而影响水准测量的读数精度。设后视标尺的倾斜角为 ε,倾斜标尺上的读数为 a,正确读数为 a',该读数误差为 Δa,则

$$\Delta a = a - a' = a - a \cdot \cos\varepsilon = a(1 - \cos\varepsilon) \tag{5-15}$$

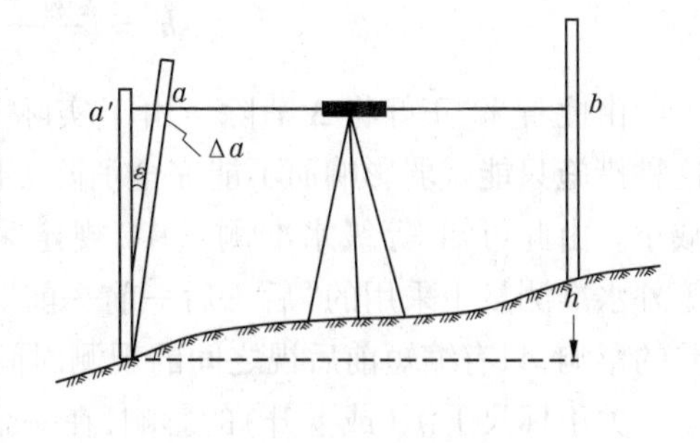

图5-8　标尺倾斜误差

可见 Δa 的大小与标尺倾斜角 ε 和在尺上的读数 a 的大小有关。

设 a 为2 m,ε 约为2°时,就会造成约1 mm的读数误差。因此,作业时使水准标尺保持垂直竖立是重要的。由于前后尺的读数高度一般不等,两标尺的倾斜程度也不相同,所以此误差不易在观测程序中消除。但是它的影响是

系统性的(无论前视或是后视都使读数增大),所以此误差在高差中会抵消一部分。只要扶尺认真,这项影响在最后成果中将不占主要地位。

三、外界因素的影响

水准测量一般要求在大气比较稳定的情况下进行,尽量避免在大风天(可使标尺和仪器抖动)和中午(温度变化大、呈像抖动)观测。即使如此,还会受下面几种误差的影响。

(一)仪器和标尺升沉的误差

对一条水准路线来说,在观测过程中由于仪器、标尺的自身重量会出现下沉,而由于土壤的弹性又会使仪器、标尺上升。二者的影响是综合性的。

假设仪器下沉(或上升)的变动量是和时间成比例的。如图 5-9 所示,若第一次后视黑面读数为 a_1,当仪器转向前视时仪器下沉了一个 Δ,其前视黑面读数为 b_1,则高差 $h = a_1 - b_1$ 中必然包含误差 Δ。为了减少这种影响,读取红面读数时先读前视红面为 b_2,当仪器转向后视读数时,仪器又下沉一个 Δ,其后视红面读数为 a_2。由此可知,黑面读数的高差为

$$h_{黑} = a_1 - (b_1 + \Delta) = a_1 - b_1 - \Delta$$

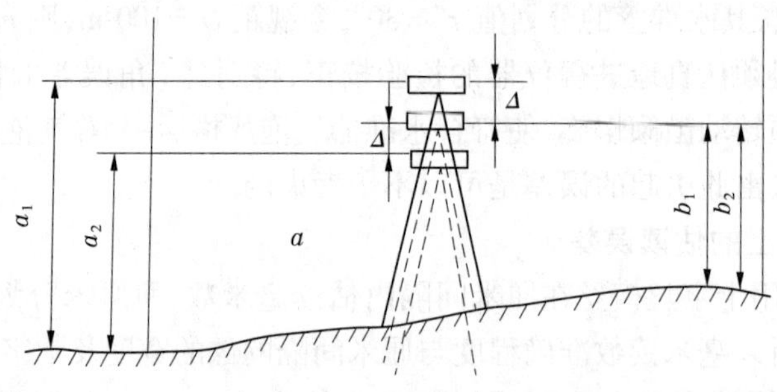

图 5-9　仪器和标尺的升沉误差

红面读数的高差为

$$h_{红} = (a_2 + \Delta) - b_2 = a_2 + \Delta - b_2$$

取黑红面高差的平均值得

$$h = \frac{(a_1 - b_1) + (a_2 - b_2)}{2}$$

由此看来,正好将 Δ 消除。由于实际上仪器的变动量和时间并不完全成比例。因此,这种措施只能减弱影响而不能完全消除。同时熟练操作以减少观测时间也可使此误差影响减小。由此可知,等级水准测量中,规定采用“后—前—前—后”的观测程序是有道理的。等外水准测量中采用的“后—后—前—前”的观测程序,虽然观测方便,但不能减弱此项误差的影响,只有缩短前后视之间的观测时间,才能削弱此误差的影响。

关于标尺下沉(或上升)的影响,在一个测站的观测中,由前、后视中丝读数差可基本抵消。但当仪器迁至下一站时,原来的前视标尺变为后视标尺的时间里,标尺下沉了 Δ,于是本站的后视读数和前一站的前视读数的标尺的零点不在同一个位置。对于同类土壤的水准路线,它们造成的影响是系统性的,如果属于标尺下沉,则使高差增大,反之则使高差减小。由此可以知道,如果作业时对同一条水准路线采用往、返测,那么在往、返测的平均值中这种误差的影响也会大大减弱。

（二）地球弯曲误差

在本章第二节叙述水准测量基本原理时，我们是把过各点的水准面当作水平面，由于地球曲率的影响，实际上水准面并不是平面，于是就产生了地球弯曲误差。

根据地球曲率对高程的影响公式 $\Delta h = \frac{D^2}{2R}$ 可知，在 100 m 以内用水平面代替水准面引起高程误差为 1 mm，在 500 m 以内引起高程的最大误差竟达 20 mm，可见水准测量必须采取一定的措施和限制，来消除地球曲率的影响。如图 5-10 所示，因地球曲率的影响，在 A、B 两水准标尺的读数误差分别为 Δa、Δb，则

$$h_{AB} = (a - \Delta a) - (b - \Delta b) = (a - b) + (\Delta b - \Delta a) \tag{5-16}$$

如果水准仪安置在 A、B 两点中间，则

$$\Delta a = \Delta b$$

$$h = a - b$$

由此可见，只要在水准测量作业中使前后视距相等，就可消除地球曲率的影响。

（三）大气折光误差

大气折光误差是因大气密度不均匀，使视线发生折射成为曲线而产生的读数误差。近地面的空气，由于地面吸热能力强，使空气受热膨胀，密度变小，视线会产生如图 5-11 所示的向上弯曲。若视线离地面比较高，在水平面的空气密度变化不大，折光影响很小。故等级水准测量中，规定中丝读数应大于 0.3 m，以此来消除或削弱大气折光的影响。

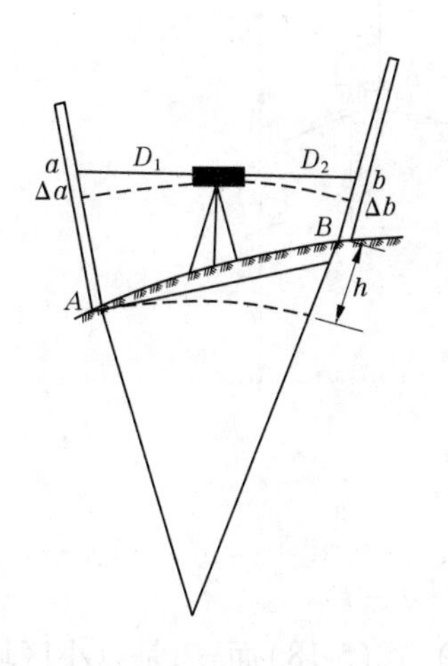

图 5-10　地球弯曲误差

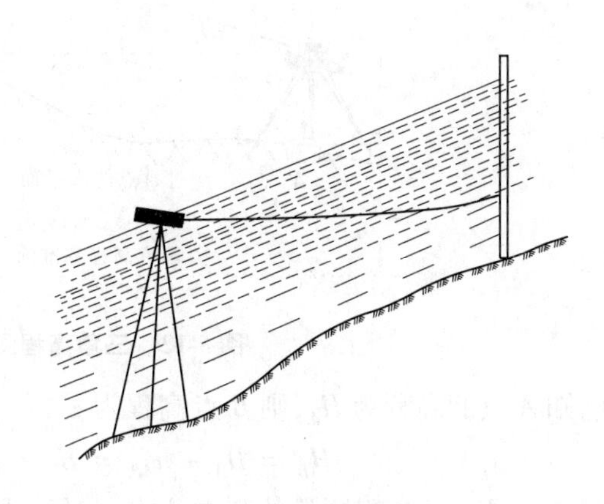

图 5-11　大气折光误差

以上所述各项误差来源，都是采用单独影响来进行分析的，而实际情况则是综合性的影响。从误差的综合影响来说，这些误差将会互相抵消一部分。所以，作业中只要注意按规定施测，特别是操作熟练、观测速度提高的情况下，各项外界影响的误差都将大为减小，完全能够达到施测精度要求。

第四节　三角高程测量

一、三角高程测量原理

在大比例尺平板仪地形测量中，图根点的高程通常采用图根水准测量、图根光电测距三角高程测量或经纬仪三角高程测量和独立交会高程测量等方法测定。在第三章我们介绍了水准测量是一种直接测高法，测定高差的精度是较高的。水准测量是建立高程控制网的主要方法，但其外业工作量大，施测速度较慢。三角高程测量是一种间接测高法，它不受地形起伏的限制，且施测速度较快，虽然测定高差的精度略低于水准测量，但通常能满足地形测图图根点高程的需要。

（一）三角高程测量原理

如图5-12所示，A、B为地面上相距不远高程不同的两点，在A点设站，架设全站仪，在B点安放觇标，量取仪器高、觇标高，开机观测目标B方向的天顶距及AB水平距离，则A、B两点间高差h_{AB}为

$$h_{AB} = D\tan\alpha + i - t \tag{5-17}$$

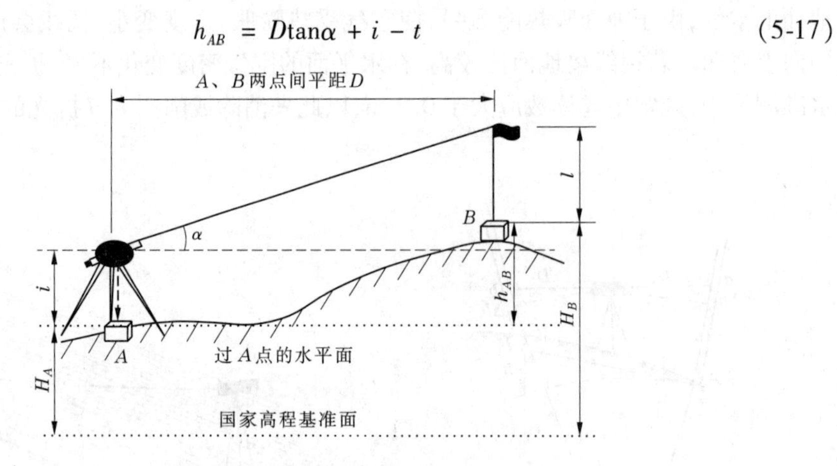

图5-12　三角高程测量原理

若已知A点的高程为H_A，则B点高程为

$$H_B = H_A + h_{AB} = H_A + D\tan\alpha + i - t \tag{5-18}$$

式(5-18)是三角高程测量的基本公式。对于式(5-17)、式(5-18)而言，是以小区域范围为前提，亦即A、B两点相距不远，将水准面看作水平面。当控制区域较大，A、B两点相距较远时，就必须考虑地球弯曲和大气折光的影响了。

（二）两差改正

通常把地球弯曲对高差的影响称为球差；把大气折光对高差的影响称为气差。球差和气差合称为两差，两差的综合改正叫两差改正。

1. 球差

如图5-13所示，假设过A点的水准面（球面）为AF，过A点的水平面为AE，它们在A点相切，但在B点的铅垂方向上E点和F点的距离就是由于地球弯曲形成的球差。

$$|EF| = \frac{D^2}{2R} \tag{5-19}$$

式中,D 为 A、B 两点间水平距离,R 为地球半径。

由式(5-19)知,球差的大小仅与两点间距离有关,与地形起伏无关,其影响总是使所测高差减小,当距离为 100 m 时,球差仅 1 mm,在地形测量中可忽略;当距离增加到 300 m 时,球差为 10 mm;当距离增加到 500 m 时,球差达到 20 mm。若规范要求高程误差达到 10 mm 的精度要求,就要考虑距离超过 300 m 的两点间的高差应进行球差改正。

2. 气差

地球是被大气所包围的,大气密度与距地面的高度成反比,距地面愈近,密度愈大;距地面愈远,密度愈小。而大气折光影响与大气密度有关,实践证明,大气折光的影响使光线向上凸,当仪器望远镜瞄准目标 M 时,实际照准了 M' 点,瞄准的方向线亦为圆弧 $A'M$ 的切线方向 $A'M'$。这样使得所测“高差”增加了线段 MM' 的长度,这就是气差。由图 5-13 可知,气差总是使所测高差变大。由图 5-13 可得:

$$|MM'| = \frac{D^2}{2R} \cdot k \tag{5-20}$$

式中,D 为 AB 水平距离,R 为地球半径,k 为大气折光系数,其值小于 1(通常在 0.08 ~0.15 之间)。

比较式(5-19)与式(5-20)可看出,球差与气差都与距离有关系,而气差总小于球差。

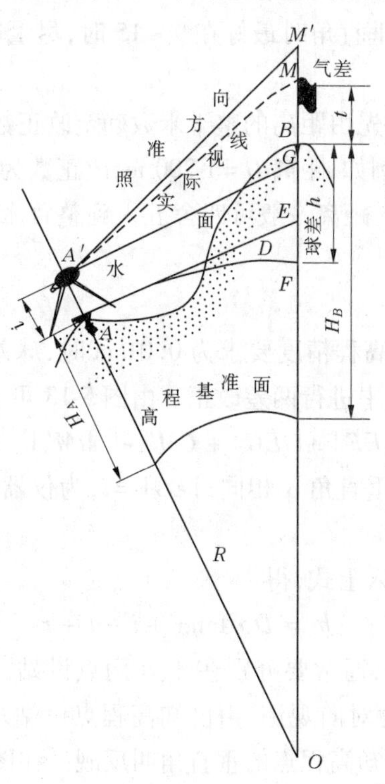

图 5-13 两差改正影响

3. 两差改正数

由于球差总是使所测高差减小，气差使所测高差变大，在所测高差中应加入两差改正数。设两差改正数为 r，则

$$r = |EF| - |MM'| = \frac{D^2}{2R} - \frac{D^2}{2R} \cdot k = \frac{D^2}{2R} \cdot (1 - k) \tag{5-21}$$

一般地，大气折光系数 k 随气温、气压、湿度和空气密度的变化而变化，与地区、季节、气候、地形条件、地面植被和地面高度等有关，在实际工作中，通常选取全国性或地区性的 k 的平均值代替，即把 k 近似当常数来对待。目前，我国一般采用 $k = 0.11$，此值对大多数地区都是适用的，少数地区若相差较大，可使用适合本地区的具体 k 值。表 5-7 列出了一些两差改正数。

表 5-7　两差改正数表

距离	0	100	200	300	400	500	600	700
0	0.000	0.001	0.003	0.006	0.011	0.017	0.025	0.034
1 000	0.070	0.085	0.110	0.118	0.137	0.157	0.179	0.202
2 000	0.275	0.308	0.338	0.369	0.402	0.437	0.472	0.509

另外，k 值还随每日时刻不同而变化，日出、日落时数值较大，且变化较快；中午前后数值最小，且稳定。因此，观测垂直角时最好在 9 ~ 15 时，尽量避免在日出后和日落前 2 h 内观测。

使用两差改正数表时，首先由距离的整千米数确定改正数所处的行；然后根据不足千米的数确定改正数所处的列。例如，距离 $D = 1\ 200$ m，改正数为 0.010 m，位于表的 1 000 所在的行和 200 所在列的交叉处。距离一般可四舍五入到整百米，必要时也可以按线性插值法来确定改正数。

（三）直反觇实用公式

当水平距离超过 300 m、高程精度要求为 0.01 m 时，球差和气差对所测高差的影响不可忽视，必须在计算出的高差中进行两差改正。由图 5-13 可看出

$$h = |EF| + |EG| + GM' - |MM'| - |BM|$$

式中，$GM' = D\tan\alpha$，其符号与垂直角 α 相同；$|EG| = i$，为仪器高；$|BM| = t$，为觇标高；$|EF|$ 为球差；$|MM'|$ 为气差。

以 $r = |EF| - |M'M|$，代入上式，得

$$h = D \cdot \tan\alpha + i - t + r \tag{5-22}$$

在作业中，为了提高精度，通常要分别在 A、B 两点设站，相互观测垂直角，并量取仪器高和觇标高，这样的观测称为对向观测；由已知高程点设站观测未知高程点的垂直角叫直觇，由未知高程点设站观测已知高程点的垂直角叫反觇。在图 5-13 中，在已知点 A 设站，观测未知点 B，若已知 A 点高程为 H_A，则 B 点高程 H_B 为

$$H_B = H_A + h_{AB} = H_A + (D\tan\alpha + i - t + r) \tag{5-23}$$

这是三角高程的直觇计算公式。

若已知 B 点高程为 H_B，在 A 点设站观测 B 点，则 A 点高程为

$$H_A = H_B + h_{AB} = H_B - (D\tan\alpha + i - t + r) \tag{5-24}$$

这是三角高程的反觇计算公式。

二、三角高程导线

垂直角观测值受大气折光影响较大，影响高程测量的精度。采用对向观测可以减弱大气折光的影响，同时，可以抵消地球弯曲对高差的影响。三角高程导线，由于导线较短，导线点间的空气密度分布基本相同，垂直角采用对向观测，使三角高程测量的精度大大提高。

（一）三角高程导线的布设形式

三角高程导线的布设形式同平面控制导线，可分为三角高程附合导线、三角高程闭合导线、三角高程支导线等。三角高程导线测量一般与平面控制导线测量同时进行。

（二）三角高程导线测量技术要求

导线一般与平面控制同时测定，导线每边的垂直角应往返测。仪器高、觇标高量记到毫米。其主要技术要求应符合《城市测量规范》（CJJ/T 8—2011）的规定，见表 5-8。

表 5-8　三角高程导线测量技术要求

观测方法	两测站对向观测高差不符值	两照准点间两次观测高差不符值	附合路线或环线闭合差		检测已测测段高差之差
			平原、丘陵	山区	
每点设站	$\pm 45\sqrt{D}$	—	$\pm 20\sqrt{L}$	$\pm 25\sqrt{L}$	$\pm 30\sqrt{L_i}$
隔点设站	—	$\pm 14\sqrt{D}$			

注：D 为测距边长度，km；L 为附合路线或环线长度，km；L_i 为检测测段长度，km。

（三）三角高程导线的计算

1. 外业成果的检查和整理

（1）检查观测成果，计算前应先检查外业观测手簿是否符合有关规定及各项限差要求，确认无误后方可计算。

（2）确定三角高程导线的推进方向，从起始点开始抄录线上各点的垂直角及对应的仪器高和觇标高，填入“高差计算表”的相应栏内。

2. 高差计算

根据抄录的数据，按式（5-25）计算两相邻点间的单向高差。注意：顺导线推进方向的观测为直觇，其高差叫“往测高差 $h_{往}$”，逆导线推进方向的观测为反觇，其高差叫“返测高差 $h_{返}$”。因往、返测高差的符号相反，故它们的较差为

$$d = h_{往} + h_{返} \tag{5-25}$$

当 d 不超过限差规定时，可按下式计算高差中数

$$h_{中} = \frac{1}{2}(h_{往} - h_{返}) \tag{5-26}$$

高差计算示例见表 5-9。

表 5-9　三角高程导线高差计算表

所求点 B	N_1		N_2		T_6	
起算点 A	T_4		N_1		N_2	
觇法	直	反	直	反	直	反
a	+2°13′25″	-2°01′42″	-4°36′28″	+45°51′05″	+3°25′02″	-3°11′31″
D(m)	421.35	421.35	500.16	500.16	406.76	406.76
$D\tan\alpha$	+16.35	-14.92	-40.31	42.45	+24.29	-22.68
i	+1.60	+1.61	+1.58	+1.62	+1.61	+1.59
r	+0.01	+0.01	+0.02	+0.02	+0.01	+0.01
t	-2.62	-2.02	-2.30	-3.10	-3.40	-1.46
h(m)	+15.34	-15.32	-41.01	+40.99	+22.51	-22.54
$H_{中数}$	+15.33 m		-41.00 m		+22.52 m	

3. 计算导线的高程闭合差

若三角高程导线的起闭点为 A 和 B，其中有 n 个未知点，则必有($n+1$)个高差 $h_i(1,2,\cdots,n+1)$。如果观测没有误差，则所有高差之和应等于起、闭点的高差，即

$$\sum h_i = H_B - H_A \tag{5-27}$$

式中，H_A、H_B 分别为 A、B 两点的已知高程。

但实际上观测不可能没有误差。因此，式(5-27)两端不可能相等，必定产生高程闭合差 W_A。若实测高差为 h_i'，根据闭合差的定义，则有

$$W_A = \sum h_i' - \sum h_i$$

即

$$W_A = \sum h_i' - (H_B - H_A) \tag{5-28}$$

如果 W_A 不超过规定的限差，就可进行高程闭合差的分配。否则，应检查计算，或另选线路，或返工重测某些边的垂直角、仪高和觇标高，直至符合要求为止。

4. 导线高程闭合差的配赋

导线的高程闭合差主要是垂直角观测误差和边长误差所引起的，其大小与边长成正比。因此，要消除导线的高程闭合差，可以按与边长成比例将高程闭合差反号分配到各观测高差中去，就可得到正确高差。

设导线全长为 $\sum S$，则高差改正数为

$$v = -\frac{W_A}{\sum S} \tag{5-29}$$

若各边的高差改正数为 v_i，相应的边长为 S_i，则有

$$v_i = vS_i \tag{5-30}$$

凑整的余数，可强制分配到长边对应的高差中去，使

$$\sum v = -W_i \tag{5-31}$$

将 v_i 加入到相应的观测高差 h_i' 中,就可得到改正后的正确高差为

$$h_i = h_i' + v_i \tag{5-32}$$

改正后的高差总和 $\sum h_i$ 应等于两已知点间的高差,可以作为计算正确性的检核。

5. 各点高程的计算

根据改正后的高差,按下式即可计算各所求点的高程

$$\begin{aligned} H_1 &= H_A + h_1 \\ H_2 &= H_1 + h_2 \\ &\vdots \\ H_B &= H_n + h_{n+1} \end{aligned} \tag{5-33}$$

最后求出的 H_B 应与 B 点的已知高程完全相等,以检核高程计算的正确性。

第六章　GNSS 定位测量

第一节　GNSS 简介

一、全球四大导航定位系统

全球导航卫星系统(global navigation satellite system,GNSS)是随着现代科学技术的发展而建立起来的新一代卫星无线电导航定位系统,是所有在轨工作的卫星导航系统的总称。全球四大导航定位系统分别为:中国的 BDS、美国的 GPS、俄罗斯的 GLONASS 和欧盟的 GALILEO,GNSS 正在步入以这四大系统为主、涵盖其他卫星导航系统的多系统并存时代。

美国的 GPS 系统和俄罗斯的 GLONASS 系统已发展成为第二代全球卫星导航定位系统,欧盟 GALILEO 系统和中国 BDS 系统正在逐步完善,它们共同组成了全球导航卫星系统。到时,全球导航卫星将有一百多颗,定位精度和速度都将大大提高。

(一)北斗卫星导航系统

北斗卫星导航系统(beidou navigation satellite system,BDS)是中国自主研发、独立运行的全球卫星导航系统。

我国于 20 世纪后期开始探索适合国情的卫星导航系统发展道路,逐步形成"三步走"发展战略:2000 年年底建成北斗一号系统,向中国提供服务;2012 年年底建成北斗二号系统,向亚太地区提供服务;2020 年前后建成北斗全球系统,向全球提供服务。北斗一号系统是我国自主研制的第一代卫星导航定位系统,采用主动式定位方法,定位基本原理为空间球面交会测量。北斗二号系统是继北斗一号系统后的新一代卫星导航系统,与 GPS 系统一样,同属第二代全球导航定位系统,采用被动式定位方法。与北斗二号相比,北斗三号卫星将增加性能更优、与世界其他卫星导航系统兼容性更好的信号 B1C;按照国际标准提供星基增强服务(SBAS)及搜索救援服务(SAR)。同时,还将采用更高性能的铷原子钟和氢原子钟,铷原子钟天稳定度为 10^{-14} 量级,氢原子钟天稳定度为 10^{-15} 量级。新技术使北斗三号的性能得到大幅提升,空间信号精度(SIS)优于 0.5 m,北斗三号的定位精度将达到 2.6 ~ 5 m 的水平,并在保留短报文功能的前提下提升相关性能。新时代北斗发展蓝图是构建国家综合 PNT 体系建设,就是以北斗卫星导航系统为核心,建成天地一体、覆盖无缝、安全可信、高效便捷的国家综合 PNT 体系,显著提升国家时空信息服务能力,满足国民经济和国家安全需求,为全球用户提供更为优质的服务。

2019 年 5 月 17 日,我国在西昌卫星发射中心用长征三号丙运载火箭,成功发射第 45 颗北斗导航卫星。目前,北斗三号基本系统已完成建设。根据计划,2020 年 10 月前,由北斗二号和北斗三号系统共同提供服务;2020 年 10 月后,将以北斗三号系统为主提供服务。

北斗卫星导航系统主要具有快速定位(导航)、短报文通信和定时授时三大功能,短报文通信是GPS系统所不具有的。BDS系统提供两种服务方式:开放服务和授权服务。开放服务是在服务区免费提供定位、测速和授时服务,定位精度为10 m,授时精度为50 ns,测速精度为0.2 m/s。授权服务是向授权用户提供更安全的定位、测速、授时和通信服务以及系统完好性信息。

北斗卫星导航系统由空间段、地面段和用户段三部分组成。

1. BDS 空间段

BDS空间段由35颗卫星组成,包括5颗静止轨道卫星和30颗非静止轨道卫星。5颗静止轨道卫星(GEO),轨道高度35 786 km,在赤道上空的定位位置为:58.75°、80°、110.5°、140°和160°。30颗非静止轨道卫星由27颗中圆轨道地球轨道卫星(MEO)和3颗倾斜地球同步卫星(IGSO)组成,27颗MEO卫星分布在倾角为55°的三个轨道平面上,每个面上有9颗卫星,轨道高度为21 528 km;3颗IGSO卫星分布在3个倾斜轨道面上,轨道高度35 786 km,轨道倾角55°,其星下点轨迹重合,交叉点经度为东经118°,相位差120°(见图6-1)。

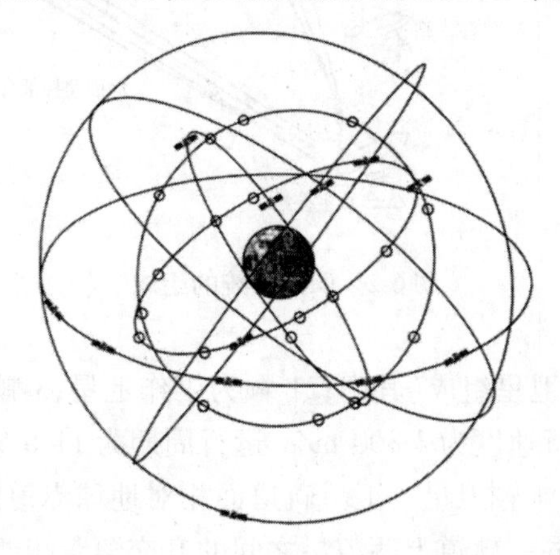

图6-1 北斗系统空间星座

2. BDS 地面段

BDS地面段由主控站、注入站和监测站组成。

(1)主控站的主要任务是收集各个监测站段的观测数据,进行数据处理,生成卫星导航电文和差分完好性信息,完成任务规划与调度,实现系统运行管理与控制等。

(2)注入站的主要任务是在主控站的统一调度下,完成卫星导航电文、差分完好性信息注入和有效载荷段控制管理。

(3)监测站接收导航卫星信号,发送给主控站,实现对卫星段跟踪、监测,为卫星轨道确定和时间同步提供观测资料。

3. BDS 用户段

BDS用户段包括北斗系统用户终端以及与其他卫星导航系统兼容的终端。北斗卫星导航系统采用卫星无线电测定(RDSS)与卫星无线电导航(RNSS)集成体制,既能像GNSS、GLONASS、GALILEO系统一样,为用户提供卫星无线电导航服务,又具有位置报告以及短报文通信功能。

(二)GPS 系统

GPS 全称为 navigation system timing and raging/global positioning system,译为“授时与测距导航系统/全球定位系统”。该系统于 1973 年由美国政府组织研究,耗费巨资,历经约 20 年,于 1993 年全部建成。

GPS 系统由空间星座部分、地面监控部分和用户设备部分组成(见图 6-2)。

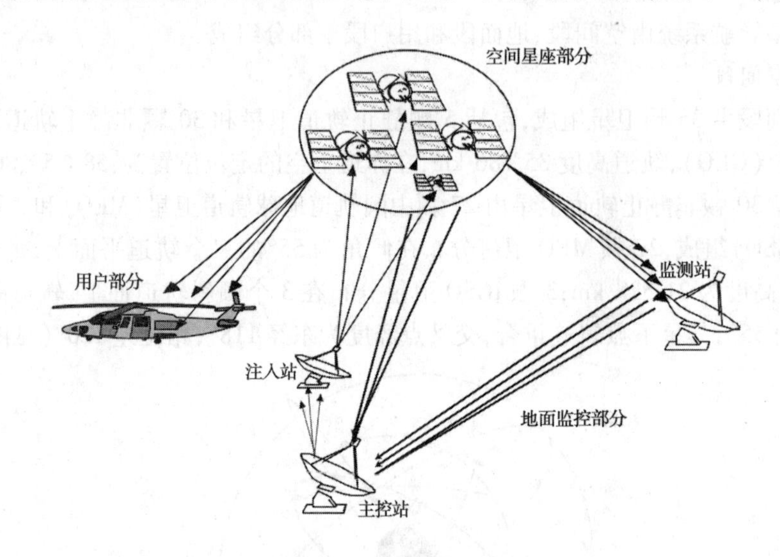

图 6-2　GPS 系统的组成

1. GPS 空间星座部分

GPS 卫星星座由 24 颗卫星组成(其中,21 颗为工作卫星,3 颗为备用卫星)。卫星轨道平均高度为 20 200 km,运行速度为 3 800 m/s,运行周期为 11 h 58 min,分布在 6 个近圆形轨道面内,每个轨道面上有 4 颗卫星。卫星轨道面相对地球赤道面的倾角为 55°,各轨道平面升交点的赤经相差 60°,同一轨道上两卫星之间的升交角距相差 90°。每颗卫星可覆盖全球约 38% 的面积,在地平线以上的卫星数目随时间和地点而异,最少为 4 颗,最多时达 11 颗(见图 6-3)。

GPS 每颗卫星装有 4 台高精度原子钟(铷钟和铯钟各两台),以保证发射出标准频率,为 GPS 测量提供高精度的时间标准。GPS 卫星的主要功能有:

(1)接收和储存由地面监控系统发射来的导航信息和其他信息。

(2)接收并执行地面监控系统发送的控制指令,如调整卫星姿态和启用备用时钟、备用卫星等。

(3)向用户连续不断地发送导航与定位信息,并提供时间标准、卫星本身的空间实时位置及其他在轨卫星的概略位置。

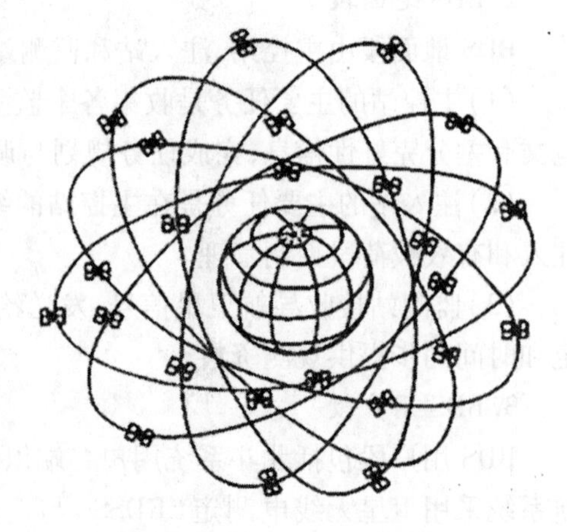

图 6-3　GPS 卫星星座分布

2. GPS 地面监控部分

GPS 的地面监控系统由分布在全球的若干个跟踪站组成,根据功能分为:一个主控站(MCS)、三个注入站(GA)和五个监测站(MS)(见图6-4)。

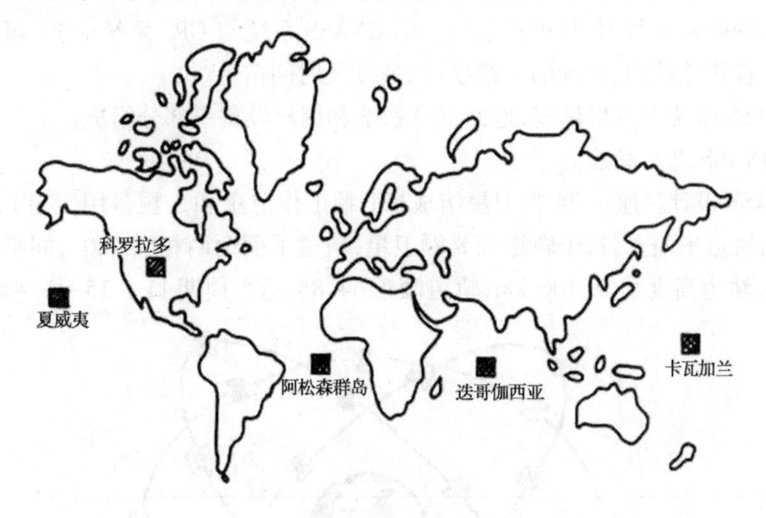

图6-4　GPS 地面监控站分布

(1)主控站。设在美国本土科罗拉多州斯平士(Colorado Spings)的联合空间执行中心。负责协调和管理所有地面监控系统。主要任务是:根据所有地面监测站的观测资料推算编制各卫星的星历、卫星钟差和大气层修正参数等,并把这些数据及导航电文传送到注入站;提供全球定位系统的时间基准;调整卫星状态和启用备用卫星;还具有监测站功能等。

(2)注入站。分别设在印度洋的迭哥伽西亚(Diego Garcia)、南太平洋的卡瓦加兰(Kwajalein)和南大西洋的阿松森群岛(Ascension)。主要任务是:将来自主控站的卫星星历、钟差、导航电文和其他控制指令注入到相应卫星的存储系统,并监测注入信息的正确性;亦具有监测站功能。

(3)监测站。五个地面站具有监控站的功能,除上述四个地面站外,还有一个设在夏威夷(Hawaii)。主要任务是:连续观测和接收所有 GPS 卫星发出的信号并监测卫星的工作状况,将采集到的数据连同当地气象观测资料和时间信息经初步处理后传送到主控站。

整个地面监控系统由主控站控制,地面站之间的通信系统无须人工操作,实现了高度自动化和标准化。

3. GPS 用户设备部分

GPS 用户设备部分由 GPS 接收机、数据处理软件和微处理机及其用户终端设备等组成。主要作用是接收、跟踪、变换和测量 GPS 卫星信号,从而进行导航定位。GPS 信号接收机主要功能是能够捕获到一定卫星截止角的可视卫星,并跟踪这些卫星,当接收机跟踪并捕获到卫星信号后,即可测量出接收天线至卫星的距离及其变化率,通过解调出的卫星轨道参数等数据,接收机中的微处理计算机便可根据相应的解算方法,计算出用户所在位置的经纬度、高度、速度、时间等信息。接收机设备和机内软件以及 GPS 数据的后处理软件包构成完整的 GPS 用户设备。

（三）GLONASS 系统

苏联在全面总结 CICADA 第一代卫星导航系统的基础上，认真吸收了美国 GPS 系统的成功经验，研制、组建了第二代卫星导航定位系统 GLONASS（global navigation satellite system），并于 1996 年 1 月 18 日正式运行。GLONASS 系统与 GPS 系统一样，可为地球上任何地方的用户提供连续的、精确的三维坐标、速度及时间信息。

GLONASS 系统由卫星星座、地面支持系统和用户设备三部分组成。

1. GLONASS 卫星星座

GLONASS 设计星座由 24 颗卫星组成（21 颗工作卫星和 3 颗备用卫星），均匀分布在 3 个近圆形的轨道平面上，每个轨道面 8 颗卫星，轨道平面两两相隔 120°，同平面内的卫星之间相隔 45°，轨道高度约 19 100 km，轨道倾角 64.8°，运行周期 11 h 15 min 44 s（见图 6-5）。

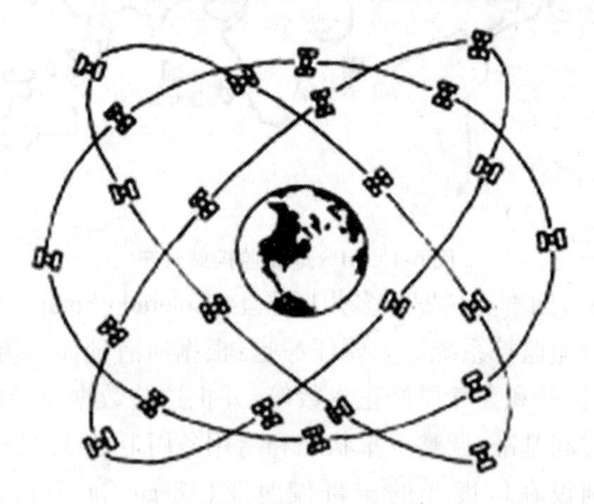

图 6-5　GLONASS 卫星星座

2. GLONASS 地面支持系统

地面支持系统由系统控制中心、中央同步器、遥测遥控站（含激光跟踪站）和外场导航控制设备组成。地面支持系统的功能由苏联境内的许多场地来完成。随着苏联的解体，GLONASS 系统由俄罗斯航天局管理，地面支持段已经减少到只有俄罗斯境内的场地了，系统控制中心和中央同步处理器位于莫斯科，遥测遥控站位于圣彼得堡、捷尔诺波尔、埃尼谢斯克和共青城。

相对于 GPS 均匀分布在全球范围的监测站，GLONASS 的监测站分布在俄罗斯境内，为了弥补国内布站的缺陷，在卫星上安装了后向激光反射棱镜，通过高精度的人卫激光测距成果来修正无线电测距结果，以此提高测距精度。目前，GLONASS 正在国外开展建立地面监测站的工作。

3. GLONASS 用户设备

GLONASS 用户接收机设备接收 GLONASS 卫星发射的信号，并测量其伪距和伪距变化率，同时从卫星信号中提取并处理导航电文，接收机处理器对上述数据进行处理并计算出用户所在的位置、速度和时间信息。

GLONASS 系统运行正常，但生产用户设备的厂家较少，多为专用型。如采用 GPS/GLONASS 联合接收机有很多优点：用户同时可以接收的卫星数目增加一倍，可以明显改善观测卫星的几何分布,提高定位精度;由于可见卫星数目增加,在一些遮挡物较多的城市、森林等地区进行测量定位,可提高作业的精度和速度;利用两个独立的卫星定位系统进行导航和定位,可有效地削弱美俄两国对各自定位系统的可能控制,提高定位的可靠性和安全性。

(四)GALILEO 系统

伽利略定位系统(galileo positioning system,GALILEO),是由欧盟研制和建立的全球卫星导航定位系统,由欧洲委员会和欧空局共同负责。作为世界上第一个全球民用卫星导航定位系统,将对未来世界产生重要影响。

GALILEO 系统服务范围覆盖全球,可以提供导航、定位、时间、通信等项服务。其服务方式包括开放服务、商业服务和官方服务三个方面。除具有与 GPS 相同的全球导航定位功能以外,还具有全球搜寻援救(search and rescue,SAR)功能。为此,每颗 GALILEO 卫星装备了一种援救收发器,接收来自遇险用户的求援信号,并将它转发给地面援救协调中心,后者组织对遇险用户的援救。同时,GALILEO 还向遇险用户发送援救安排通报,以便遇险用户等待援救。GALILEO 接收机不仅可以接收本系统信号,而且可以接收 GPS 和 GLONASS 系统的信号,并且实现导航功能和移动电话功能的结合。

伽利略系统于 2016 年 12 月 15 日投入使用,截至 2016 年 12 月,伽利略导航系统在轨卫星达到 18 颗星。欧盟委员会和欧洲航天局表示,到 2020 年,伽利略卫星导航系统在轨卫星将达到 30 颗,届时将向全球提供定位精度在 1 ~2 m 的免费服务和 1 m 以内的付费服务。

GALILEO 系统的基本结构包括空间星座、地面控制设施、用户接收机等。

1. GALILEO 空间星座部分

Galileo 系统由 30 颗中轨道卫星(MEO)组成(27 颗工作卫星和 3 颗备用卫星)。卫星均匀地分布在高度约为 23 616 km 的 3 个轨道面上,每个轨道上有 10 颗,其中包括一颗备用卫星,轨道倾角为 56°,卫星绕地球一周约 14 h 22 min,这样的布设可以满足全球无缝隙导航定位(见图 6-6)。

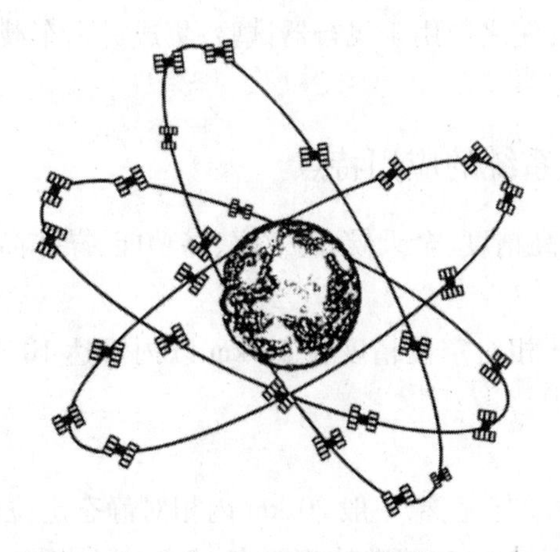

图 6-6　GALILEO 空间星座

卫星授时部分由原子钟提供精确的时间参考。有两种不同的原子钟,即铷原子钟和氢原子钟。铷原子钟质量为 3.3 kg,由激光泵浦激发铷原子振荡,使其频率达到微波级的 6.2 GHz。氢原子钟最终模型质量为 15 kg,将直接以 1.4 GHz 的频率振动。这种微波激射器的稳定性非常高,卫星绕轨道运行一周只需要一次地面注入。

2. GALILEO 地面控制设施

地面控制设施包括卫星控制中心和提供各项服务所必需的地面设施,用于管理卫星星座及测定和传播集成信号。地面控制部分两大功能:导航控制与星座维护以及完好性监控。

地面控制部分的构成如下:

(1)两个控制中心(GCC)。两个控制中心是地面控制部分的核心,分别位于法国和意大利。功能是:控制星座,保证卫星原子钟的同步,完好性信号的处理,监控卫星及由它们提供的服务,还有内部及外部数据的处理。GCC 由轨道同步与处理设施(OSPF),精确授时设施(PTF),完好性处理设施(IPF),任务控制设施(MCF),卫星控制设施(SCF),服务产品设施(SPF)组成。

(2)GALILEO 上行链路站(GUS)。往返于卫星的数据将通过 GALILEO 上行链路站的全球网络来传输,其中每个 GUS 都综合了一个 TT&C 站和一个任务上行站(MUS)。TT&C 站上行链路通过 S 波段发射,MUS 通过 C 波段发射。

(3)GALILEO 监测站(GSS)网络。分布在全球范围的 GSS 网络接收卫星导航信息(SIS),并且检测卫星导航信号的质量以及气象和其他所要求的环境信息。这些站收到的信息将通过 GALILEO 通信网(GCN)中继传输至两个 GCC。完好性信息是 GALILEO 与其他 GNSS 系统的主要区别。

(4)GALILEO 全球通信网络(GCN)。利用地面和 VSAT 卫星链路,把所有地面站和地面设施连接起来。

3. GALILEO 用户接收机

GALILEO 用户部分主要由导航定位模块和通信模块组成。用户接收机具备下列功能:接收 GALILEO 信号;拥有与区域和局域设施部分所提供服务的接口;能与其他定位导航系统(如 GNSS)及通信系统互操作。另外,GALILEO 接收机还具有通过集成标准化微芯片来实现其他功能的技术潜力,如将 GALILEO 微型终端集成进入移动电话,使之具备定位导航功能;集成航空导航功能,使之应用于飞行器试验;集成进入车载导航平台,向驾驶员提供定位与交通监测服务等。

二、全球导航卫星系统的应用特点

GNSS 导航定位具有高精度、全天候、高效率、多功能、操作简便、应用广泛等特点著称。

(一)定位精度高

大量实践表明,GNSS 相对定位精度在 50 km 以内可达 10^{-6},100 ~ 500 km 可达 10^{-7},1 000 km 以上可达 10^{-9}。

(二)观测时间短

随着 GNSS 硬件的发展与完善,一般 20 km 内相对静态定位仅需 15 ~ 20 min;快速静态相对定位测量时,当每个流动站与基准站相距在 15 km 以内时,流动站观测时间只需 1 ~ 2 min;准动态相对定位测量时,流动站除了刚开始观测需 1 ~ 2 min 外,然后可以随时定位,每站观测只需几秒钟。

(三)测站间无须通视

GNSS 测量不要求测站之间互相通视,只要求测站上空开阔,因此选点、观测、使用都极其方便，也减少了传统测量中的过渡点、传算点的测量工作，更不需要造标。

（四）观测方便

GNSS 定位测量技术极大地减轻了外业的工作强度，使用接收机工作只需简单安置天线、开机即可自动测量并记录观测数据，回到内业将数据处理即可。

（五）提供统一的三维坐标

传统的测量是将平面与高程分别按不同的方法测量的。GNSS 定位测量是提供测站点三维坐标或坐标差。

（六）全天候作业

GNSS 观测工作可以在任何地点、任何时间连续进行，一般不受天气条件的影响。当然，受观测原理的限制，GNSS 观测还是有一定的条件的。

（七）实时定位

GNSS 可以为各类用户连续地提供动态目标的三维位置、三维速度和时间信息。

（八）应用广泛

随着 GNSS 定位技术的发展，其应用领域在不断拓宽。如海陆空导航、运动目标的监测，在专业测量方面，普遍应用于大地测量、工程测量、房产测量、地籍测量、地壳变形监测、航空摄影测量和海洋河道等方面。

综上所述，GNSS 定位技术的发展，对于经典测量来说是一次重大突破。一方面，它是经典的测量方法和理论产生了深刻的变革。另一方面，也进一步加强了测量学与其他学科之间的相互渗透，从而促进了测绘科学技术的现代化发展。

第二节　GNSS 定位方法

一、GNSS 定位方法

GNSS 定位的方法，按用户接收机天线在测量中所处的状态来分，可分为静态定位和动态定位；若按定位的结果来分，可分为绝对定位和相对定位。各种定位方法可以有多种组合，如静态绝对定位、静态相对定位、动态相对定位、动态绝对定位、准动态相对定位和快速静态相对定位等。

（一）静态定位与动态定位

静态定位是相对动态定位而言的，如果待定点相对于周围各点没有可察觉到的运动，在处理观测数据时认为待定点固定不动。确定这些点的位置称为静态定位。例如，我们经典的大地测量、控制测量都是静态定位。动态定位是把 GNSS 接收机置于运动载体，如车船或飞机上，随时确定出载体的位置。静态测量方法主要用于控制测量、地壳形变监测等方面。

（二）绝对定位与相对定位

绝对定位也称为单点定位，用一台接收机的资料独立测定所测点的位置。这就是绝对定位或单点定位。相对定位是用两台或多台接收机确定点位间的坐标增量。相对定位可以利用误差的相关性消除这些误差的影响，因此在 GNSS 测地中被广泛应用。

（三）GNSS 定位的基本原理

在进行平面测量中，观测一未知点到两已知点的距离可以交会出未知点的坐标(X,Y)，在空间里，观测一未知点到三个已知点的距离可以交会出该点的坐标(X,Y,Z)。GNSS 定位测定卫星到测站距离，恰恰运用了这一点。

GNSS 卫星定位的原理是：利用空间分布的卫星（已知点）以及卫星到接收机测得的距离（观测值），按空间距离交会的方法计算出接收机的位置（待定点）。实质是把卫星视为“动态”的已知点，在已知其瞬时（历元）坐标的条件下，进行空间距离后方交会，确定用户接收机天线相位中心所在的位置（见图 6-7）。

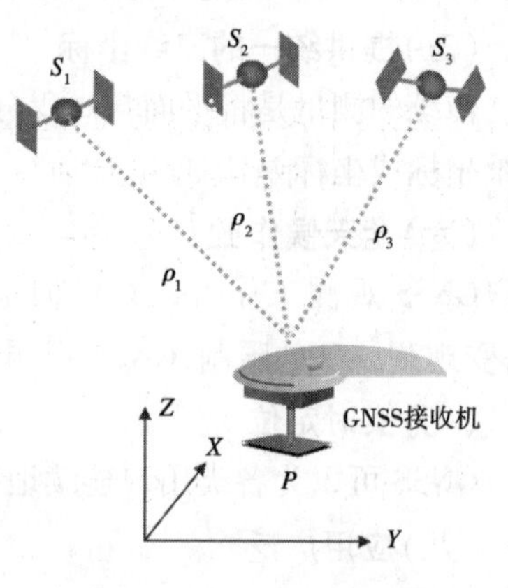

图 6-7　GNSS 定位原理

按照空间距离后方交会原理，要解算待定点 P 的三个坐标分量参数$(X、Y、Z)$，理论上需要 3 颗卫星建立三个方程来解算待定点 P 的三个坐标分量参数即可。

设某时刻，用户接收机待定位置 P 为(X_{ue},Y_{ue},Z_{ue})，接收机到 3 颗导航卫星中第 i 颗卫星的$(S_1、S_2、S_3)$的距离为 ρ_i，第 i 颗卫星的三维坐标为$(X_{sv}^i,Y_{sv}^i,Z_{sv}^i)$，$i=1,2,3$，则 3 颗卫星的观测方程为

$$\begin{cases}\rho_1 = \sqrt{(X_{sv}^1 - X_{ue})^2 + (Y_{sv}^1 - Y_{ue})^2 + (Z_{sv}^1 - Z_{ue})^2} \\ \rho_2 = \sqrt{(X_{sv}^2 - X_{ue})^2 + (Y_{sv}^2 - Y_{ue})^2 + (Z_{sv}^2 - Z_{ue})^2} \\ \rho_3 = \sqrt{(X_{sv}^3 - X_{ue})^2 + (Y_{sv}^3 - Y_{ue})^2 + (Z_{sv}^3 - Z_{ue})^2}\end{cases} \tag{6-1}$$

二、静态定位

GNSS 定位测量实际上就是对 GNSS 卫星播发的信号进行接收、测量以及处理的过程。GNSS 卫星信号种类很多，下面以 GPS 为例进行介绍。GPS 卫星信号由两种调制波组成，其中一种调制波组合了卫星导航电文、L_1 载波和两种伪随机测距码（粗码 C/A 和精码 P 码）等多种信号分量；另一种调制波组合了导航电文、L_2 载波和一种伪随机测距码（精码 P 码），用户通过接收机接收 GPS 卫星信号，利用其中的测距码或载波测定卫星信号的传播时间或相位延迟，解算接收机到 GPS 卫星间的空间距离，确定接收机的空间位置。因此，GPS 定位的关键是如何利用卫星信号中的测距码或载波测定 GPS 卫星的用户接收机的距离，与此相关的 GPS 定位方法分别称为测距码伪距测量和载波相位测量。

（一）测距码伪距测量

测距码伪距是指由卫星发射的测距码到观测站的传播时间 Δt（时间延迟）乘以光速 C 所得出的距离。由于传播时间 Δt 中包含有卫星时钟与接收机时钟不同步的误差，测距码在大气中传播的延迟误差等，由此求得的距离值并非真正的站星间的几何距离，习惯上称为“伪距”。与之相应的定位方法称为伪距法定位。

为了测定测距码的时间延迟，即 GPS 卫星信号的传播时间，需要在用户接收机内复制测距码信号，并通过接收机内的可调延时器进行相移，使复制的码信号与接收到的码信号相应的码元对齐。为此，所调整的相移量便是卫星发射的测距码信号到达接收机天线的传播

时间,即时间延迟 Δt。

现设在某一 GPS 标准时刻 T_a,卫星 S 发出一个信号,该瞬间卫星钟的时刻为 t_a;该信号在标准时刻 T_b 到达接收机,相应接收机时钟的时刻为 t_b;则卫星与接收机天线相位中心之间的伪距为:

$$\tilde{\rho} = C\Delta_t = C(t_b - t_a) \tag{6-2}$$

上述伪距又称测码伪距,它是测距码伪距测量的基本观测值。

由于卫星钟和接收机时钟与 GPS 标准时间存在着不同步,将某时刻钟面时与 GPS 标准时之差称为钟差。设信号发射和接收时刻的卫星与接收机的钟差改正数分别为 V_a 和 V_b,则有:

$$\begin{cases} t_a + V_a = T_a \\ t_b + V_b = T_b \end{cases} \tag{6-3}$$

将式(6-3)代入式(6-2),可得

$$\tilde{\rho'} = (T_b - T_a)C + (V_a - V_b)C \tag{6-4}$$

式中,$T_b - T_a$ 即为测距码从卫星到接收机的实际传播时间 ΔT。

由上述分析可知,在 ΔT 中已对钟差进行了改正;但由 $\Delta T \times C$ 所计算的距离中,仍包含测距码在大气中传播时因折射而产生的延迟误差,必须加以改正。设伪距测量时,大气中电离层和对流层的延迟改正数分别为 $\delta_{\rho I}$ 和 $\delta_{\rho T}$,得到实际距离 ρ 与伪距 $\tilde{\rho}$ 之间的关系式:

$$\rho = \tilde{\rho} + \delta_{\rho I} + \delta_{\rho T} - CV_a + CV_b \tag{6-5}$$

式(6-5)即测距码伪距测量的基本观测方程。

测距码伪距测量的精度与测距码的波长及接收机对测距码复制精度有关。目前,接收机的复制码精度一般为 1/100,而公开的 C/A 码的波长为 293 m,故上述伪距测量的精度最高仅能达到 3 m($293 \times 1/100 \approx 3$ m),难以满足一般测量工作的要求。

测距码伪距测量绝对定位:它是以测距观测值为基础,确定用户接收机天线安置点在 WGS-84 坐标系中的三维坐标(X,Y,Z),是绝对定位(又称单点定位)的基本方法。其优点是只需用一台接收机即可独立确定待求点的绝对坐标;且观测方便,速度快,数据处理也较简单。主要缺点是精度较低,目前仅能达到米级的定位精度。

在伪距测量的观测方程中,若卫星钟和接收机时钟改正数 V_a 和 V_b 已知;且电离层折射改正和对流层折射改正均可精确求得;那么测定伪距 $\tilde{\rho}$ 就等于测定了站星之间的真正几何距离 ρ,而 ρ 与卫星坐标(X_s,Y_s,Z_s)和接收机天线相位中心坐标(X,Y,Z)之间有如下关系

$$\rho = \sqrt{(X_s - X)^2 + (Y_s - Y)^2 + (Z_s - Z)^2} \tag{6-6}$$

卫星的瞬时坐标(X_s,Y_s,Z_s)可根据接收到的卫星导航电文求得,故在式(6-6)中仅有三个未知数,即三维坐标(X,Y,Z)。如果接收机在某一时刻测得对三颗卫星的伪距,从理论上说,就可解算出接收机天线相位中心的位置;因此 GPS 绝对定位的实质,就是空间距离后方交会,如图 6-8 所示。

实际上,在伪距测量观测方程中,接收机的钟差改正数并不能精确求得。因此,在伪距绝对定位中,把接收机钟差 V_b 也当作未知数,与待定点坐标在数据处理时一并解。这样一

来，在实际绝对定位工作中，为了在一个待定点上实时求解四个未知数 X、Y、Z、V_b，便至少需要四个同步伪距观测方程值，亦即必须同时观测四颗卫星，相应有四个伪距观测方程。

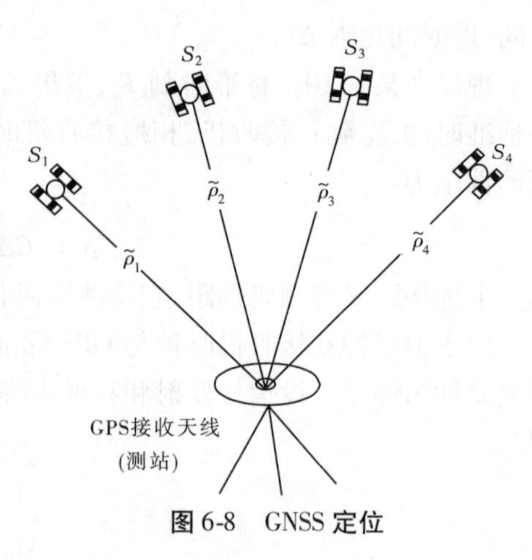

图 6-8　GNSS 定位

由式(6-5)和式(6-6)，可得伪距法绝对定位原理的数学模型：

$$\sqrt{(X_{si}-X)^2+(Y_{si}+Y)^2+(Z_{si}-Z)^2}-CV_b$$
$$=\tilde{\rho}+\delta_{\rho Ii}+\delta_{\rho TI}-CV_{ai} \tag{6-7}$$

其中，$i=1,2,3,4,\cdots$

若在某一时刻同时观测的卫星多于四个，则有多余观测，由式(6-7)可求得最小二乘解。若每隔一定的时间间隔（称为观测历元）进行一次伪距绝对定位，可通过大量的重复观测来提高定位精度。

（二）载波相位测量

载波相位测量是测定 GPS 卫星发射的载波信号在传播路程上的相位变化值，以确定信号传播的距离。由于载波的波长（$\lambda_{L1}=19$ cm，$\lambda_{L2}=24$ cm）比测距码波长要短很多，因此对载波进行相位测量，可得到较高的定位精度。目前接收机的载波相位测量精度一般为 1～2 mm，有的精度更高。

1. 瞬时载波相位差及其观测值

瞬时载波相位差是指在任一时刻由接收机产生的参考载波信号的相位与此时接收到的卫星载波信号的相位之差。

GPS 接收机能产生一个频率和初相位与卫星载波信号完全一致的基准信号，设卫星 S 发出的载波信号，任一时刻 t_0 在卫星 S 处的相位为 $\Phi(S)$，而当它传播到接收机 R 时，接收机基准信号的相位为 $\Phi(R)$，则由 S 到 R 的相位变化为 $\Phi(R)-\Phi(S)$。设这两个相位的差值包含 N_0 个整周相位和不足一周的相位 $Fr(\varphi)$，由此可求得 t_0 时刻接收机天线到卫星的距离：

$$\tilde{\rho}=\lambda[\Phi(R)-\Phi(S)]=\lambda(N_0+Fr(\varphi)) \tag{6-8}$$

式中，λ 为载波的波长，$\tilde{\rho}$ 中含有卫星钟与用户接收机钟非同步误差、电离层和对流层延迟误差的影响，称为测相伪距。

载波信号是一种周期性的余弦波，实际相位测量只能测定不足一周的小数部分 $Fr(\varphi)$，而无法判定整周数 N_0。当接收机对空中飞行的卫星作连续观测时，借助于内含的多普勒频移计数器，可累计得到载波信号的整周变化数。因此，自开机后任一时刻载波相位测量的实际观测值为 $\tilde{\varphi}=\text{Int}(\varphi)+Fr(\varphi)$，如图 6-9 所示。

N_0 称为整周模糊度，它是一个未知数，但只要观测是连续的，则任一时刻载波相位差观测值都应含有相同的 N_0，亦即完整的载波相位差观测值（简称载波相位观测值）为

$$\varphi=N_0+\tilde{\varphi}=N_0+\text{Int}(\varphi)+Fr(\varphi) \tag{6-9}$$

考虑式(6-9),则自开机后任一时刻接收机天线至卫星的距离为

$$\tilde{\rho} = \lambda(N_0 + \tilde{\varphi}) = \lambda[N_0 + \mathrm{Int}(\varphi) + Fr(\varphi)] \tag{6-10}$$

图 6-9 中,在 t_0 时刻首次观测值中 $\mathrm{Int}(\varphi)=0$,不足整周的零数为 $Fr^0(\varphi)$,N_0 是未知数;在 t_i 时刻 N_0 值不变,接收机实际观测值 $\tilde{\varphi}$ 由信号整周变化数 $\mathrm{Int}^i(\varphi)$ 和其零数 $Fr^i(\varphi)$ 组成。

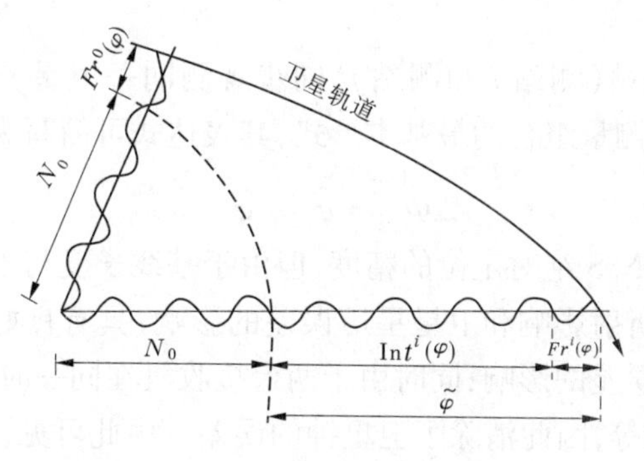

图 6-9 载波相位测量

2. 载波相位测量基本观测方程

由式(6-5)和式(6-9),并考虑 $\lambda = C/f$,不难得到

$$\tilde{\varphi} = \frac{f}{C}(\rho - \delta_{\rho I} - \delta_{\rho T}) - fV_b + fV_a - N_0 \tag{6-11}$$

式(6-11)为载波相位测量的基本观测方程。从比较式(6-5)和式(6-11)不难看出,载波相位测量观测方程比测距码伪距测量观测方程只增加了一个整周未知数 N_0,两者在形式上完全相同。根据上述原理,在载波相位测量中,接收机要连续跟踪载波,但由于多种原因,如接收机天线被阻挡、外界噪声信号的干扰等,经常会引起跟踪卫星的暂时中断,而产生整周观测值意外丢失,即周跳现象。整周模糊度和周跳是载波相位测量的两个主要问题,虽然可以通过数据处理适当地解决,但给整个数据处理工作增加不少麻烦和困难,关于确定整周未知数 N_0 的具体算法以及对周跳的探测和修复的具体方法,这里不再论述,请参阅有关书籍和文献。

在载波相位测量基本观测方程的基础上,既可以进行静态绝对定位,也可进行静态相对定位。载波相位静态绝对定位精度高于测距码伪距测量静态绝对定位,但数据处理较后者复杂。绝对定位由于受卫星星历误差和大气传播延迟误差影响较大,则定位精度不高。应用载波相位测量进行相对定位时,由于可消除或减弱许多相关的误差影响,从而获得极高的相对定位精度,另外,由于它直接测量载波相位,可不受 P 码保密的限制。

(三)静态相对定位

它是用两台接收机分别安置在基线的两端,固定不动,同步观测相同的 GNSS 卫星,以确定基线端点的相对位置或基线向量。同样,多台接收机安置在若干条基线的端点,通过同步观测 GNSS 卫星可以确定多条基线向量。在一个端点坐标已知的情况下,可以用基线向量推求另一待定点的坐标。静态相对定位由于可通过多个历元的连续观测,取得充分的多余观测,因而是目前 GNSS 测量中精度最高的一种定位方法,它广泛用于高精度测量工作中。

静态相对定位,一般均采用载波相位观测值(即测相伪距)为基本观测量,在此基础上可采用非差法和差分法。非差法是利用载波相位观测值,直接组成观测误差方程,在已知一点坐标的条件下,求解另一点的坐标。差分法首先对相位观测值作差,消除一些多余参数,利用观测值的线性组合组成误差方程。从原理上讲,非差法和差分法是等价的,但差分法降低了解算工作量,并可消除或减弱多种误差对定位的影响。因此,目前载波相位测量相对定位普遍采用差分法,差分法有单差法、双差法、三差法等形式,现分述如下。

1. 单差法

单差即两个不同观测站(测站 i 和测站 j)同步观测同一卫星 p 所得相位观测值之差。它是 GNSS 相对定位中观测量组合的最基本形式,其表达式可简写为:

$$\Delta\Phi_{ij}^{p} = \tilde{\varphi}_j^p - \tilde{\varphi}_i^p \tag{6-12}$$

单差法并不能提高 GNSS 绝对定位的精度,但由于基线长度与卫星高度相比,是一个微小量,因而两测站的大气折射影响和卫星星历误差的影响,具有良好的相关性。因此,通过求一次差,必然削弱这些误差的影响;同时由于两台接收机在同一时刻接收同一颗卫星的信号,卫星钟差改正数 V_a 相等,因此消除了卫星钟的误差。由此可见,单差法能有效地提高相对定位的精度,其解算结果为两测站点间的坐标差,又称基线向量。

2. 双差法

双差是两个不同观测站上 GNSS 接收机同步观测两颗卫星所得到的两个单差之差,在 k 时刻测站 i 和 j 两台接收机同时观测卫星 p 和 q,得到相位观测值 $\tilde{\varphi}_i^p$、$\tilde{\varphi}_i^q$、$\tilde{\varphi}_j^p$、$\tilde{\varphi}_j^q$(见图 6-10),则双差法表达式为:

$$\Delta\Phi_{ij}^{pq} = (\tilde{\varphi}_j^q - \tilde{\varphi}_i^q) - (\tilde{\varphi}_j^p - \tilde{\varphi}_i^p) = \Delta\Phi_{ij}^q - \Delta\Phi_{ij}^p \tag{6-13}$$

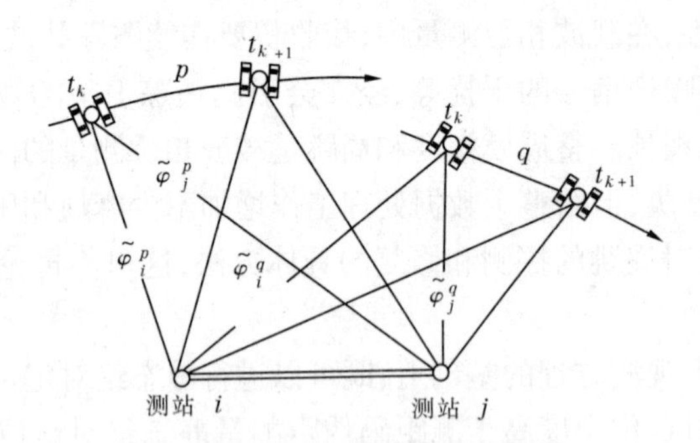

图 6-10　相对定位观测量

通过求二次差,可进一步地消除两测站接收机的相对钟差改正数,这是双差模型的主要优点;同时也大大地减小了其他误差的影响。因此,在 GNSS 相对定位中,广泛采用双差法进行平差计算和数据处理。

3. 三差法

三差法即两个不同观测站对同一对卫星不同历元(t_k 和 t_{k+1})的两个双差之差,其表达式为:

$$\Delta\Phi_{ij}^{pq}(t_k,t_{k+1}) = \Delta\Phi_{ij}^{pq}(t_{k+1}) - \Delta\Phi_{ij}^{pq}(t_k) \tag{6-14}$$

三差法可以从观测方程中消除整周未知数 N_0,这是三差法的主要优点。但由于三差模型中未知参数的数目较少,独立的观测量方程的数目也明显减少,这对未知数的解算将会产生不良的影响,使精度降低。因此,在实际工作中通常三差法结果仅作为前两种方法的初次解(近似值),而最终解采用双差法结果。

在载波相位观测的数据处理中,为了可靠地确定载波相位的整周未知数,静态相对定位一般需要较长的观测时间(例如1.0~3.0 h),为了缩短观测时间,提高作业效率,在上述经典静态相对定位法的基础上,又发展了多种快速相对定位模式。

(四)静态相对定位技术应用

近年来,由于GNSS测量数据处理软件系统的发展,使得确定两点间的相对位置有多种作业方式可供选择。工作中,主要根据GNSS硬件和软件条件、测量目的、精度要求以及观测条件等确定不同的作业方式。目前,主要的静态GNSS作业方式有经典静态相对定位测量和快速静态定位测量。

1. 经典静态相对定位测量

该作业方式是采用两台(或两台以上)接收设备,分别安置在一条(或多条)基线的端点,同步观测4颗以上卫星,每时段长45 min至2 h或更长。这种作业方式所观测过的基线边,应构成闭合图形,以便于观测成果的检核、提高成果的可靠性和GNSS网平差后的精度。基线长度可由20 km至几百千米。基线的相对定位精度可达5 mm $+10^{-6}\times D$,D为基线长度(单位为km)。

经典静态相对定位作业方式适用于建立全球性或国家级大地控制网,建立地壳运动或工程变形监测网,建立长距离检校基线,进行岛屿与大陆联测及精密定位。

2. 快速静态定位测量

该作业方式是在测区的中部选择一个基准站,安置一台接收设备连续跟踪所有可见卫星,另一台接收机依次到各点流动设站,每个点上观测数分钟至十几分钟。该作业模式要求在观测时段中,必须要5颗卫星观测,同时流动站与基准站相距不超过15 km。接受机在流动站之间移动时,不必保持对所测卫星的连续跟踪,因而,可关闭电源以降低能耗。该作业方式速度快,精度高。流动站相对于基准站的基线中误差为5 mm $+10^{-6}\times D$。缺点是两台接收机工作时,构不成闭合图形,可靠性较差。

快速静态定位法适用于控制测量及其加密测量,工程测量、房产测量、地籍测量及相距较近的点位定位。

三、GNSS动态定位

GNSS动态定位,是利用GNSS信号实时地测得相对于地球运动的接收机载体的三维坐标和速度。

(一)静态定位和动态定位的区别

GNSS动态定位与静态定位的基本区分,是测量定位时接收机天线的状态不同。动态定位中,接收机天线始终处于运动状态。静态定位,不论在定位前接收机是否处于运动,但在定位测量时,接收机的天线是处于待定点上固定不动的,即使定位测量只需几秒钟。也就是说,静态定位是确定一些不随时间(观测时间段内)变化的点位坐标,其速度分量为零;动态定位则是确定一系列随时间变化的点位坐标和速度。

另外，静态定位的目的是确定点位的坐标，对接收机运动中的轨道信息不感兴趣；而动态定位则是通过测定一系列离散点的位置、速度，来确定和描述接收机载体的运动轨道。

（二）动态定位方法

（1）动态绝对定位又称单点动态定位，它是用安设在一个运动载体上的 GNSS 信号接收机，通过测距码伪距测量或载波相位测量测得该运动载体的实时位置，从而描绘出该运动载体的运行轨迹。只要始终保持能接收到 4 颗或 4 颗以上的卫星的信号，就能获得实时定位结果。即使在观测过程中发生卫星信号的暂时失锁，只能收到少于 4 颗的卫星信号，在信号失锁的那段时间里，不能确定接收机的位置，但在失锁之前及之后各观测历元的绝对定位值仍然是有效的、正确的。由于观测站是运动的，动态绝对定位一般只能得到没有（或很少）多余观测量的实时解，其定位精度为 10 ~ 40 m，在美国实施 SA 政策时，精度低于 100 m。这种定位方法，被广泛地应用于飞机、船舶以及陆地车辆等运动载体的导航。另外，在航空物探和卫星遥感等领域也有着广泛的应用。

（2）动态相对定位，是用一台接收机安设在基准站上固定不动，另一台接收机安设在运动的载体上，两台接收机同步观测相同的卫星，以确定运动点相对基准站的实时位置。

动态相对定位，根据其采用的观测量不同，通常可分为以测码伪距为观测量的动态相对定位，和以测相伪距为观测量的动态相对定位。

测码伪距动态相对定位法，目前进行实时定位的精度可达米级。远较测码伪距动态绝对定位的精度为高，所以这一方法获得了迅速发展，并在运动目标的导航、监测和管理方面，得到了普遍的应用。另外，在地球物理勘探、航空与海洋重力测量，以及海洋采矿等领域也有着广泛的应用。

测相伪距动态相对定位法，是以预先初始化或动态解算载波相位整周未知数为基础的一种高精度动态相对定位法。目前在较小的范围内（例如距离基准站 20 km 以内），获得了成功的应用，其定位精度可达 1 ~ 2 cm。

动态相对定位中，根据数据处理的方式不同，通常可分为实时处理和测后处理。数据的实时处理，要求在观测过程中实时地获得定位的结果，无需存储观测数据。但在流动站与基准站之间，必需实时地传输观测数据或观测量的修正数据。这种处理方式，对于运动目标的导航、监测和管理具有重要意义。

数据的测后处理，要求在观侧工作结束后，通过数据处理而获得定位的结果。这种处理数据的方法，可能对观测数据进行详细的分析，易于发现粗差，也不需要实时地传输数据。但需要存储观测数据。观测数据的测后处理方式，主要应用于基线较长，不需实时获得定位结果的测量工作，如航空摄影测量和地球物理勘探等。

因为建立和维持一个数据实时传输系统（主要包括无线电信号的发射与接收设备），不仅在技术上较为复杂，花费也较大。所以，一般除非必须实时获得定位结果外，均采用观测数据的测后处理方式。

（三）动态相对定位技术应用

根据采用的观测值类型（伪距、载波相位）的不同可进一步分为：伪距动态相对定位及载波相位动态相对定位。由于载波相位动态相对定位观测值比测码伪距精度要高，因此在高精度实际测量工作中，伪距动态相对定位方法与应用较少，主要采用载波相位动态相对定位的方法。

实际应用中,载波相位动态相对定位常用的有常规 RTK 技术和网络 RTK 技术。

1. 常规 RTK 技术

位置差分和伪距差分能满足米级定位精度,广泛用于导航等领域。为了获取厘米级的实时定位精度,需要采用载波相位作为观测值进行差分定位测量,这种定位方法称为 RTK (Real Time Kinematic)技术。其基本原理是:由基准站通过数据链实时将其载波相位观测量及基准站坐标信息一同发送到用户站,并与用户站的载波相位观测量进行差分处理,适时地给出用户站的精确坐标。

载波相位差分定位又可分修正法与求差法。

修正法的基本思想是:基准站接收机与卫星之间的载波相位改正数在基准站解算出,并通过数据链发送给流动站用户接收机,利用此伪距改正数去修正用户接收机到观测卫星之间的载波相位,获得比较精确的用户站至卫星的伪距,再采用它计算用户站的位置。

求差法的基本思想是:基准站不再计算载波相位修正数,而是将其观测的载波相位观测值由数据链实时发送给用户站接收机,然后由用户机进行载波相位求差,再解算出用户的位置。采用该方法的 RTK 定位过程为:用户接收机静态观测若干历元,并接收基准站发送的载波相位观测量,采用静态观测程序,求出整周模糊度,并确认此整周模糊度正确无误。这一过程称为初始化。将确认的整周模糊度代入双差方程。由于基准站的位置坐标是精确测定的已知值,两颗卫星的位置坐标可由星历参数计算出来,故双差方程中只包含用户在协议地球系中的位置坐标(未知数),此时可利用观测到的卫星进行求解。

由上可知,修正法与伪距差分法原理相同,是准 RTK 技术;载波相位求差法,通过对观测方程进行求差来解算用户站的实时位置,才是真正的 RTK 技术。

常规 RTK 定位原理为:基准站把接收到的所有卫星信息(包括伪距和载波相位观测值)和基准站的一些信息(如基站坐标、天线高等)都通过无线电通信系统传递到流动站,流动站在接收卫星数据的同时也接收基准站传递的卫星数据。在流动站完成初始化后,把接收到的基准站信息传送到控制器内并将基准站的载波观测信号与本身接收到的载波观测信号进行差分处理,即可实时求得未知点的坐标。

常规 RTK 定位精度为厘米级,算法较为简单,技术成熟,作业距离随着离基准站距离的增加,精度逐渐降低,因此需不断迁站,主要适用于小范围的差分定位测量。

2. 网络 RTK

网络 RTK 技术是在常规 RTK 技术、计算机技术、通信网络技术等基础上发展起来的一种实时动态定位技术,是对常规 RTK 技术的改进。常规 RTK 技术存在着一定的局限性:用户需要架设本地的参考站;定位精度随离基站距离的增长而逐渐降低;误差随距离的增加使流动站和参考站的距离受到限制,流动站离基站的距离一般小于 15 km;可靠性和可行性随距离增加逐渐降低;常规 RTK 数据传输方式和定位解算模式很难实现数据和解的实时质量控制。网络 RTK 技术的意义在于它能克服以上局限性,扩展 RTK 的作业距离和应用范围,保证定位结果的可靠性和精度。

网络 RTK 工作的基本思路是:在一定区域范围内布设一定数量的 GNSS 参考站(一般不小于 3 个)构成相应的网络,利用观测得到的载波相位等观测值,采用一定的算法解算

GNSS 改正信息并对用户位置进行实时改正定位。

目前应用于网络 RTK 数据处理的算法技术有：虚拟参考站技术（VRS）、主辅站技术（MAX）、区域改正数技术（FKP）和综合内插技术（CBI）等。

3. RTK 技术应用

1）RTK 技术在控制测量中的应用

高精度卫星定位技术，实现了静态相对定位向载波相位动态定位（RTK）的应用；实现了单基站 RTK 技术向网络 RTK 技术的发展与应用；网络 RTK 有虚拟基站技术、连续运行参考站技术（CORS），利用 GSM、GPRS、CDMA 等无线通信网，用户只需一台卫星定位接收机即可实现长距离快速 RTK 定位。定位精度平面最高能达到 1 ~ 2 cm，高程最高能达到 3 ~ 4 cm，完全可以满足常规测量的要求。

2）RTK 技术在不动产测量中的应用

GNSS 作为一种高精度的定位工具，随着我国不动产测量工作的全面开展，已普遍用于建立不动产平面控制网，也用于测定不动产界址点、房角点和某些不动产要素的位置。连续运行卫星定位系统（CORS），同传统的不动产测绘方式相比，具有操作简便、成本低、精度高、实时性强、覆盖率广等优点，在我国目前的不动产测绘工作中得到了广泛的应用。特别是 CORS 系统内网络 RTK 测量功能的实现改变了传统测量作业模式，可以极大地提高测量的工作效率。同时它还是一个连续、动态的过程，这样一来就可以全天候地、全自动地给大量用户提供高可靠、高精度的时间信息及空间实时定位信息，以便用户实现区域决策、管理和规划。在不动产控制测量中，RTK 的应用，极大地方便了不动产控制测量。当然，不动产测绘控制测量的精度要求较高，末级平面控制网相邻控制点的相对点位中误差不超过 ±0.025 m，最大误差不超过 ±0.05 m，在 CORS 环境下，以 CORS 基准站为起算点进行测量，由于相邻控制点一般同步观测，相对精度较高，完全可以满足不动产测绘平面控制点的精度要求。

3）RTK 技术在地形测绘中的应用

传统的地形测量首先根据测区的情况布设首级控制网，再加密图根控制点。然后在图根点上架设全站仪采集数据，通常一个测量小组至少需要 3 人。随着 RTK 技术的普及，大部分地形测绘单位都采用 RTK 测图。采用 RTK 测图仅需 1 人携带仪器，直接在野外采集地形数据，并且 3 ~ 5 s 可以完成一个特征点的测量工作，在现场将特征点编码输入测量手簿。最后将测量手簿中的测量数据及编码数据导入计算机，再采用专业绘图软件进行地形图的编绘，直至成果的输出。RTK 测量和传统全站仪外业数据采集，提高了工作效率，现阶段被广泛应用。

4）RTK 技术在施工测量中的应用

在工程项目的施工阶段，需要将图纸上的设计坐标在实地标定出来；作为工程施工的依据。这一测量工作过程称为施工放样，简称为放样。常规的施工放样工作通常采用全站仪进行，一般至少需要 2 个人配合，其中一人观测仪器，另一人利用反射棱镜找点、定点。利用全站仪放样要求测站点与放样点间要通视才行，若不通视，必须转点设站，而采用 RTK 进行放样，只要将放样点的坐标输入到电子测量手簿中，测量操作人员直接使用 GNSS 接收机，根据电子手簿中的方向和距离指示移动 GNSS 接收机到放样点上，就可以完成放样工作。

因此,在施工测量中利用RTK技术可以大大地节省人力和物力,提高测量速度,同时放样精度较高,各放样点的误差也是相互独立的。

5)RTK技术在城市测量中的应用

随着RTK技术的进步,RTK系统具有能满足城市测量要求的各种优势:RTK可以跟踪到更多卫星,抑制多路径效应,抵抗干扰,即使在城市卫星遮挡严重的地区,也能进行测量;RTK技术可有效剔除卫星信号的瞬时变动,使初始化可靠性达99.99%,确保测量结果更加准确;RTK测量系统手簿内置高像素数码相机,用以及时拍摄现场环境,并在相片上注记测量信息,如距离、方位等,实现现场注记直观、方便;RTK测量系统无缝接入互联网,实现内外业一体化和信息化,远程数据实时传输,足不出户就可获得外业测量数据。RTK技术主要应用在城市地形测量、管线测量、城市土地测量及评估等方面。

第三节　GNSS定位误差

一、GNSS测量误差的分类

按误差性质可分为系统误差与偶然误差两类。偶然误差主要包括信号的多路径效应、天线姿态误差等。系统误差主要包括卫星的星历误差、卫星钟钟差、接收机钟差以及大气折射的误差等。其中系统误差无论从误差的大小还是对定位结果的危害性讲都比偶然误差要大得多,它是GNSS测量的主要误差源。同时,系统误差有一定的规律可循,可采取一定的措施加以消除。如建立误差改正模型对观测值进行改正,或选择良好的观测条件,采用恰当的观测方法等。

根据测量误差的来源,可分为来源于导航卫星的误差、卫星信号传播过程的误差和地面接收设备的误差。在高精度GNSS测量中,还应考虑与地球整体运动有关的地球潮汐、相对论效应等。在分析研究误差对GNSS测量的影响时,往往将误差化算为卫星至观测站的距离,以相应的距离误差表示,称为等效距离误差。此处将按照GNSS误差的来源来分析误差,并提出相应的应对措施。

二、与卫星有关的误差

与GNSS卫星有关的误差主要包括:卫星星历误差、卫星钟钟差等。

(一)卫星星历误差

卫星星历误差主要是卫星轨道偏差。估计与处理卫星的轨道偏差较为困难,其主要原因是,卫星在运行中要受到多种摄动力的复杂影响,而通过地面监测站,难以可靠地测定这种作用力,并掌握其作用规律。目前,卫星轨道信息是通过导航电文等得到的。应该说,卫星轨道误差是当前GNSS测量的主要误差来源之一。测量的基线长度越长,此项误差的影响就越大。

在GNSS定位测量中,处理卫星轨道误差有以下几种方法:

(1)忽略轨道误差:广泛地用于精度较低的实时单点定位工作中。

(2)建立自己的卫星跟踪网独立定轨。

(3)采用轨道改进法处理观测数据:这种方法是在数据处理中,引入表征卫星轨道偏差的改正参数,并假设在短时间内这些参数为常量,将其与其他未知数一并求解。

(4)同步观测值求差:这一方法是利用在两个或多个观测站一同对同一卫星的同步观测值求差,以减弱卫星轨道误差的影响。该方法对于精度相对定位具有极其重要的意义。

(二)卫星钟钟差

尽管 GNSS 卫星均设有高精度的原子钟(如 GPS 系统的铷钟和铯钟),但是它们与理想的 GNSS 时之间,仍存在着难以避免的偏差和漂移。

对于卫星钟的这种偏差,一般可由卫星的主控站,通过对卫星钟运行状态的连续监测确定,并通过卫星的导航电文提供给接收机。经钟差改正后,各卫星之间的同步差,即可保持在 20 ns 以内。

在相对定位中,卫星钟差可通过观测量求差(或差分)的方法消除。

三、与卫星信号有关的误差

与卫星信号有关的误差主要包括大气折射误差和多路径效应。

(一)大气折射误差

1. 电离层折射的影响

GNSS 卫星信号与其他电磁波信号一样,当通过电离层时,将受到这一介质弥散特性的影响,使其信号的传播路径发生变化。当 GNSS 卫星处于天顶方向时,电离层折射对信号传播路径的影响最小,而当卫星接近地平线时,则影响最大。为了减弱电离层的影响,在 GNSS 定位中通常采用下面措施:

(1)利用双频观测。由于电离层的影响是信号频率的函数,所以利用不同频率的电磁波信号进行观测,便能够确定其影响,而对观测量加以修正。因此,具有双频的 GNSS 接收机,在精密定位测量中得到广泛的应用。不过应当明确指出,在太阳辐射的正午或在太阳黑子活动的异常期,应尽量避免观测,尤其是精密定位测量。

(2)利用电离层模型加以修正。对于单频 GNSS 接收机,为了减弱电离层的影响,一般采用导航电文提供的电离层模型,或其他适合的电离层模型对观测量加以修正,但这种模型仍在完善中,目前模型改正的有效率约为 75%。

(3)利用同步观测值求差。这一方法是利用两台或多台接收机,对同一卫星的同步观测值求差,以减弱电离层折射的影响,尤其当观测站间的距离较近(<20 km)时,由于卫星信号到达各观测站的路径相近,所经过的介质状况相似,因此通过各观测站对相同卫星信号的同步观测值求差,便可显著减弱电离层折射影响,其残差将不会超过 0.000 001。对于单频 GNSS 接收机而言,这种方法极为重要。

2. 对流层折射的影响

对流层折射对观测值的影响,可分为干分量与湿分量。干分量主要与大气的湿度与压力有关,而湿分量主要与信号传播路径上的大气湿度有关。对于干分量的影响,可通过地面的大气资料计算;湿分量目前尚无法准确测定。对于短基线(<50 km),湿分量的影响较小。关于对流层折射的影响,一般有以下几种处理方法:

(1)定位精度要求不高时,可不考虑其影响。

(2)采用对流层模型进行改正。

(3)采用观测量求差的方法。与电离层的影响相类似,当观测站间相距不远(<20 km)时,由于信号通过对流层的路径相近,对流层的物理特性相近,所以对同一卫星的同步观测值求差,可以明显减弱对流层折射的影响。

(二)多路径效应

多路径效应亦称多路径误差,是指接收机天线除直接收到卫星发射的信号外,还可能收到经天线周围地物一次或多次反射的卫星信号,信号叠加将会引起测量参考点(相位中心点)位置的变化,从而使观测量产生误差,而且这种误差随天线周围反射面的性质而异,难以控制。试验资料表明,在一般反射环境下,多路径效应对测码伪距的影响可达到米级,对测相伪距的影响可达到厘米级。而在高反射环境下,不仅其影响将显著增大,而且常常导致接收的卫星信号失锁和使载波相位观测量产生周跳。因此,在精密导航和测量中,多路径效应的影响是不可忽视的。

目前减弱多路径效应影响的措施有:

(1)安置接收机天线的环境,应避开较强的反射面,如水面、平坦光滑的地面以及平整的建筑物表面等。

(2)选择造型适宜且屏蔽良好的天线等。

(3)适当延长观测时间,减弱多路径效应的周期性影响。

(4)改善 GPS 接收机的电路设计,减弱多路径效应的影响。

四、与接收机有关的误差

与 GNSS 接收机设备有关的误差主要包括:观测误差、接收机钟差、天线相位中心偏差等。

(一)观测误差

观测误差包括观测的分辨误差及接收机天线相对于测站点的安置误差等。一般认为观测的分辨误差约为信号波长的1%。

接收机天线相对于观测站中心的安置误差,主要是天线的安置对中误差以及量取天线高的误差,在精密定位工作中,必须认真、仔细操作,以尽量减小这种误差的影响。

(二)接收机钟差

尽管 GNSS 接收机装有高精度的石英钟,其日频率稳定度可以达到 10^{-11},但对载波相位观测的影响仍是不可忽视的。

处理接收机钟差较为有效的方法:

(1)将每个时刻的接收机钟差作为未知参数参与平差。

(2)将各观测时刻的接收机钟差间看成是相关的,由此建立一个钟差模型,并表示为一个时间多项式的形式,然后在观测量的平差计算中统一求解,得到多项式的系数,因而也得到接收机的钟差改正。

(3)通过星际一次差分可消除接收机钟差的影响。

(三)天线相位中心偏差

定位中,实际上天线的相位中心位置随着信号输入的强度和方向不同而有所变化,即观测时相位中心的瞬时位置(称为视相位中心)与理论上的本相位中心位置将有所不同,天线相位中心的偏差对相对定位结果的影响,根据天线性能的优劣,可达数毫米至数厘米。所以对于精密相对定位,这种影响是不容忽视的。

在实际工作中,如果使用同一类型的天线,在相距不远的两个或多个观测站上,同步观测同一组卫星,那么便可通过观测值求差,以削弱相位中心偏移的影响。需要提及的是,安置各观测站的天线时,均应按天线附有的方位标进行定向,使之根据罗盘指向磁北极。

第七章 大比例尺地形图测绘

第一节 数字测图作业概述

一、数字测图作业模式

从实际作业来看,由于用户的设备不同,要求不同,作业习惯不同,数字测图的作业模式是多种多样的。总体来看,目前我国常用的数字测图模式包括以下几种模式。

(一)数字测记模式

数字测记模式即野外测记,室内成图。

用全站仪或 GNSS 测量,全站仪内存或电子手簿记录,同时配画标注有测点点号的人工草图,到室内将测量数据直接由记录器传输到计算机,再由人工按草图编辑图形文件,经人机交互编辑修改,最终生成数字图。

该模式自动记录观测数据,作业自动化程度较高,可以较大地提高外业工作的效率。具体作业时,易出现属性和连接关系输入不正确,会给后期的图形编辑工作带来困难。

(二)采集调绘模式

每组只需要两人。不绘草图;用全站仪、GNSS 等采集点位数据,随时自定义编码表示点位的属性信息和连接信息;室内用计算机展点,根据自定义编码连接成图;打印出图后,然后再拿图到野外调绘完整,绘制草图;最后再根据草图,内业计算机成图。

在大面积测图区域,人员较多,而仪器较少时,可轮流采集、调绘,加快测图速度。现在各作业单位为提高效率,节省经费,也常采用这种方法。

(三)电子平板测绘模式

电子平板测绘模式由全站仪、便携机和数字测图软件组成。全站仪测量,所测数据实时传输到便携机,所测即所显,再把连接信息、地物属性及时输入,即时成图。

这种模式的突出优点是现场完成绝大部分工作,因而不易漏测。但由于点位数据和连接关系都在测站采集,当测、镜站距离较远时,属性和连接关系的录入比较困难。

(四)三维激光扫描测量模式

三维激光扫描技术是近年来出现的新技术,在国内越来越引起研究领域的关注。它的基本原理是通过高速激光扫描测量的方法,高分辨率的获得对象表面的三维坐标数据,通过一定的技术可以真实再现所测物体的三维立体景观。三维激光扫描技术的特点为:①非接触测量;②数据采集率高;③主动发射扫描光源;④具有高分辨率、高精度的特点。三维激光扫描技术在测绘领域最基本的应用即使地形图测绘,基于扫描的点云数据可直接生成三维模型,同时自动提取等高线,实现一次测量,同时获取二维和三维数据。

(五)无人机低空测量模式

无人机航测是传统航空摄影测量手段的有力补充,具有机动灵活、高效快速、精细准确、作业成本低、适用范围广、生产周期短等特点，在小区域和飞行困难地区高分辨率影像快速获取方面具有明显优势，随着无人机与数码相机技术的发展，基于无人机平台的数字航摄技术已显示出其独特的优势，无人机与航空摄影测量相结合使得"无人机数字低空遥感"成为航空遥感领域的一个崭新发展方向，无人机航拍可广泛应用于国家重大工程建设、灾害应急与处理、国土监察、资源开发、新农村和小城镇建设等方面，尤其在基础测绘、土地资源调查监测、土地利用动态监测、数字城市建设和应急救灾测绘数据获取等方面具有广阔前景。

二、数字测图作业过程

数字测图的作业过程，可简单地概括为数据采集、数据处理、数据输出等几个阶段。下面主要介绍全站仪数字测记作业模式的基本作业过程。

（一）资料准备

收集高级控制点成果资料，将其按照代码及(X,Y,H)三维坐标或其他形式输入全站仪或录入电子手簿及磁卡。

（二）控制测量

数字化测图一般不必按常规控制测量逐级发展。对于较大测区（如15 km^2以上）通常先用GNSS或导线网进行三等或四等控制测量，而后布设二级导线网。对于小测区（如15 km^2以下），通常直接布设二级导线网，作为首级控制。等级控制点的密度根据地形复杂、稀疏程度，可有很大差别。等级控制点应尽量选在制高点或主要街区上，最后进行整体平差。对于图根点和局部地段用单一导线测量或辐射法布设，具体内容可见第四章。

（三）测图准备

目前多数数字测图系统在野外数据采集时，要求绘制较详细的草图。绘制草图一般在准备的工作底图上进行。这一工作底图最好用测区原有老地形图、平面图的晒蓝图或复印件制作，也可用航片放大影像图制作。另外，为便于野外观测，在野外采集数据之前，通常要在工作底图上对测区进行"作业区"划分。一般以沟渠、道路等明显线形地物将测区划分为若干个作业区，这比白纸测图按方格区分图幅要方便得多。

（四）野外碎部点采集

在数字化测图野外数据采集中，绘制工作草图是保证数字测图质量的一项重要措施。工作草图是图形信息编码碎部点间接坐标计算和人机交互编辑修改的依据。草图上的点号标注应当清楚明白，在采集数据的过程中，每隔一定的点号草图绘制人员和仪器操作员要进行核对，发现错误应当及时纠正。所测地物、地貌的属性也要在工作草图上说明，可以进行文字注记，也可以用规范规定的符号简要表示，如图7-1所示。

（五）数据传输

用专用电缆将全站仪或电子手簿与计算机连接起来，通过键盘操作，将外业采集的数据传输到计算机。一般每天野外作业后都要及时进行数据转输，以尽量少占用全站仪的存储空间和避免数据丢失。

（六）数据处理

首先进行数据预处理，即对外业采集数据的各种可能的错误检查修改和将野外采集的数据格式转换成图形编辑系统要求的格式（即形成内部码）。接着对外业数据进行分幅处理、生成平面图形、建立图形文件等操作，再进行等高线数据处理，即生成三角网数字高程模

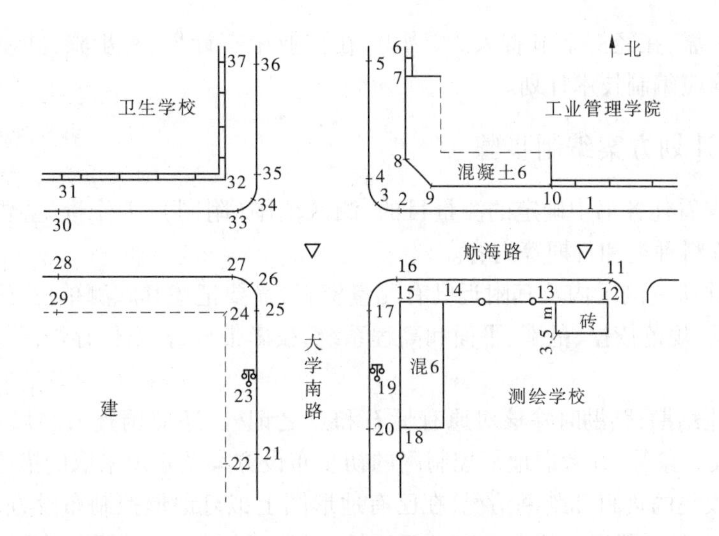

图 7-1 野外碎部测量工作草图

型(DEM)、自动勾绘等高线等。

(七)图形编辑

一般采用人机交互图形编辑技术,对照外业草图,对漏测或错测的部分进行实测或重测,消除一些地物、地貌的矛盾,进行文字注解说明及地形符号的填充,进行图廓整饰等。也可对地形图的地物、地貌进行增加或删除、修改。

(八)数据输出

经过图形编辑后可由绘图仪绘制出各种比例尺数字地形图;利用打印机输出各类文本文件。

(九)检查验收

按照数字化测图规范的要求,对数字地图及由绘图仪输出的模拟图,进行检查验收。由于数字化测图明显地物点的精度很高,外业检查主要检查隐蔽点的精度和有无漏测。内业验收主要看采集的信息是否丰富与满足要求,分层情况是否符合要求,能否输出不同目的的图形。

第二节　大比例尺测图技术设计

通常所指的大比例尺测图指的是1∶5 000~1∶500比例尺测图,而1∶5万~1∶1万中比例尺测图主要采用航测法成图。1∶100万~1∶10万小比例尺图,主要根据大、中比例尺地形图及各种资料编绘而成。目前,大比例尺测图的航测技术已经相当完备,但对于小范围地区及用急需图的地方来讲,全野外数字化测图则是目前作业单位首选的测图方式。

大比例尺测图的作业规范和图式主要有《1∶500　1∶1 000　1∶2 000外业数字测图规程》(GB/T 14912—2017)、《城市测量规范》(CJJ/T 8—2011)、《国家基本比例尺地图图式　第1部分:1∶500　1∶1 000　1∶2 000地形图图式》(GB/T 20257.1—2017)、《基础地理信息要素数据字典 第1部分:《1∶500　1∶1 000　1∶2 000基础地理信息要素数据字典》(GB/T 20258.1—2007)等。

地形测量是一项精度要求较高,作业环节较多,组织管理较为复杂的工作,为保证其在技术上合理、可靠,在经济上节省人力、物力,在作业中有计划、有步骤,并便于上级检查验收,在施测前均应编制技术计划。

一、技术计划方案编制步骤

(1)首先查看任务书中确定的测量目的、测区范围(附图)、工作量、主要技术要求及特殊要求、上交资料种类和日期等内容。

(2)搜集并研究测区内及其附近已有测量资料,简要记述其施测单位、施测年代、等级、精度、图比例尺、规范依据、范围、平面和高程系统、投影带号、标石保存情况及可以利用的程度等。

(3)到实地踏勘,踏勘时除核对原有标石和点之记外,还应调查人文风俗、自然地理条件、交通运输及气象等,并考虑地形控制网的初步布设方案及必须采取的措施。

(4)根据收集的资料和踏勘情况,在已有地形图上拟订地形控制布设方案,并进行必要的精度估算。有时还需提出几个方案进行比较,对地形控制网的图形、施测、点位密度和平差计算等因素进行全面分析,以确定最后方案。

(5)到实地选点。选点时,在保证满足技术要求的情况下,还可对方案做出局部修改。

(6)拟订技术计划。

(7)根据技术计划方案,统计工作量、确定提交资料时间、编制组织措施和劳动计划、仪器装备计划、经费预算计划、工作进度计划、检查验收计划及安全措施等。

二、大比例尺测图技术设计内容

(一)任务概述

说明任务来源、测区范围、地理位置、行政隶属、成图比例尺、采集内容、任务量等基本情况。

(二)测区自然地理概况和已有资料情况

1.测区自然地理概况

根据需要说明与设计方案或作业有关的测区自然地理概况,内容可包括测区地理特征、居民地、交通、气候情况和困难类别等。

2.已有资料情况

说明已有资料的施测年代,采用的平面、高程基准,资料的数量、形式,主要质量情况和评价,利用的可能性和利用方案等。

(三)引用文件

说明专业技术设计书编写中所引用的标准、规范或其他技术文件。文件一经引用,便构成专业技术设计书设计内容的一部分。

(四)成果(或产品)规格和主要技术指标

说明作业或成果的比例尺、平面和高程基准、投影方式、成图方法、成图基本等高距、数据精度、格式、基本内容以及其他主要技术指标等。

(五)设计方案

设计方案内容主要包括:

(1)规定测量仪器的类型、数量、精度指标以及对仪器校准或检定的要求,规定作业所需的专业应用软件及其他配置。

(2)图根控制测量:规定各类图根的布设,标志的设置,观测使用的仪器、测量、方法和测量限差的要求等。

(3)规定作业方法和技术要求:

——规定野外地形数据采集方法,包括采用全站型速测仪、GNSS 测量等;

——规定野外数据采集的内容、要素代码、精度要求;

——规定属性调查的内容和要求:

——数字高程模型(DEM),应规定高程数据采集的要求;

——规定数据记录要求;

——规定数据编辑、接边、处理、检查和成图工具等要求;

——数字高程模型(DEM)和数字地形模型(DTM),还应规定内插 DEM 和分层设色的要求等。

(4)其他特殊要求:拟定所需的主要物资及交通工具等,指出物资供应、通信联络、业务管理以及其他特殊情况下的应对措施或对作业的建议等;采用新技术、新仪器测图时,需要规定具体的作业方法、技术要求、限差规定和必要时的精度估算和说明。

(5)质量控制环节和质量检查的主要要求。

(6)上交和归档成果及其资料的内容和要求。

(7)有关附录。

第三节　地物的测绘

地物一般可分为两大类:一类是自然地物,如河流、湖泊、森林、草地、独立岩石等。另一类是经过人类物质生产活动改造了的人工地物,如房屋、高压输电线、铁路、公路、水渠、桥梁等。所有这些地物都要在地形图上表示出来。地物测绘实质上就是地物特征点的测绘。所谓地物的特征点就是指构成地物形状轮廓的点,其投影后的形态可归纳为三种:点状地物、线状地物、面状地物,外部轮廓的转折点、直线的端点、中间点、交叉点、曲线的方向变换点、点状地物的中心点等为地物的特征点,由相关的点相连构成地物符号。

一、一般规定

(一)对图根控制点的要求

1.图根控制点的精度要求

(1)图根平面控制测量可采用 GNSS 测量、导线测量、极坐标法(引点法)和交会法等方法。图根高程控制测量可采用 GNSS 测量、水准测量、三角高程测量等方法。图根平面控制测量和高程控制测量可同时进行。

(2)图根控制测量应在各等级控制点下进行,各级基础平面控制测量的最弱点相对于起算点点位中误差不应大于 5 cm。各级基础高程控制的最弱点相对于起算点的高程中误差不应大于 2 cm。

(3)图根点相对于图根起算点的点位中误差,按测图比例尺不同有不同的规定:1∶500 不应大于 5 cm;1∶1 000、1∶2 000 不应大于 10 cm。高程中误差不用大于测图基本等高距的 1/10。

2.图根控制点的密度

图根点(包括高级控制点)密度应以满足测图需要为原则,一般不宜低于表 7-1 的规定,采用全球卫星导航系统实时动态测量法(RTK)测图时可适当放宽。

表 7-1　图根点密度

测图比例尺	1∶500	1∶1 000	1∶2 000
图根点的密度(点数/km^2)	64	16	4

注:摘自《1∶500　1∶1 000　1∶2 000 外业数字测图规程》(GB/T 14912—2017)。

在测图时,图根点密度不足,可采用 GNSS 测量、支导线、极坐标法、自由设站法等方法增设测站点。不论采用何种方法,增设的测站点相对于邻近图根点点位精度的中误差不应大于 $0.1 \times M \times 10^{-3}$(m),高程中误差不大于测图基本等高距的 1/6。

(二)高程点密度

高程点间距一般应按照表 7-2 的规定执行。地性线和断裂线处应按地形变化情况增大采点密度。平坦地区高程点可适当放宽,但不应少于每 100 cm^2 内 5 个点。

表 7-2　地形点间距　(单位:m)

比例尺	1∶500	1∶1 000	1∶2 000
地形点平均间距	15	30	60

注:摘自《1∶500　1∶1 000　1∶2 000 外业数字测图规程》(GB/T 14912—2017)。

(三)碎部点测距长度

碎部点测距最大长度一般应按照表 7-3 的规定执行。如遇特殊情况,在保证碎部点精度的前提下,碎部点测距长度可按表 7-3 规定放宽一倍。

表 7-3　碎部点测距长度　(单位:m)

比例尺	测距长度	
	地物点	地形点
1∶500	80	150
1∶1 000	160	250
1∶2 000	300	400

注:摘自《1∶500　1∶1 000　1∶2 000 外业数字测图规程》(GB/T 14912—2017)。

二、测绘地物的一般原则

(1)凡是能在图上表示的地物都要表示。

(2)测绘规范和图式是测绘地形图的依据。目前执行的是中华人民共和国标准《1∶500　1∶1 000　1∶2 000 外业数字测图规范》(GB/T 14912—2017)和《国家基本比例尺地图图式　第 1 部分:1∶500　1∶1 000　1∶2 000 地形图图式》(GB/T 20257.1—2017),参考执行行业标准《城市测量规范》(CJJ/T 8—2011)。

(3)测绘地物、地貌时,应遵守“看不清不绘”的原则。地表图上的线划,符号和注记应在现场完成。

(4)能依比例尺表示的地物,选定和测定外轮廓特征点,确定其外轮廓,使之与实地地物在水平面上的投影图形相似,轮廓内按图式要求填绘相应的地物符号或注记。

(5)不依比例尺表示的地物,测定其中心点,以中心点作为地物符号的定位点,将地物符号描绘在图纸上。

(6)半依比例尺表示的线状地物,其长按比例尺表示,其宽若不能依比例尺表示,则测定其地物的中心线,作为地物符号的定向线,将地物描绘在图纸上。

三、地物符号

地物的类别、形状、大小及其在图上的位置,是用地物符号表示的。根据地物的大小及描绘方法不同,地物符号可分为依比例尺符号、不依比例尺符号、半依比例尺符号。

(一)依比例尺符号

地物依比例尺缩小后,其长度和宽度能依比例尺表示的地物符号,即实际的物体是什么形状(指俯视图形形状)就绘什么形状,有多大就绘多大,但应按图式规定的方法表示。依比例尺表示的符号,一般用于表示在图上占有较大面积的地物、地貌元素,如面积较大的房屋、树林、湖泊、河流、耕地等。

依比例符号的轮廓线有实线、虚线和点线之分,轮廓范围内则按物体的种类与特性,加绘相应的符号及说明注记来表示。

(二)不依比例尺符号

地物依比例尺缩小后,其长度和宽度不能依比例尺表示。这种符号的形状、大小应按图式规定的标准描绘,与实际物体的形状、大小无关。它只能表示物体的位置、性质(有的还能表示方向),而不能表示物体实际的形状和大小。这种符号一般用来表示地面上面积较小而又具有十分重要作用的地物、地貌元素。如控制点、检修井、射灯、旗杆、无线电杆、消防栓、独立树、泉、电话亭等。

(三)半依比例尺符号

地物依比例尺缩小后,其长度能依比例尺而宽度不能依比例尺表示的地物符号。符号宽度尺寸按规定绘。这种符号一般用于表示线状地物,如乡村路、坎、陡崖、管道、电力线、通信线、围墙、较窄的河流、沟渠等。

四、地物测绘的一般方法

在《国家基本比例尺地图图式　第1部分:1∶500　1∶1 000　1∶2 000地形图图式》(GB/T 20257.1—2017)中,将地物符号分为居民地、交通、水系、管线和垣栅、植被、独立地物、境界等几个部分,现将测绘和表示上述各类地物的一般方法做一简要介绍。

(一)居民地及设施要素的测绘

居民地是人类居住和进行各种活动的中心场所,它是地形测图的重要内容。在居民地测绘时,应在地形图上以《国家基本比例尺地图图式　第1部分:1∶500　1∶1 000　1∶2 000地形图图式》(GB/T 20257.1—2017)规定的符号和必要的注记表示居民地的类型、形状、质量和行政意义等。

居民地的测绘主要是对居民地的房屋及其附属设施的测绘,在测绘时应注意以下几个方面：

(1)居民地的各类建筑物、构筑物及主要附属设施应准确测绘外围轮廓，反映建筑结构特征。

(2)房屋的轮廓应以墙基角为准，并注记建材质料和楼房层次，1∶500与1∶1 000比例尺测图，房屋应逐个表示，临时性房屋可舍去；1∶2 000比例尺测图可适当综合取舍，图上宽度小于0.5 mm的小巷可不表示。

(3)建筑物或围墙轮廓凸凹在图上小于0.4 mm，简单房屋小于6 mm时可舍去。

(4)对于1∶500比例尺地形图，房屋内部天井宜区分表示；对于1∶1 000比例尺地形图，图上面积6 mm^2以下的天井可不表示。

(5)工矿及设施应在图上准确表示其位置、形状和性质特征；依比例尺表示的，应测定其外部轮廓，并应按图式配置符号或注记；不依比例尺表示的，应测定其定位点或定位线，并用不依比例尺符号表示。

(6)垣栅的测绘应类别清楚，取舍得当。城墙按城基轮廓依比例尺表示时，城楼、城门、豁口均应测定；围墙、栅栏等，可根据其永久性、规整性重要性等综合取舍。

(二)交通要素的测绘

(1)应反映道路的级别和等级，附属设施的结构和关系；应正确处理道路的相交关系及与其他要素的关系；并应正确表示水运和海运的航行标志，河流的通航情况及各级道路的通过关系。

(2)铁路轨顶、公路路中、道路交叉处、桥面等，应测注高程，曲线段的铁路，应测量内侧轨顶高程；隧道、涵洞应测注底面高程。

(3)公路与其他双线道路在图上均应按实宽依比例尺表示，并应在图上每隔15～20 cm注出公路技术等级代码及其行政等级代码和编码，且有名称的，应加注名称。公路、街道宜按其铺面材料分别以混凝土、沥、砾、石、砖、渣、土等注记于图中路面上，铺面材料改变处，应用地类界符号分开。

(4)铁路与公路或其他道路平面相交时，不应中断铁路符号，而应将另一道路符号中断；城市道路为立体交叉或高架道路时，应测绘桥位、匝道与绿地等；多层交叉重叠，下层被上层遮住的部分可不绘，桥墩或立柱应根据用图需求表示。

(5)路堤、路堑应按实地宽度绘出边界，并应在其坡顶、坡脚适当测注高程。

(6)道路通过居民地按真实位置绘出，不宜中断；高速公路、铁路、轨道交通应绘出两侧围建的栅栏、墙和出入口，并应注明名称，中央分隔带可根据用图需求表示；市区街道应将车行道、过街天桥、过街地道的出入口、分隔带、环岛、街心公园、人行道与绿化带等绘出。

(7)跨河或谷地等的桥梁，应测定桥头、桥身和桥墩位置，并应标注建筑结构；码头应测定轮廓线，并应注明其名称，无专有名称时，应注记“码头”；码头上的建筑应测定并以相应符号表示。

(三)水系的测绘

(1)水系测绘时，江、河、湖、海、水库、池塘、沟渠、泉、井及其他水利设施，应测绘及表示，有名称的应注记名称，并可根据需要测注水深，也可用等深线或水下等高线表示。

(2)河流、溪流、湖泊水库等水涯线，宜按测绘时的水位测定。当水涯线与陡坎线在图上投影距离小于1 mm时，水涯线可不表示。图上宽度小于0.5 mm的河流、图上宽度小于

1 mm或 1∶2 000 图上宽度小于 0.5 mm 的沟渠,宜用单线表示。

(3)海岸线应以平均大潮高潮的痕迹所形成的大陆分界线为准。各种干出滩应在图上用相应的符号或注记表示,并应适当测注高程。

(4)应根据需求测注水位高程及施测日期;水渠应测注渠顶和渠底高程;时令河应测注河床高程;堤、坝应测注顶部及坡脚高程;池塘应测注塘顶边及塘底高程;泉、井应测注泉的出水口与井台高程,并应根据需求测注井台至水面的深度。

(四)管线的测绘

(1)永久性的电力线、电信线均应准确表示,电杆、铁塔位置应实测。多种线路在同一杆架上时,可仅表示主要的。各种线路应做到线类分明,走向连贯。

(2)架空的、地面上的、有管堤的管道均应实测,并应分别用相应符号表示,注记传输物质名称。当架空管道直线部分的支架密集时,可适当取舍。地下管线检修井宜测绘表示。

(五)植被与土质要素测绘

(1)地形图上应正确反映植被的类别特征和分布范围。对耕地、园地应实测范围,并应配置相应符号表示。大面积分布的植被在能表达清楚的情况下,可采用说明注记。同一地段生长有多种植物时,可按经济价值和数量适当取舍,符号配置不得超过三种(连同土质符号)。

(2)旱地是指种植小麦、杂粮、棉花等的田地,经济作物、油料作物应加注品种名称。有节水灌溉设备的应加注“喷灌”“滴灌”等。一年分几季种植不同作物的耕地,以夏季主要作物为准配置符号表示。

(3)在图上大于 1 mm 的田埂用双线表示,小于 1 mm 的用单线表示。田块内应测注高程。

(六)独立地物的测绘

独立地物是指在地面上长期独立存在的,具有一定方位意义的地物,是判定方位、确定位置、指示目标的重要标志,必须准确表示。其测绘方法是:对于不依比例尺表示的地物,若标尺能立于独立地物的中心位置,用极坐标法测定其位置;突出的独立地物(如电线杆等),可用交会法测定其中心位置,不能在中心立尺的,可采用偏心的方法加以观测。

对依比例尺表示的独立地物,应测绘其轮廓,中央绘以相应的地物符号表示。垂直投影为圆形的独立地物,其几何中心可立尺的,则以极坐标法测定其中心位置,并量取相应的半径即可绘出;中心位置不能立尺的,可在其外围轮廓线上测三个点(三点不在同一直线上)做此三角形的外接圆,则圆心即为其中心。

(七)境界与政区要素测绘

境界是指区域范围的分界线包括行政区域界和其他地域界,图上要求正确反映境界的类别、等级、位置以及其他要素的关系。

图上描绘的境界包括国界、省、自治区、直辖市、自治州、地区、市、县、乡、镇、自然保护区界等。测绘国界是一项十分严肃的工作,测绘时必须在有关(外交、行政)人员的陪同下,准确而迅速地进行,不得有任何差错,其他地物的符号和注记均应注在本国界内,不得压盖国界符号。国内行政区域的界线通常参照居民地或者其他地物直接绘出,或者询问当地居民确定。境界以线状地物为界,不能在线状中心绘出时,可沿两侧每隔 3~5 cm 交错绘出 3~4 节符号。但在境界相交或明显拐弯及图廓处,境界符号不能省略,以便明确走向和位置。两级境界重合时只绘出高一级境界符号。

第四节　地貌的测绘

一、地貌的基本形态

地貌的形态各种各样,通常按其起伏变化情况划分成如下地形类别:

(1)平地。绝大部分地面坡度在2°以下,比高一般不超过20 m的地区。

(2)丘陵地。绝大部分地面坡度在2°~6°,比高一般不超过150 m的地区。

(3)山地。绝大部分地面坡度在6°~25°,比高在150 m以上的地区。

(4)高山地。绝大部分地面坡度在25 °以上的地区。

地貌形态虽然较为复杂,但可归纳为下列几种基本形态:山、山脊、山谷、鞍部、盆地、台地、陡崖等。

(5)山。地面上显著隆起部分称为山,大者叫山岳,小者叫山丘。山的最高点叫山顶,尖峭的山顶叫山峰。

(6)山脊。由山顶向下延伸的凸起地带叫山脊;山脊上最高点的连线叫山脊线(又称分水线);山侧的倾斜面叫山坡(斜坡);山坡与平地相交处叫山脚(山麓);从山脚延伸的平缓地带叫山麓平原。

(7)山谷。两山脊之间狭长凹部称为山谷,两侧称谷坡(谷壁),两谷坡相交部分叫谷底,谷底最低点连线称为山谷线(又称合水线);两谷相交处叫谷会,谷地与平地相交处叫谷口;谷底平缓宽大的山谷叫壑谷,谷底狭窄而谷壁陡峭的山谷叫狭谷;谷壁几乎成垂直状的山谷叫山涧、冲沟或雨裂;山谷按其横断面的形状又分为尖底谷、圆底谷、平底谷三种。

(8)鞍部。两个山顶之间的低洼山脊处,形如马鞍,称为鞍部(垭口);有道路通过的鞍部叫隘口。

(9)盆地。四周高而中间低洼,形如盆状的地貌叫盆地(凹地),小范围的盆地叫坑洼。

(10)台地。四周为陡峭和斜坡,中间部分高而平坦、形如平台状地貌叫台地;面积较大而延伸较长的台地称为塬。

(11)陡崖。倾斜45°以上70°以下的山坡叫陡坡;70°以上陡峭崖壁叫陡崖(峭壁);下部凹入的陡崖叫悬崖。

二、用等高线表示地貌

在地形图上显示地貌的方法很多,常用的是等高线法。用等高线表示地貌,不但能完整而形象地显示出地形起伏的总貌,而且能准确地提供各个地貌要素(如山顶、山谷、盆地、台地等)的相关几何位置的各微小变化。同时,又能提供某些数据,如高程、高差和坡度等,从而为在图上解决实际问题提供了很大方便。

(一)用等高线表示地貌的原理

如图7-2所示,假定有一片山地,被高差间隔为h的几个水平面P_1、P_2、P_3所截,平面必与地表面相交而形成一些弯曲的截线,将这些截线垂直投影到同一水平面M上,就成为一些相套合的封闭曲线。如果将这些封闭曲线依比例缩绘于图纸上,就成为地形图上显示这片山地地貌形态的等高线。等高线是指地面上高程相等的各相邻点所连的闭合曲线。由于等高线多是一些弯曲的线，故又称为“曲线”。

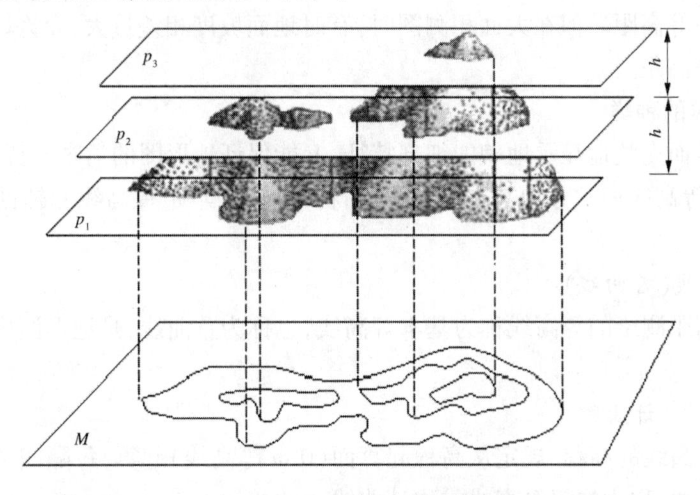

图 7-2　等高线表示地貌原理

(二)等高距及等高线间距

相邻两条等高线之间的高差间隔叫等高距；相邻两条等高线垂直投影到同一平面后，二者之间的水平距离叫等高线间距。等高距的大小是可以任意选择的。对某一比例尺在同一地区来说，等高距选择的愈大，等高线的数量愈少，图上等高线间距愈大，等高线显得愈稀疏，显示地貌愈粗略，测绘工作量愈小。反之，等高距愈小，等高线数量愈多，图上等高线平距愈小，等高线愈密集，显示地貌愈逼真，工作量愈大，描绘愈困难。等高距过小还会影响图面清晰和成图质量。

在大比例尺测图中，一般要求图上等高线间距在 2~3 mm 以上，最密应保持在 1 mm 左右，因此，应根据地形情况选用等高距。例如在山地(15°以上)施测 1∶1 000 地形图时，等高距选用 1 m 较为合适。这是因为

$$h = L \times \tan\alpha \quad 或 \quad L = \frac{h}{\tan\alpha}$$

式中，h 为等高距；α 为地面倾斜角；L 为等高线间距。当 $h=1$ m，$\alpha=15°$时，$L=1/0.267\ 9=3.7$(m)；$\alpha=25°$时，$L=1/0.466\ 3=2.1$(m)。

对于 1∶1 000 比例尺地形图来说，相当于图上 3.7 mm 和 2.1 mm。从中可以看出，坡度在 15°~25°的山区，1∶1 000 测图中，1 m 等高距是合适的；若超过 25°，等高距应适当放大。

根据以上原则，对各种比例尺地形图的等高距，规范中均有明确规定。大比例尺地形图按表 7-4 的数值参考使用。

表 7-4　地形图基本等高距　(单位:m)

比例尺	地形类别			
	平地	丘陵地	山地	高山地
1∶500	0.5	1.0(0.5)	1.0	1.0
1∶1 000	0.5(1.0)	1.0	1.0	2.0
1∶2 000	1.0(0.5)	1.0	2.0(2.5)	2.0(2.5)

注:1.括号内表示依用途需要选用的等高距。

2.摘自《1∶500　1∶1 000　1∶2 000 外业数字测图规范》(GB/T 14912—2017)

以上给出的等高距,称为基本等高距。为了使用方便,通常一个测区的同一种比例尺地形图应采用同一等高距。但在大面积测图时,有时地面坡度相差过大,允许以图幅为单位分别采用不同的等高距。

(三)等高线的种类

为了能恰当而完整地显示地貌的细部特征,又能保证地形图的清晰易读、便于识图和用图,地形图上的等高线通常分为基本等高线、加粗等高线、半距等高线和辅助等高线等几种形式。

1.基本等高线(首曲线)

按基本等高距测绘的等高线称为基本等高线,也称为首曲线,是地形图中表示地貌形态的主要等高线。

2.加粗等高线(计曲线)

为了查算等高线的高程,规定从高程起算面(0 m 等高线)起算,每隔四条首曲线而加粗描绘的一条等高线,称为加粗等高线或称计曲线。

3.半距等高线(间曲线)

按 1/2 基本等高距测绘的等高线,称为半距等高线或间曲线。半距等高线可用来显示首曲线不能显示的地貌特征,或平地首曲线间隔太大难于显示的地貌特征。描绘时可不闭合,但一般应对称。

4.辅助等高线(助曲线)

当间曲线仍不能满足显示地貌特征时,还可以加绘 1/4 基本等高距的等高线,称为“辅助等高线”或“助曲线”。描绘时可以不封闭。

(四)等高线的特性

根据等高线的概念可知,等高线有如下特性:

(1)同一条等高线上各点的高程相等。

(2)等高线一定是闭合的,它若不在本图幅内闭合,就延伸或迂回到其他图幅闭合;被图廓线截断的等高线,其截头一定是成双的。

(3)不同高程的等高线在图上一般不相交也不重合,只有通过绝壁和悬崖的陡峭地带时可能例外。

(4)相邻等高线在图上的水平距离与地面坡度的大小成反比,即地面坡度愈大,等高线的水平距离愈小;反之亦然。也就是说,等高线密集表示地势陡峭,等高线稀疏表示地势平缓。

(5)等高线与分水线及合水线正交。由于等高线始终是沿着同高的地面延伸,当它们经过分水线(山脊线)或合水线(山谷线)时,总要急剧地改变方向,而沿着分水线及合水线向另一侧山坡延伸,故等高线在此处的曲率最大,而分水线及合水线就是该处曲率半径的方向。所以,等高线是与分水线或合水线正交的,通过山谷的等高线凸向高处,通过山脊的等高线凸向低处。

等高线必须匹配相应的符号或注记,方可明确表示地貌的实质。例如,计曲线加注高程,方可明确等高线所在高程面的具体数值,加绘山头定位点以明确山头高点的位置和高程;加绘示坡线以指示斜坡的方向,有了示坡线,就不致将坑洼错看成山头。

三、地貌测绘的一般过程

地貌是指地球表面上高低起伏的形态。这些形态是极其复杂的、多样的,但从几何观点看,可以认为它们都由多个不同形状、不同方向、不同倾斜角度和不同大小的平面所组成。相邻两倾斜面相交处的棱线称为地性线(如山谷线和山脊线)。如果将地性线上各特征点的平面位置和高程测定出来,并将其相关的点连接起来,就构成了地貌的骨架,从而确定了地貌的基本形态。用来确定地性线的点有:山顶点、鞍部最低点、盆地中心点、谷口点、山脚点、坡度或方向变换点等,这些点统称为地貌特征点。在地貌测绘中,立尺点就应选在这些特征点上。

实际测图中,测绘等高线是地貌测绘的主要工作,但等高线一般都不是直接测定。等高线的测绘通常是先测定一些地貌特征点,连接这些特征点成地性线以构成地貌骨架,然后按等高线的性质用内插法确定等高线在地性线上的通过点,最后参照实际地形描绘出等高线。

(一)测定地貌特征点

测定地貌特征点就是测定山顶、鞍部、山脊、山谷和地形变换点及山脚点、山坡倾斜变换点等。其测定方法采用极坐标法或交会法。地貌特征点在图上的平面位置以小圆点表示,高程注于点旁,如图 7-3 所示。

(二)连接地性线

连接地性线就是在图纸上根据测定的特征点的位置和实地点与点的关系,以轻淡的实线连出分水线;以轻淡的虚线连出合水线,如图 7-4 所示,为避免错乱,一次不可测点过多,最好是边测边连接地性线。地性线连接情况与实地是否相符,直接影响地貌表示的逼真程度,必须予以充分注意。

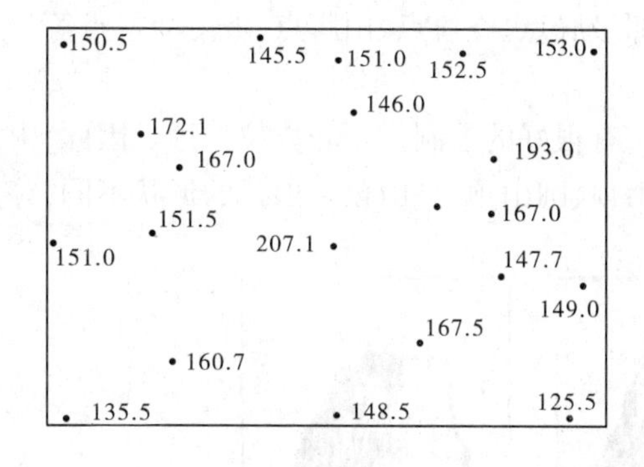

图 7-3　地貌特征点的表示

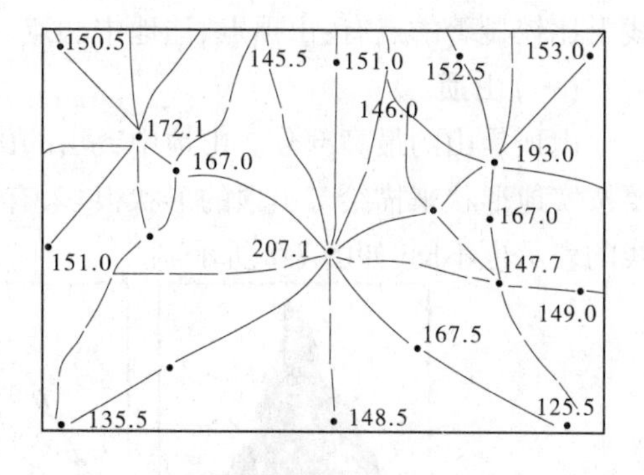

图 7-4　地貌特征点及地性线

(三)求等高线通过点

地性线连好后,即可按照地性线每段两端碎部点的高程,在地性线上求得某些等高线的通过点,如图 7-5 所示。

一般来说,地性线上相邻两点间的坡度是等倾斜的(因为立尺时已考虑到这点)。根据垂直投影原理可知,其图上等高线间的平距也是相等的。因此,确定地性线上等高线的通过点时,可以根据通过点的高程,按比例计算的方法(内插法)求得。

为了避免烦琐计算,在实际工作中,由于同一坡度上相邻两碎部点在图上的间隔比较近,所以常用目估法先确定首末两等高线通过点,然后内插其他等高线通过点。

(四)勾绘等高线

在地性线上求得等高线通过点以后,即可根据等高线的特性对照实地勾绘等高线,如图 7-6 所示。

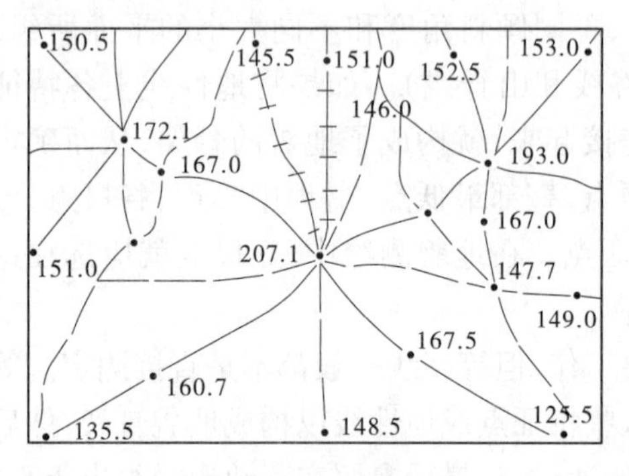

图 7-5 定等高线通过的点

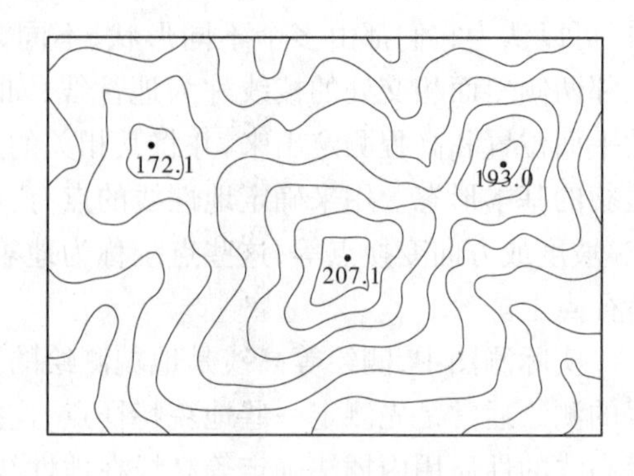

图 7-6 绘等高线

勾绘等高线时,应在两相邻地性线之间进行,且不可等到把全部等高线通过点求出后,再勾绘等高线,应该一边求等高线通过点,一边勾绘等高线,勾绘时,参照实地地貌情况将两相邻地性线上的同高点用圆滑曲线连接起来,务必使勾绘的等高线能准确而形象地反映地貌特征,层次分明,协调一致,立体感强,接口处不留痕迹,曲线光滑自如。

四、几种典型地貌的测绘

地貌的形态虽然千变万化、千姿百态,但归结起来,不外乎有山地、盆地、山脊、山谷、鞍部等基本地貌组成。这些典型地貌在测绘时,主要是测绘其地貌特征线(地性线)。在地性线上比较显著的点有:山顶点、洼地中心点、鞍部最底点、谷口点、山脚点、坡度变换点等。

(一)山顶

山顶是山的最高部分。山地中突出的山顶,有很好的控制作用和方位作用。因此,山顶要按实地形状来描绘。山顶的形状很多,有尖山顶、圆山顶、平山顶。山顶的形状不同,等高线的表示也不同,如图 7-7 所示。

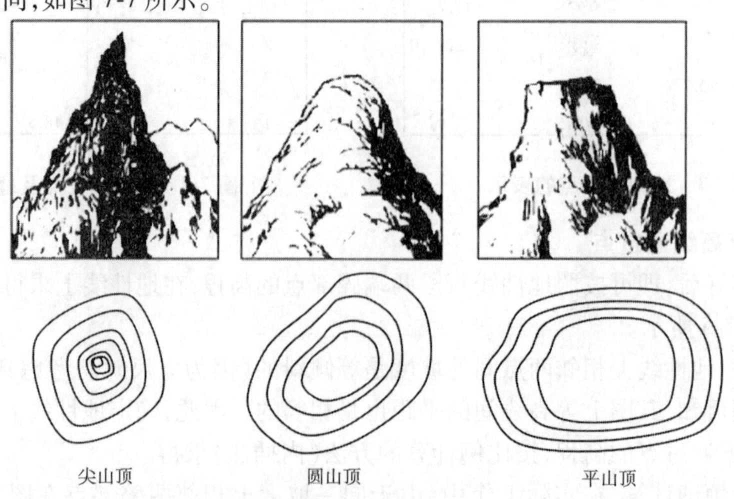

图 7-7 山顶等高线

尖山顶的顶部附近倾斜较为一致,因此尖山顶的等高线之间的平距大小相等,即使在顶部,等高线间的平距也没有多大的变化。测绘时,标尺除立在山顶外,其周围山坡适当选一些特征点就可以了。

圆山顶的顶部坡度较为平缓,然后逐渐变陡,等高线间平距在离山顶较远的部分较小,越到山顶,等高线平距逐渐增大,在顶部最大。测绘时山顶最高点应立尺,在山顶附近坡度变化处应立尺。

平山顶的顶部平坦,到一定范围时坡度突然变化。因此,等高线的平距在山坡部分较小,但不是向山顶方向逐渐变化,而是到山顶突然增大。测绘时必须特别注意在山顶坡度变化处立尺,否则,地貌的真实性将受到影响。

(二)山脊

山脊是山体延伸的最高棱线。山脊的等高线均向下坡方向凸出。两侧基本对称,山脊的坡度变化反映了山脊纵断面的起伏情况,山脊等高线的尖圆程度反映了山脊横断面的形状。山地地貌是否逼真,主要是看山脊与山谷,如果山脊绘的真实、形象,整个山体就比较逼真。测绘山脊要真实地表现其坡度和走向,特别是大的分水线、坡度变换点和山脊、山谷转折点,应形象表示。

山脊的形状可分为尖山脊、圆山脊、台阶状山脊,它们可通过等高线的弯曲程度来表示。如图 7-8 示,尖山脊的等高线依山脊延伸方向呈尖角状;圆山脊的等高线依山脊延伸方向呈圆弧状;台阶状山脊的等高线依山脊方向呈疏密不同的方形。

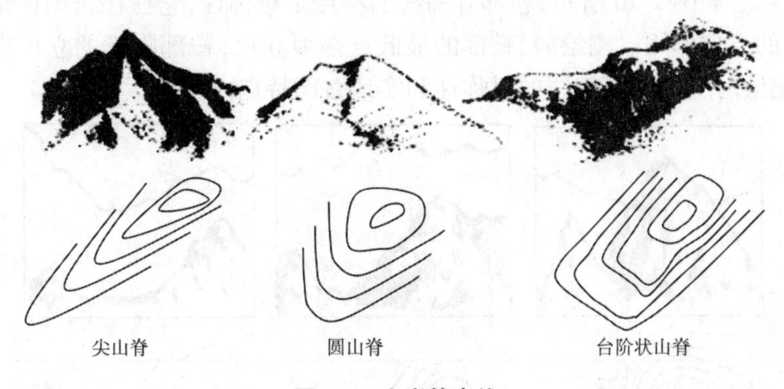

图 7-8 山脊等高线

尖山脊的山脊线比较明显,测绘时,除在山脊上立尺外,两侧山坡也应有适当的立尺点。

圆山脊的脊部有一定的宽度,测绘时要特别注意正确确定山脊的实际位置,然后立尺,此外对山脊两侧山坡也必须注意它的坡度的逐渐变化,选择正确的立尺点。

对于台阶状山脊,应注意由脊部至两侧山坡的坡度变化位置,测绘时,要恰当地选择立尺点,方可控制山脊的宽度。切记不能把台阶状山脊绘制成圆山脊甚至尖山脊的地貌。

山脊往往是有分歧脊,在山脊分歧处必须立尺,以确保分歧山脊的位置正确。

(三)山谷

山谷等高线表示的特点与山脊相反,山谷的形状分为尖底谷、圆底谷、平底谷。如图 7-9所示,尖底谷谷底尖窄,等高线通过谷底时呈尖状;圆底谷谷底为圆弧状,等高线呈圆弧状;平底谷谷底较宽、谷底平缓、两侧较陡,等高线通过谷底时在其两侧近于直角状。

尖底谷常常有小溪,山谷线较为明显。测绘时,立尺应选在等高线的转弯处。

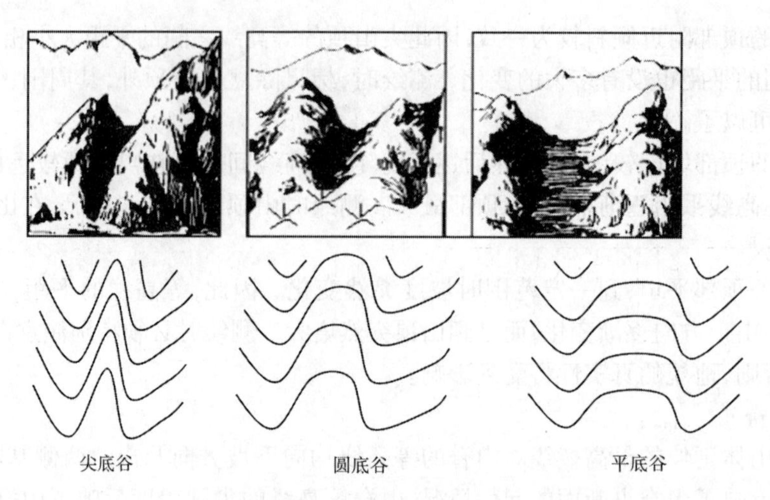

图 7-9　山谷等高线

圆底谷的山谷线不太明显,所以绘制时应注意山谷线的位置和谷底形成的地方。

平底谷多为人工开辟后形成,测绘时,标尺应选择在山坡与谷底相交的地方,以控制山谷的走向和宽度。

(四)鞍部

鞍部是两个山脊的会合部,形状像马鞍,是山脊的一个特殊部分,可分为窄短鞍部、窄长鞍部、平宽鞍部。如图 7-10 所示,鞍部等高线的特点是对称性,它往往是山区道路通过的地方,具有重要的方位作用。测绘时,鞍部的最低点必须立尺,鞍部附近的立尺点视坡度变化情况选择。描绘时应表现等高线的对称性和实地鞍部特点。

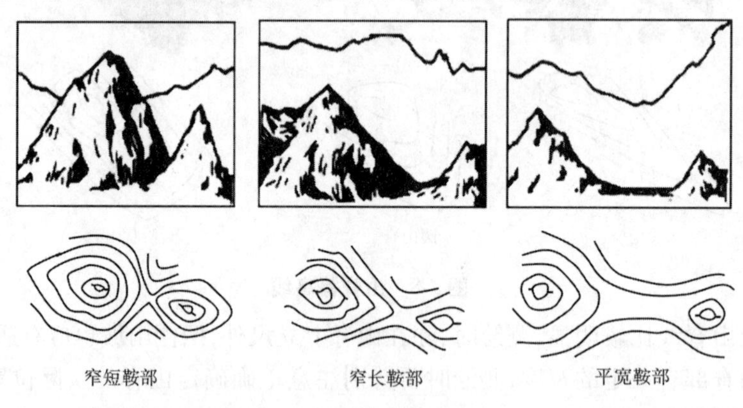

图 7-10　鞍部等高线

(五)盆地

盆地是四周高中间低的地形,其等高线的特点与山顶相似,但是其高低相反。测绘时应在最低处立尺,等高线在勾绘时要用示坡符号,以表明高程降低的方向。

(六)山坡

山坡是山脊、山谷等基本地貌的连接部分,由坡度不断变化的倾斜面组成。测绘时,应在坡度变换的地方立尺,坡面上地形变化实际就是一些不明显的小山脊、小山谷,等高线的弯曲也不大,但必须注意立尺的位置,以显示细微地貌。

(七)斜坡、陡坎

斜坡是指各种天然形成和人工修筑的坡度在70°以下的坡面,陡坎是指坡度在70°以上陡峭地段。斜坡在图上的投影宽度小于2 mm时,以陡坎符号表示。符号的上沿实线表示斜坡的上棱线,长短线表示坡面。符号的长线一般绘制到坡脚,但当坡面较宽且有明显坡脚线时,可测绘坡脚线,以范围线(虚线)表示。如图7-11所示。

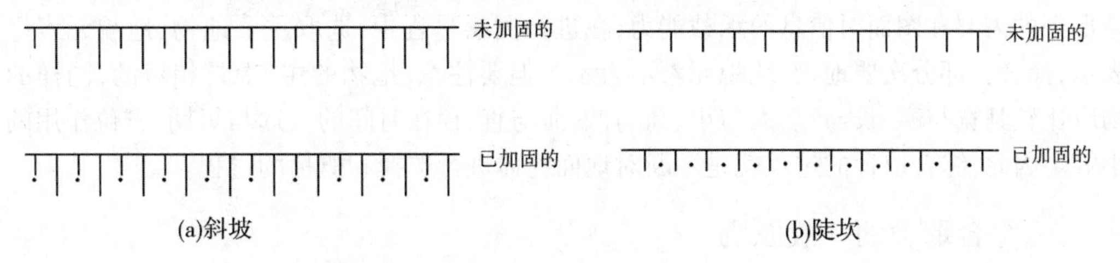

图7-11　斜坡及陡坎的表示

(八)梯田

梯田是在山坡上经过人工改变的地貌,有水平梯田和倾斜梯田两种。测绘时,沿梯田坎立尺,在图形上以等高线、梯田坎符号和高程注记(或注记比高)相配合表示梯田。如图7-12所示。

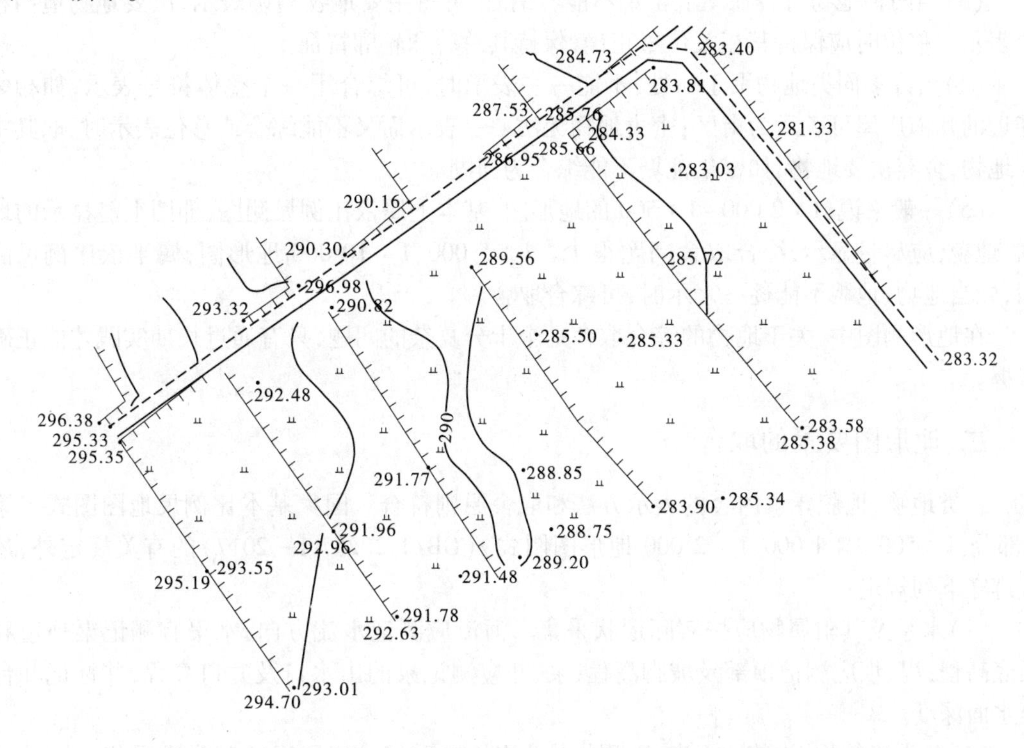

图7-12　梯田等高线

五、特殊地貌的测绘

有些地貌,如雨裂、冲沟、悬崖、陡壁、砂崩崖、土崩崖等,不能用等高线表示。这些地貌可用测绘地物的方法,测绘出它们的轮廓,用图式规定的地貌符号、注记配合等高线表示。

第五节　地形图测绘综合取舍的一般原则

所谓综合,就是根据一定的原则,在保持地物原有的性质、结构、密度和分布状况等主要特征不变的情况下,对某些地物分不同情况,进行形状和数量上的概括;所谓取舍,就是根据地形图的需要和图面对信息的承载能力,在进行测绘过程中,选取主要地物、地貌元素进行表示,而舍去部分次要地物、地貌元素不表示。但要注意,地物的主、次是相对的,同样的地物应比较其宽与窄、长与短、大与小、高与低、曲与直、存在时间的久远与短期、方位作用的大小等。因此,综合取舍的过程就是不断对地面物体进行选择和概括的过程。

一、综合取舍的一般原则

(1)要求地形图上的地物位置准确,主次分明,符号运用恰当,充分反映地物特征,图面清晰、易读,便于使用。

(2)保留主要、明显、永久性地物,舍弃次要、临时性地物。对有方位作用的及对设计、施工、勘察、规划等有重要参考价值的地物要重点表示。

(3)当两种地物符号在图上密集不能容纳时,可将主要地物精确表示,次要地物适当移位表示。移位时应保持其相关位置正确,保持其总貌和轮廓特征。

(4)当许多同类地物聚于一处,不能一一表示时,可综合用一个整体符号表示,如相邻甚近的几幢房屋可表示为街区;密集地物无法一一表示而又不能综合或移位表示时,取其主要地物,舍弃次要地物,如密集池塘不能综合为河湖。

(5)一般来说,1∶2 000~1∶500 的地形图,基本上属依比例尺测图,即图上能显示的地物、地貌,应尽量显示,综合取舍问题很少。1∶5 000、1∶10 000 地形图,属半依比例尺测图,即当地物、地貌不能逐一表示时,可综合取舍。

在地形测图中,关于地物的综合取舍是个十分复杂的问题,只有通过长期实践才能正确掌握。

二、地形图要素的取舍

各类地物、地貌要素内容的表示方法和取舍原则符合《国家基本比例尺地图图式　第1部分:1∶500、1∶1 000、1∶2 000 地形图图式》(GB/T 20257.1—2017)的有关规定外,还应遵守下列规定:

(1)水系及其附属物应按实际形状采集。河流应测记水流方向;水渠宜测记渠顶边和渠底高程;堤、坝应测记顶部及坡脚高程;泉、井应测记泉的出水口及井口高程,并标记井台至水面深度。

(2)各类建筑物、构筑物及其主要附属设施均应采集。房屋以墙基为准采集。居民区可视测图比例尺大小或需要适当综合。建筑物、构筑物轮廓凸凹在图上小于 0.5 mm 时,可予以综合。

(3)公路与其他双线道路应按实际宽度比例尺采集。采集时,应同时采集范围内的绿地或隔离带,并正确表示各级道路之间的通过关系。

(4)地上管线的转角点应实测,管线直线部分的支架线杆和附属设施密集时,可适当取舍。

(5)地貌一般以等高线表示,特征明显的地貌不能用等高线表示时,应以符号表示。高程点一般选择明显地物点或地形特征点,山顶、鞍部、凹地、山脊、谷底及倾斜变换处,应测记高程点,所采集高程点密度应符合本章第三节高程点密度规定。

(6)斜坡、陡坎比高小于1/2基本等高距或在图上长度小于5 mm时可舍去。当斜坡、陡坎较密时,可适当取舍。

(7)一年分几季种植不同作物的耕地,以夏季主要作物为准;地类界与线状地物重合时,按线状地物采集。

(8)居民地、机关、学校、山岭、河流等有名称的应标注名称。

第六节　地形测图的精度

一、地物测绘的精度

由地物的测绘可知,测绘地物是测定地物特征点。所以,地物测绘精度,主要取决于地物特征点的测定精度。地物测绘的精度由地物点点位精度和邻近地物点间距精度来决定。

(一)地物测绘精度检查方法

(1)地物测绘采用外业散点法按测站点精度施测。在测区内随机选取分布均匀的地物检测点,检测点的数量要求一般情况下每幅图选取不少于50个点(数量视地物复杂程度等具体情况确定),根据式(7-1)、式(7-2)、式(7-3)计算点位中误差。

(2)邻近地物点间距精度检查用钢尺或测距仪量测邻近地物点距离,量测边数量每幅图一般不少于20处,中误差的计算按式(7-4)、式(7-5)执行。

(二)地物测绘精度要求

地物点平面位置精度不应大于表7-5的相关规定。当对精度有特殊要求时,可按照相关专业部门规定中所规定的精度要求或根据应用需要在技术设计书中规定。

表7-5　地物点平面位置精度　(单位:m)

地区分类	比例尺	点位中误差	点间距中误差
城镇、工业建筑区、平地、丘陵地	1∶500	±0.30	±0.20
	1∶1 000	±0.60	±0.40
	1∶2 000	±1.20	±0.80
困难地区、隐蔽地区山地、高山地	1∶500	±0.40	±0.30
	1∶1 000	±0.80	±0.60
	1∶2 000	±1.60	±1.20

注:摘自《1∶500　1∶1 000　1∶2 000外业数字测图规程》(GB/T 14912—2017)。

(三)检测地物点的平面坐标(位置)中误差计算

1.点位中误差计算

1)高精度检测地物点的平面坐标(位置)中误差计算

在检测数字地形图的平面点位中误差时,可以采用高精度测量仪器去实地测定监测点i的坐标(X_i, Y_i),此时可认为(X_i, Y_i)为真值,不含有测量误差。另外,可以在室内直接量取数字地形图上相应点 i 的坐标 (x_i, y_i)。同样的方法检测 n 个点。

根据式(7-1)即可计算出 x 坐标的中误差 m_x 和 y 坐标的中误差 m_y。然后再根据式(7-2)计算出检测点的点位中误差 m_P。

$$\begin{cases} m_x = \pm\sqrt{\dfrac{\sum\limits_{i=1}^{n}(X_i - x_i)^2}{n}} \\ m_y = \pm\sqrt{\dfrac{\sum\limits_{i=1}^{n}(Y_i - y_i)^2}{n}} \end{cases} \tag{7-1}$$

$$m_P = \pm\sqrt{m_x^2 + m_y^2} \tag{7-2}$$

2)同精度检测地物点的平面坐标(位置)中误差计算

当采用与原来野外数字测图同等级仪器采用相同精度测定检测点坐标时。根据式(7-3)即可计算出 x 坐标的中误差 m_x 和 y 坐标的中误差 m_y。

$$\begin{cases} m_x = \pm\sqrt{\dfrac{\sum\limits_{i=1}^{n}(X_i - x_i)^2}{2n}} \\ m_y = \pm\sqrt{\dfrac{\sum\limits_{i=1}^{n}(Y_i - y_i)^2}{2n}} \end{cases} \tag{7-3}$$

然后根据(7-2)计算出检测点的点位中误差 m_P。

2.点间距中误差

(1)高精度检测相邻地物点之间间距中误差(或点状目标位移中误差、线状目标位移中误差)计算。

外业检测 n 条边的边长 S_i,然后在数字地形图上量测相应的边长 s_i,可求得 $\Delta S_i = S_i - s_i$。由于边长 S_i 量测精度很高,可认为是真值,无误差,则可以利用式(7-4)计算边长中误差 m_s。

$$m_s = \pm\sqrt{\frac{\sum\limits_{i=1}^{n}\Delta S_i^2}{n}} \tag{7-4}$$

(2)同精度检测相邻地物点之间间距中误差(或点状目标位移中误差、线状目标位移中误差)计算

由于是同精度检测,故外业检测的边长和在数字地形图上量测相应的边长 s_i,可认为是等精度观测值,则可以利用式(7-5)计算边长中误差 m_s。

$$m_s = \pm\sqrt{\frac{\sum\limits_{i=1}^{n}\Delta S_i^2}{2n}} \tag{7-5}$$

二、地貌测绘的精度

地貌测绘的精度主要取决于测绘等高线在图上位置的精度、特殊地貌特征点的测定精

度及地貌测绘中综合取舍的合理程度。地貌特征点的测定精度与地物特征点的测定精度的要求相同。

(一)地貌测绘精度检查方法

地物测绘采用外业散点法按测站点精度施测。在测区内随机选取分布均匀的地物检测点,检测点的数量要求一般情况下每幅图选取不少于50个点(数量视地物复杂程度等具体情况确定),根据式(7-6)计算点位中误差。

(二)地貌测绘的精度要求

高程注记点相对于邻近图根点的高程中误差不应大于相应比例尺基本等高距的1/3;困难地区可放宽0.5倍;等高线插求点相对于邻近图根点的高程中误差,平地不应大于基本等高距的1/3,丘陵地不应大于基本等高距的1/2,山地不应大于基本等高距的2/3,高山地不应大于基本等高距。

(三)地貌高程中误差计算

1.高精度检测高程中误差计算

外业检测 n 个点的高程 H_i,然后在数字地形图上量测相应点的高程 H'_i,可求得 $\Delta h_i = H_i - H'_i$。由于外业检测点的高程 H_i 精度很高,可认为是真值,无误差,则可以利用式(7-6)计算高程中误差 m_H。

$$m_H = \pm \sqrt{\frac{\sum_{i=1}^{n} \Delta h_i^2}{n}} \tag{7-6}$$

2.同精度检测高程中误差计算

由于是同精度检测,故外业检测的高程 H_i 和在数字地形图上量测相应的高程 H'_i,可认为是等精度观测值,则可以利用式(7-7)计算高程中误差 m_H。

$$m_H = \pm \sqrt{\frac{\sum_{i=1}^{n} \Delta h_i^2}{2n}} \tag{7-7}$$

分析检测资料,凡误差大于2倍中误差的检测点应校核检测资料,避免由于检测造成的错误。大于2倍标准中误差的检测资料,一律视为粗差予以剔除,不参加中误差计算,但统计粗差比例。

第七节　地形测图的收尾工作

外业测图的工作完成后还要进行一系列的收尾工作,包括地形图拼接与检查、地形图整饰、地形图的检查、测量成果的整理、成果上交及检查验收等。

一、地形图的拼接

测量误差的存在,使得相邻图幅连接处的地物轮廓线与等高线不能完全吻合,因此需要拼接。如果不吻合,其接边限差不超过相应比例尺地形图平面、高程中误差的 $2\sqrt{2}$ 倍,可以平均配赋,且应保持要素的属性一致和拓扑关系正确。然后据此原则修改相邻图幅接边处地物、地貌的位置。如果超过限差,应到现场检查并予以纠正或重测。

二、地形图的检查

在测图中,测量人员应做到随测随检查。为了保证成图的质量,在地形图测完后,作业人员和作业小组必须对完成的成果成图资料进行严格的自查和互查,确认无误后可上交。地形图的检查包括室内检查、室外检查两种。

(一)室内检查

室内检查是检明成果成图质量的第一步。室内检查的内容有图面地物、地貌是否清晰易读;各种符号、注记是否正确;等高线与地貌特征点的高程是否相符;接边精度是否合乎要求等。如发现错误或疑点,不可随意修改,应加记录,并到野外进行实地检查、修改。

(二)野外检查

野外检查是在室内检查的基础上进行重点抽查。检查的方法分为巡视检查和仪器检查两种。

1.巡视检查

根据内业检查的情况,按预定的巡视检查路线,进行实地对照查看。主要查看地物、地貌各要素是否正确、齐全,取舍是否恰当。等高线的勾绘是否逼真,图式符号运用是否正确等。

2.仪器检查

仪器检查是在内业检查和野外巡视检查的基础上进行的。除对发现的问题进行补测和修正外,还要对本测站地形进行检查,看所测地形图是否符号要求,如果发现点位的误差超限,应按正确的观测结果修正,仪器检查量一般为10%。

三、整饰

原图经过拼接和检查后,还应按规定的地形图图式符号对地物、地貌进行绘制和整饰,使图面更加合理、清晰、美观。整饰的顺序是先图内后图外,先注记后符号,先地物后地貌。最后绘制内外图廓线、接边图、三北线图、图式比例尺,写出图名、比例尺,坐标系统及高程系统、施测单位、施测者及施测日期等。

四、测量成果的整理

测图工作结束后,应将各种资料予以整理并装订成册,以便提交验收和保存。这些资料包括控制测量和地形测图两部分。

(一)控制测量部分

整理控制点分布略图(包括分幅及水准路线略图)、控制点观测手簿、计算手簿及控制点成果表(包括平面和高程)、控制测量精度评定等资料。

(二)地形测图部分

整理地形图、地形测量手簿及控制点成果表等。

五、成果上交及检查验收

当作业小组对所测图及其他测量成果进行了全面检查及资料整理,并确认无误后,即可上交作业队或业务主管单位进行检查验收。对成果的检查实行二级检查一级验收制度。其检查方法在本章第八节详细介绍。经复查合格后,即可予以验收,并按质量评定等级。

检查验收是对成果成图质量的最后鉴定工作。这项工作不仅仅是为了对成图评定等级,而更重要的是为了最后消除成果成图中可能存在的错误,保证各种测绘资料的正确、清晰、完整,真实地反映地物、地貌,以利于工程建设和设计工作的顺利进行,应正确对待。

第八节　大比例尺数字地形图质量控制

测绘产品的质量检查与验收是生产过程必不可少的环节,是测绘产品的质量保证,是对测绘产品的质量评价。

一、大比例尺数字地形图的检查要求

(一)精度检查要求

(1)数据成果平面坐标和高程采用外业散点法按测站点精度施测。平面和高程检测点应均匀分布,并且为随机选取的明显地物点(特征点)。平面和高程检测点数量视地物复杂程度等具体情况确定,一般情况下每幅图选取不少于50个点。

(2)邻近地物点间距精度检查用钢尺或测距仪量测邻近地物点距离,量测边数量每幅图一般不少于20处。

(3)检测中如发现被检测的地物点和高程点有粗差,应视情况进行重测。当一幅图内检测所算的中误差结果超过①②的有关规定时,应分析误差分布的情况,然后对邻近图幅进行抽查,中误差超限的图幅应重测。

①平面位置精度:

a.图廓点、千米网、控制点的平面位置坐标值应符合理论值或已有坐标值;

b.图上地物点相对于邻近图根点的点位中误差和邻近地物之间的点间距中误差不应大于表7-5的相关规定。当对精度有特殊要求时,可按照相关专业部门规定中所规定的精度要求或根据应用需要在技术设计书中规定。

②高程精度:

高程注记点相对于邻近图根点的高程中误差不应大于相应比例尺基本等高距的1/3;困难地区可放宽0.5倍;等高线插求点相对于邻近图根点的高程中误差,平地不应大于基本等高距的1/3,丘陵地不应大于基本等高距的1/2,山地不应大于基本等高距的2/3,高山地不应大于基本等高距。

(二)接边精度检验方法及要求

(1)接边精度的检测通过量取两相邻图幅接边处要素端点的距离来检查接边精度,未连接的要素应记录其偏离值。

(2)检查接边要素几何上的自然连接情况,避免接边处线划生硬,不自然的连接。

(3)检查接边处同一面状、线状要素属性一致情况,记录属性不一致的要素。

二、大比例尺数字地形图的质量要求

大比例尺数字地形图的质量要求通过对产品的数据说明、数学基础、数据分类与代码、

位置精度、属性精度、逻辑一致性、完备性等质量特性的要求来描述。

数据说明包括:产品的名称和范围说明、采用的标准说明、数据采集方式说明、数据分层说明、产品生产说明、产品检验说明、产品归属说明和备注等。

数学基础是指地形图采用的平面坐标、高程基准、等高距等。

大比例尺数字地形图数据分类与代码应按照《基础地理信息要素分类与代码》(GB 13923—2006)等标准来执行,所补充的要素及代码应在数据说明备注中加以说明。

位置精度包括:地形点、控制点、图廓点和格网点的平面精度、高程注记点和等高线的高程精度、形状保真度和图幅接边精度等。

地形图属性数据的精度是指描述每个地形要素特征的各种属性数据必须正确无误。

地形图数据的逻辑一致性是指各要素相关位置要正确,并能正确反映各要素的分布特点及密度特征。线段相交,无悬挂或过头现象,面状区域需封闭。

地形要素的完备性是指各种要素不能有遗漏和重复现象,数据分层要正确,各种注记要完整,并指示明确。

数字地形图模拟显示时,其线划应光滑、自然、清晰,无抖动、重复等现象。各种符号应符合相应比例尺地形图图式的规定。注记应尽量避免压盖地物,其字体、大小、方向等应符合规范要求。

三、检查验收与质量评定

(一)检查验收

1.检查验收制度

数字测绘产品实行二级检查一级验收制度,即对测绘产品实行过程检查、最终检查和验收制度。过程检查由生产单位检查人员负责,一般是项目部组织承担,是作业人员对测量成果的自检。最终检查由生产单位的质量管理机构负责实施,是对项目部提交的成果的一次整体评估。验收工作由任务的委托单位组织实施,或由该单位委托具有检查资格的检验机构验收。检查验收应严格按照二级检查一级验收制度进行,即先进行过程检查,然后进行最终检查,最后再由任务委托单位验收,必须保证每一步检查合格之后才能进行下一步工作。

2.检查验收程序

(1)组成批成果。

批成果应由同一技术设计书指导下生产的同等级、同规格单位成果汇集而成。生产量较大时,可根据生产时间的不同、作业方法不同或作业单位不同等条件分别组成批成果,实施分批检验。

(2)确定样本量。

样本量确定表见表7-6。

(3)抽取样本。

采用分层按比例随机抽样的方法从批成果中抽取样本,即将批成果按不同班组、不同设备、不同环境、不同困难类别、不同地形类别等因素分成不同的层。根据样本量,在各层分别按各层在批成果中所占比例确定各层中应抽取的单位成果数量,并使用简单随机抽样法抽取样本。抽取批成果的有关资料。如技术设计书、实际总结、检查报告、接合表、图幅清单等。

表 7-6　样本量确定表

批量	样本量
≤20[1]	3
21~40	5
41~60	7
61~80	9
81~100	10
101~120	11
121~140	12
141~160	13
161~180	14
181~200	15
≥201	分批次提交、批次数应最小,各批次的批量应均匀

注:1.当批量小于或等于 3 时,样本量等于批量,为全数检查。

2.摘自《数字测绘成果质量检查与验收》(GB/T 18316—2008)。

(4)检查。

检查分为详查和概查。详查应根据单位成果的质量元素及相应的检查项,按项目技术要求逐一检查样本内的单位成果,并统计存在的各类错漏数量、错误率、中误差等。

根据需要,对样本外单位成果的重要检查项或重要要素以及详查中发现的普通性、倾向性问题进行检查,并统计存在的各类错漏数量、错误率、中误差等。

(5)单位成果质量评定。

根据详查和概查的结果评定单位成果质量。

(6)批成果质量评定。

根据单位成果质量评定结果判定批成果质量。

(7)编制检查报告。

(二)质量评定

1.单位成果质量评定

单位成果质量评定通过单位成果质量分值评定质量等级,质量等级划分为优级品、良极品、合格品、不合格品四级。概查只评定合格批、不合格批两级。详查评定四级质量等级,其工作内容如下:

(1)根据质量检查的结果计算质量元素分值(当质量元素检查结果不满足规定的合格条件时,不计算分值,该质量元素为不合格),方法见《数字测绘成果质量检查与验收》(GB/T 18316—2008)表 5。

(2)根据质量元素分值,评定单位成果质量分值,附件质量可不参与式(7-8)的计算;根据式(7-8)的结果,评定单位成果质量等级,见表 7-7。

$$S = \min(S_i) \quad (i = 1,2,\cdots,n) \tag{7-8}$$

式中,S 为单位成果质量;S_i 为第 i 个质量元素得分值,见《数字测绘成果质量检查与验收》(GB/T 18316—2008)表 5;n 为质量元素的总数。

表 7-7 单位产品质量等级划分标准

质量得分	质量等级
90 分$\leq S<100$ 分	优级品
75 分$\leq S<90$ 分	良级品
60 分$\leq S<75$ 分	合格品
质量元素检查结果不满足规定的合格条件	不合格品
位置精度检查中粗差比例大于 5%	
质量元素出现不合格	

注:摘自《数字测绘成果质量检查与验收》(GB/T 18316—2008)。

2.批成果质量评定

批成果是指同一技术设计要求下生产的同一测区的单位成果集合。批成果质量判定通过合格判定条件(见表 7-8)确定批成果的质量等级,质量等级划分为合格批、不合格批两级。

表 7-8 检测批质量评定标准

质量等级	判定条件	后续处理
批合格	样本中未发现不合格的单位成果,且概查时未发现不合格的单位成果	测绘单位对验收中发现的各类质量问题均应修改
批不合格	样本中发现不合格单位成果,或概查中发现不合格单位成果,或不能提交批成果的技能性文档(如设计书、技术总结、检查报告等)和资料性文档(如接合表、图幅清单等)	测绘单位对批成果逐一查改合格后,重新提交验收

注:摘自《数字测绘成果质量检查与验收》(GB/T 18316—2008)。

第八章　误差基本理论

第一节　测量误差

一、测量误差的来源

测量工作是由观测者使用某种仪器、工具,按照规定的操作方法,在一定的外界条件下进行的。不论观测者多么认真负责,技术多么熟练,使用的仪器多么精密,观测方法多么合理,误差是必然产生的。对同一个量进行多次观测,其结果总是有差异的,如往返丈量某段距离,或重复观测某一角度,其结果往往是不一致的。这种差异的出现说明观测值中有测量误差存在。产生测量误差的因素是多方面的,概括起来有以下三个主要因素。

(1)观测时由于观测者的感觉器官的鉴别能力存在局限性,在仪器的对中、整平、照准、读数等方面都会产生误差。同时,观测者的工作态度、技术熟练程度也会对观测结果产生一定影响。

(2)测量中使用的仪器和工具,在设计、制造、安装和校正等方面不可能十分完善,致使测量结果产生误差。

(3)观测过程中的外界条件,如温度、湿度、风力、日光、大气折光、烟雾等时刻都在变化,必将对观测结果产生影响。

通常把上述的人、仪器、外界条件这三种因素综合起来称为观测条件。可想而知,观测条件好一些观测中产生的误差就会小一些;反之,观测条件差一些,观测中产生的误差就可能会大一些。但是,不管观测条件如何,因受上述因素的影响,测量中存在误差是不可避免的。

测量中,一般把观测条件相同的多次观测,称为等精度观测,观测条件不同的各次观测,称为不等精度观测。

二、真值、真误差、最或然值

由于测量条件的不完善使观测结果不可避免地带有误差,误差是相对于绝对准确而言的。反映一个量真正大小的绝对准确的数值,称为这一量的真值,与真值相对而言,凡以一定的精确程度反映一个量大小的数值,称为此量的近似值或估计值。通过量测得到一个量的近似值,称为该量的观测值。一个量的近似值与真值的差,叫作真误差,如果用 x 表示真值,X 表示观测值,Δ 表示真误差,则

$$\Delta = X - x \tag{8-1}$$

测量中所要处理的量的真值通常是无法确切知道的,因此一般也不能求得真误差,只有在特殊情况下才能求得,例如,平面三角形内角之和应等于 180°,就是真值,三个内角观测值之和与 180°的差 $w = \angle A + \angle B + \angle C - 180°$ 即为真误差。

多数情况下，一个量的真值不能预先知道，那么怎么通过观测值来估计真值，其“可信程度”有多大或“精度”有多高，是本节讨论的主要问题。

例如，A、B 两点间的高差，从理论上讲，在某一时刻它应该是一个确定的数。但是我们采用不同的方法进行测量，得到的观测结果一般不同，即使采用完全相同的方法（相同观测条件）进行两次测量，所得到的结果一般也不会相同，它们都含有一定的观测误差，显然，在相同观测条件下，我们没有理由认为某次观测结果比另一次观测结果“更好”。也就是说，对等精度观测得到的若干个观测值，不能简单认为某一观测值比其他观测值更“可信”。可以理解，两次相同观测条件（等精度观测）所得到的观测值进行平均（简单算术平均）得到的结果（中数），介于两观测值之间，用它作为真值的近似值，其可信程度应该比某一观测值的可信程度更高。如果对一个量 X 进行 n 次等精度观测，得到 n 个观测值 $X_1, X_2, X_3, \cdots, X_n$，其算术平均值为

$$\bar{X} = \frac{1}{n}(X_1 + X_2 + X_3 + \cdots + X_n) \tag{8-2}$$

称为 $\bar{X}$ 的最或然值。可以证明，用最或然值 $\bar{X}$ 作为真值 X 的估计值，可以使所有各观测值 X_i 与 $\bar{X}$ 之差 $\Delta_i = X_i - \bar{X}(i=1,2,\cdots,n)$ 的平方和最小，即符合最小二乘原理。最或然值也可以认为是“最可靠估计值”。因此，测量上一般都用最或然值来作为观测值的估计值（平差值）。对一个观测值而言，若不含系统误差且每个观测值是等精度独立获得的，则算术平均值就是最或然值。

对于不同条件的观测（非等精度观测），由于各观测值的“可信度”不同，就不能取其简单算术平均值作为真值的估计值，而是采取所谓的“加权平均值”。

三、测量误差的分类与处理原则

测量误差按其产生的原因和对观测结果影响的性质不同可分为系统误差、偶然误差和粗差三类。

（一）系统误差

在相同观测条件下，对某量进行一系列观测，若出现的误差在数值、符号上保持不变或按一定的规律变化，这种误差称为系统误差。它是由仪器制造或校正不完善，观测者生理习惯及观测时的外界条件等引起的。如用名义长度为 30 m 而实际长度为 29.99 m 的钢卷尺量距，每量一尺段距离就有将距离量长 1 cm 的误差，这种量距误差，其数值和符号不变，且量的距离愈长，误差愈大，因此系统误差在观测成果中具有累积性。

系统误差在观测成果中的累积性，对成果质量影响显著，但它们的符号和大小又有一定的规律性。因此，可在观测中采用相应措施予以消除。其方法有：

（1）测定仪器误差，对观测结果加以改正，如进行钢尺检定，求出尺长改正数，对量取的距离进行尺长改正。

（2）测前对仪器进行检校，以减小仪器校正不完善的影响。如水准仪的 i 角检校，使其影响减到最小限度。

（3）采用合理观测方法，使误差自行抵消或削弱。如水平角观测中，采用盘左、盘右观

测，可消除视准轴误差和水平轴误差。

（二）偶然误差

在相同观测条件下，对某量进行一系列观测，若出现的误差在数值、符号上有一定的随机性，从表面看并没有明显的规律性，这种误差称为偶然误差。偶然误差是许许多多人们所不能控制的微小的偶然因素（如人眼的分辨能力，仪器的极限精度，外界条件的时刻变化等）共同影响的结果。如用经纬仪测角时的照准误差，水准测量中，在标尺上读数时的估计误差等。

在测量过程中，通常偶然误差和系统误差是同时出现的，我们知道，系统误差虽然具有累积性，但它又具有一定的规律性，只要采取相应措施便可加以消除或削弱，偶然误差则不然，它是在一定条件下产生的许多大小不等、符号不同的、不可避免的小误差，对此则找不到一个予以完全消除的方法。

（三）粗差

在一定的测量条件下，超出规定条件下预期的误差称为粗差。一般地，给定一个显著性的水平，按一定条件分布确定一个临界值，凡是超出临界值范围的值，就是粗大误差，它又叫作粗差或寄生误差。

产生粗差的主要原因如下：

（1）客观原因：电压突变、机械冲击、外界震动、电磁（静电）干扰、仪器故障等引起了测试仪器的测量值异常或被测物品的位置相对移动，从而产生了粗大误差。

（2）主观原因：使用了有缺陷的量具；操作时疏忽大意；读数、记录、计算的错误等。另外，环境条件的反常突变因素也是产生这些误差的原因。

粗大误差不具有抵偿性，它存在于一切科学试验中，不能被彻底消除，只能在一定程度上减弱。它是异常值，严重歪曲了实际情况，所以在处理数据时应将其剔除，否则将对标准差、平均差产生严重的影响。

四、偶然误差的特性

前面已经提及，偶然误差就其单个而言，从表面看其大小和符号没有明显的规律性，即呈现出偶然性，但人们通过长期的测量实践发现。在相同的观测条件下，对某量进行多次观测，所出现的大量偶然误差也具有一定的规律性，而且观测次数愈多，这种规律性就愈明显。

如表 8-1 所示，是 218 个三角形闭合差（真误差）按每 3″为一区间的统计结果。

$$\Delta_i = L_i - X \quad (i = 1,2,3,\cdots,n) \tag{8-3}$$

表 8-1　三角形闭合差分析统计

误差大小	正值个数	负值个数	总个数
0~3	30	29	59
3~6	21	21	42
6~9	15	18	33
9~12	14	16	30
12~15	12	10	22

续表 8-1

误差大小	正值个数	负值个数	总个数
15~18	8	8	16
18~21	5	6	11
21~24	2	2	4
24~27	1	0	1
27 以上	0	0	0
总计	108	109	218

三角形内角和的真值为 180°,设三角形内角和的观测值为 L,则三角形内角和的真误差(简称误差)若以误差的大小为横坐标,以误差出现的个数为纵坐标,可以绘成图 8-1 所示的直方图。

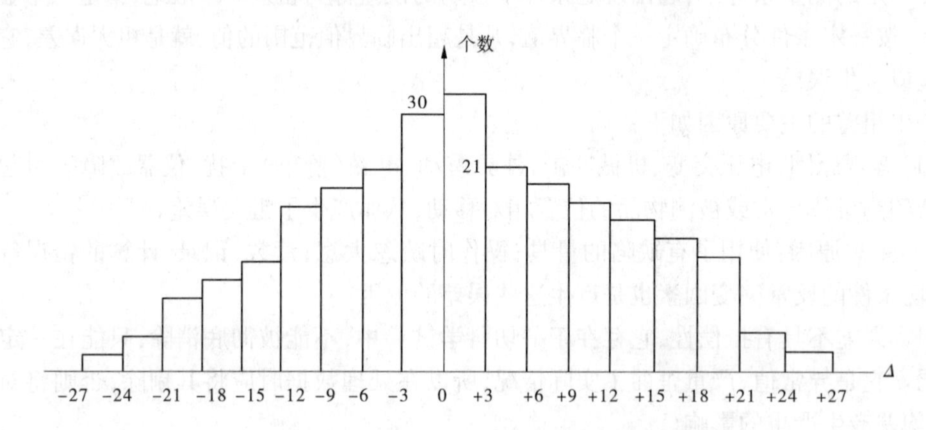

图 8-1 三角形闭合差分布直方图

由表 8-1 和图 8-1 可以直观地看出偶然误差的分布规律,归纳出如下四个基本特征:

(1)在一定的观测条件下,偶然误差的绝对值不会超过一定的限制。

(2)绝对值小的误差比绝对值大的误差出现的机会多。

(3)绝对值相等的正负误差出现的机会相等。

(4)偶然误差的算术平均值,随观测次数的无限增加而趋向于零,即

$$\lim_{n \to \infty} \frac{[\Delta]}{n} = 0 \tag{8-4}$$

式中,$[\Delta] = \Delta_1 + \Delta_2 + \cdots + \Delta_n$,测量上习惯用[ ]表示求和。

以上四个特征中,第一特征说明偶然误差出现的范围;第二特征说明偶然误差绝对值大小的规律;第三特征说明偶然误差符号出现的规律;第四特征说明偶然误差具有相互抵消的性能。

在测量工作中,为了提高成果的质量,通常要进行多余观测(又称过剩观测)。即超过确定未知量必须观测数的观测。如一个三角形只需观测其中两个内角,便可确定其形状。但往往要观测三个内角,这样就产生了一个多余观测。有了多余观测,不但可以发现观测值

中的错误,以便将其剔除或重测,而且势必在观测结果之间产生不符值。根据不符值的大小,可以评定成果的精度;不符值超过一定限度,称为误差超限,若不超限,则可按其特性加以调整,以减少偶然误差对测量成果的影响,从而求得较可靠的结果。

五、测量平差的任务和原则

(一)测量平差的任务

由于测量条件的不尽完善,测量误差是客观存在的。为了提高观测成果的质量,同时也为了检查和及时发现观测值中有无错误存在,在实际工作中,通常要使观测值的个数多于未知量的个数,也就是要进行多余观测。所谓多余观测,就是多于必要的观测。例如,三角网中每个三角形只需观测其中两个内角便可解算,但在实际作业中,总是观测三角形的全部内角。又如在一个三角点上只需观测一测回,便可知道各方向值,但实际上总要进行若干测回的重复观测。

由于观测结果不可避免地受到偶然误差的影响,通过多余观测必然会发现观测结果之间不一致,或不符合应有关系而产生的不符值。于是怎样对这些含偶然误差的观测值进行处理,合理地配赋不符值,从而得到最可靠的结果,这就是测量平差的一个主要任务。

概括起来,测量平差的任务是:

(1)对一系列带偶然误差的观测值,按最小二乘原理,消除各观测值之间的不符值。合理地配赋,求出观测值及其函数的最可靠值。

(2)运用合理的方法来评定测量成果的精度。

(二)测量平差的原则

测量平差的主要任务是消除由观测误差所引起的不符值,求观测量及其函数的最可靠值。那么依据什么原则平差呢?

设某一量的 n 个独立非等精度观测结果为 $L_1,L_2,\cdots,L_n$,观测值服从正态分布,它们出现的概率分别为 $P(L_1),P(L_2),\cdots,P(L_n)$,以 p 表示这一系列观测结果出现的联合概率,由于观测结果为互相独立的,它们的联合概率等于各自出现的概率的乘积,按上面的论述,取

$$p=P(L_1)P(L_2)\cdots P(L_n)=\max \tag{8-5}$$

作为条件来确定观测量的估计值,显然是合理的。

因为观测值服从正态分布,以相应的中误差 m_i 代替均方差 σ_i,以估值 x 代替 $E(L)$,有

$$f(L_i)=\frac{1}{m_i\sqrt{2}\pi}\mathrm{e}^{-\frac{(L_i-x)^2}{2m_i^2}}\quad(i=1,2,\cdots,n)$$

理论上,观测值是连续型随机变量,式(8-5)中的 $P(L_i)$ 实为观测值出现在相应微小区间 $\mathrm{d}L$ 内的概率,即 $P(L_i)=f(L_i)\mathrm{d}L$。

将以上两式一起代入式(8-5)中,得

$$\frac{1}{m_1m_2\cdots m_n(\sqrt{2}\pi)^n}\mathrm{e}^{-\left\{\frac{(L_1-x)^2}{2m_1^2}+\frac{(L_2-x)^2}{2m_2^2}+\cdots+\frac{(L_n-x)^2}{2m_n^2}\right\}}(\mathrm{d}L)^n=\max \tag{8-6}$$

因为$\sqrt{2}\pi$ 及区间长度 $\mathrm{d}L$ 都是常数,m_i 在一定条件下均为定值,故上式最大只需

$$\mathrm{e}^{-\left\{\frac{(L_1-x)^2}{2m_1^2}+\frac{(L_2-x)^2}{2m_2^2}+\cdots+\frac{(L_n-x)^2}{2m_n^2}\right\}}=\max$$

或 $$\frac{(L_1-x)^2}{2m_1^2}+\frac{(L_2-x)^2}{2m_2^2}+\cdots+\frac{(L_n-x)^2}{2m_n^2}=\min$$

将上式乘以常数 $2\mu^2$ 对求最小值并无影响,上式可以写成

$$\frac{\mu^2}{m_1^2}(L_1-x)^2+\frac{\mu^2}{m_2^2}(L_2-x)^2+\cdots+\frac{\mu^2}{m_n^2}(L_n-x)^2=\min$$

以 v_i 表示观测值 L_i 与满足这一条件的估计值 x 之差,即

$$v_i=L_i-x \quad (i=1,2,\cdots,n) \tag{8-7}$$

并令

$$p_i=\frac{\mu^2}{m_i^2} \tag{8-8}$$

上面讨论的最后结果可以写成

$$p_1v_1^2+p_2v_2^2+p_nv_n^2=\min \tag{8-9}$$

或记为

$$[pvv]=\min \tag{8-10}$$

以矩阵符号表示,即

$$V^{\mathrm{T}}PV=\min \tag{8-11}$$

其中

$$V=\begin{pmatrix} v_1 \\ v_2 \\ \vdots \\ v_n \end{pmatrix},P=\begin{pmatrix} p_1 & 0 & \cdots & 0 \\ 0 & p_2 & \cdots & 0 \\ \vdots & \vdots & & \vdots \\ 0 & 0 & \cdots & p_n \end{pmatrix} \tag{8-12}$$

这就是非等精度观测时的最小二乘原理。在满足此原理的条件下求出的估计值 x 称为最或然值或叫平差值。式中的 v_i 叫作最或然误差,也称为改正数;p_i 称作观测值 L_i 的权。式(8-12)中的矩阵 P 称作权矩阵。由式(8-8)可以看出,权与中误差的平方成反比。

当一组观测值为等精度时,各观测值中误差相等。$m_1=m_2=\cdots=m_n=m$。μ 为任意选定的常数。若取 $\mu=m$,则由式(8-8)得

$$p_1=p_2=\cdots=p_n=1$$

即此时各观测值的权相等,并等于1,在这种情况下,式(8-10)及式(8-11)变为

$$[vv]=\min$$

或 $$V^{\mathrm{T}}V=\min$$

这时的权矩阵为单位矩阵。

应该指出,以上最小二乘原理是在仅有一个未知量时,依正态分布导出的。当未知量为多个时,可类似地导出相应的最小二乘原理 $V^{\mathrm{T}}PV=\min$ 或 $V^{\mathrm{T}}V=\min$。

第二节　评定精度的指标

评定观测结果的精度高低,是用其误差大小来衡量的。评定精度的标准,通常用平均误差、中误差、允许误差和相对误差表示。

一、平均误差

在测量工作中，对于评定一组同精度观测值的精度来说，为了计算上的方便，取一组真误差的绝对值的算术平均值，作为衡量这一组同精度观测值的指标，叫作平均误差，记为 θ

$$\theta = \pm \frac{|\Delta_1| + |\Delta_2| + \cdots + |\Delta_n|}{n} = \pm \frac{[\,|\Delta|\,]}{n} \tag{8-13}$$

例如，两组观测值对同一已知角各进行了 5 次观测，观测结果见表 8-2。如果角的真值为 68°46′26″，则两组观测的平均误差分别为 3.6″和 2.4″，可见，第二组观测精度比第一组高。

表 8-2　计算两组观测的平均误差

第一组			第二组		
编号		Δ	编号		Δ
1	68°46′ 27″	−1	1	68°46′25″	+1
2	20	+6	2	21	+5
3	32	−6	3	29	−3
4	24	+2	4	24	+2
5	29	−3	5	27	−1

二、中误差

对一个未知量进行多次观测，设观测结果为 $L_1, L_2, \cdots, L_n$，每个观测结果相应的真误差为 $\Delta_1, \Delta_2, \cdots, \Delta_n$。则用各个真误差的平方和的平均数的平方根作为精度评定的标准，用 m 表示，即

$$\sigma = \pm \sqrt{\frac{[\Delta^2]}{n}} \tag{8-14}$$

式中，σ 称为中误差（又称均方误差）；$[\Delta^2]$ 为各个真误差 Δ 的平方的总和，即 $[\Delta^2] = \Delta_1^2 + \Delta_2^2 + \cdots + \Delta_n^2$。由中误差的定义可知，中误差是指在同样观测条件下，一组观测值的中误差，它并不等于每个观测值的中误差，而是一组真误差的代表。一组观测值的中误差愈大，中误差也就愈大，其精度就愈低。

例如：某小三角锁，委派甲、乙两个小组各观测一遍，各组测得的三角形闭合差分别为：

甲组：+2″，−2″，+3″，+5″，−5″，−8″，+9″

乙组：−3″，+4″，0″，−9″，−4″，+1″，+13″

则各组观测值中误差为

$$\sigma_{甲} = \pm \sqrt{\frac{2^2 + (-2)^2 + 3^2 + 5^2 + (-5)^2 + (-8)^2 + 9^2}{7}} = \pm 5.5('')$$

$$\sigma_{乙} = \pm \sqrt{\frac{(-3)^2 + 4^2 + 0 + (-9)^2 + (-4)^2 + 1^2 + 13^2}{7}} = \pm 6.4('')$$

由此可知，乙组观测精度低于甲组，这是因乙组的观测值中有较大误差出现。因为中误

差能明显反映出误差对测量成果可靠程度的影响,所以成为测量上被广泛采用的一种评定精度的指标。中误差相对较小的观测值,认为精度较高;反之,中误差较大的观测值则认为其精度较低。

三、极限误差

极限误差是指在一定观测条件下,偶然误差的绝对值不应越出的限值。如果在测量中,某一观测值的误差超过这个限值,则认为这个观测值不符合要求,应予以舍去。那么这个限值是如何确定的呢？根据误差理论及大量的试验统计证明:大于 2 倍中误差的偶然误差出现的机会为 5%;大于 3 倍中误差的偶然误差出现的机会仅为 0.3%。因此,实际工作中常采用 3 倍中误差作为极限误差(或称允许误差、限差),即

$$\Delta_{允} = 3\sigma \tag{8-15}$$

当要求较严格时,也有采用 2 倍中误差作为允许误差的。

$$\Delta_{允} = 2\sigma \tag{8-16}$$

四、相对误差

对于精度的评定,在很多情况下用中误差这个指标还不能完全描述对某量观测的精确程度。例如,用钢卷尺丈量了 100 m 和 1 000 m 两段距离,其观测值中误差均为±0.1 m。若以中误差来简单地评定精度,认为它们的"精度相等"显然是错误的。因为量距误差与其长度有关。为此,需要采取另一个评定精度的标准,即相对误差。相对误差是指误差与相对观测值之比,通常以分子为 1 的分数形式表示,即

$$相对误差 = \frac{\sigma}{L} = \frac{1}{\frac{L}{\sigma}} \tag{8-17}$$

式中,L 为观测值。

上例中,前者的相对误差为$\frac{0.1}{100}=\frac{1}{1\ 000}$,后者为$\frac{0.1}{1\ 000}=\frac{1}{10\ 000}$。很明显,后者的精度高于前者。因此,相对误差越小,精度越高,相对误差越大,则精度越低。

应该注意的是,当误差大小与观测量本身大小无关时,如角度测量,则不能用相对误差评定精度,而需用中误差来评定。

有时,求得真误差和允许误差后,也用相对误差来表示。例如,在电磁波测距导线测量中,规定二级导线全长相对闭合差不能超过$\frac{1}{10\ 000}$就是相对允许误差。

第三节　误差传播定律及其应用

一、误差传播定律

在实际测量工作中,一些未知量的求得,常常不是依靠直接测定或不可能直接测定,而是要通过观测值所组成的函数计算解出,例如:平面三角形的闭合差 w 就是通过三个内角

的观测值计算得出的,即 $w = \angle A + \angle B + \angle C - 180°$,闭合差 w 的值无法直接测出。

一个量 n 次等精度观测值的算术平均数 $x = \frac{[L]}{n}$,要由观测值算出。

在三角形 ABC 中,已测得两个角 $\angle A$、$\angle B$ 及角 $\angle A$ 的对边 a,则依 $b = \frac{a\sin\angle B}{\sin\angle A}$求 b 边时,也是通过观测值计算函数 b 的。

上面的 w、x、b,都是观测值的函数。计算所得函数值精确与否,主要取决于作为自变量的观测值的好坏。一般地说,自变量带有误差,必然依一定的规律传播给函数值。所以,对这样求得的函数也有个精度评估问题,即由具有一定中误差的观测值计算所得的函数值,也应具有相应的中误差。这种观测值的中误差与其函数的中误差之间的关系式,就称作误差传播定律。

现按函数形式的不同,对误差传播定律分述如下。

(一)倍数函数

设有函数

$$z = kx \tag{8-18}$$

式中,k 为常数;x 为观测值,其中误差为 σ;函数 z 的中误差为 σ_z。

σ_z 与 σ_x 之间的关系可以由真误差关系导出。即

$$\sigma_z = k\sigma_x \tag{8-19}$$

就是说,观测值与某一常数乘积的中误差,等于观测值中误差乘上该常数。

【例 8-1】 在 1∶500 地形图上,量得某两点的距离为 $s = 31.4$ mm,其中误差 $\sigma = \pm 0.2$ mm,求该两点间实地距离 S 及其中误差 σ_s。

解:$S = 500 \times 31.4 = 15\ 700(\text{mm}) = 15.7$ m

$\sigma_s = 500 \times \sigma = 500 \times (\pm 0.2) = \pm 100(\text{mm}) = \pm 0.1$ m

所以,这两点间的实地距离:$S = 15.7$ m± 0.1 m

(二)和差函数

设有函数

$$z = x \pm y \tag{8-20}$$

式中,x,y 为独立观测值,它们的中误差分别为 σ_x 和 σ_y;z 是 x,y 的和或差的函数。

可以证明,和或差的函数的中误差与各观测值的中误差的关系为

$$\sigma_z^2 = \sigma_x^2 + \sigma_y^2 \tag{8-21}$$

即,两观测值代数和的中误差平方,等于两观测值中误差的平方之和。

如果函数 z 为 n 个独立观测值的代数和,即

$$z = x_1 \pm x_2 \pm \cdots \pm x_n \tag{8-22}$$

式中,x_i 的中误差为 $m_i(i = 1,2,\cdots,n)$,则 z 的中误差为

$$\sigma_z^2 = \sigma_1^2 + \sigma_2^2 + \cdots + \sigma_n^2 \tag{8-23}$$

即,n 个观测值中误差代数和的平方,等于 n 个观测值中误差平方之和。

特别是当诸观测值为等精度观测,即当 $\sigma_1 = \sigma_2 = \cdots = \sigma_n = \sigma$ 时,式(8-23)成为

$$\sigma_z = \sqrt{n}\sigma \tag{8-24}$$

即,在等精度观测时,观测值代数和的中误差,与观测值个数 n 的平方根成正比。

【例 8-2】 在 ΔABC 中,$\angle A$、$\angle B$ 的观测中误差分别为 $\sigma_A = \pm 6''$、$\sigma_B = \pm 8''$,$\angle C = 180° - \angle A - \angle B$,试求 $\angle C$ 的中误差。

解:$\angle C = 180° - \angle A - \angle B$,因 180°为一常数,不含误差。这样,根据式(8-21),得到 $\angle C$ 的中误差为

$$\sigma_C = \pm\sqrt{\sigma_A^2 + \sigma_B^2} = \sqrt{6^2 + 8^2} = \pm 10''$$

【例 8-3】 用 30 m±5 mm 的钢尺丈量 90 m 的距离(3 个尺段),则根据式(8-24),全长的中误差为

$$\sigma_s = \pm 5\sqrt{3} = \pm 8.7(\text{mm})$$

(三)线性函数

设有线性函数

$$z = k_1 x_1 + k_2 x_2 + \cdots + k_n x_n + k_0 \tag{8-25}$$

式中,$x_1, x_2, \cdots, x_n$ 为独立观测值;$k_1, k_2, \cdots, k_n$ 为常系数;k_0 为常数项。

则 z 的中误差平方为

$$\sigma_z^2 = k_1^2\sigma_1^2 + k_2^2\sigma_2^2 + \cdots + k_n^2\sigma_n^2 \tag{8-26}$$

即,一组常数与一组独立观测值乘积代数和的中误差的平方,等于各常数与相应观测值乘积的平方之和。

式(8-19)、式(8-21)、式(8-23)和式(8-24)各式都可以看成式(8-26)的特殊情况。式(8-26)还表明,线性函数的方差,与常数项 k_0 无关。

【例 8-4】 设有线性函数 $z = \frac{4}{14}x_1 + \frac{9}{14}x_2 + \frac{1}{14}x_3 + \frac{1}{14}$ 其中,x_1, x_2, x_3 的中误差分别为 $\sigma_1 = \pm 3$ mm,$\sigma_2 = \pm 2$ mm,$\sigma_3 = \pm 6$ mm,求 z 的中误差。

解:

$$\sigma_z = \pm\sqrt{\left(\frac{4}{14} \times 3\right)^2 + \left(\frac{9}{14} \times 2\right)^2 + \left(\frac{1}{14} \times 6\right)^2} = \pm 1.6(\text{mm})$$

(四)一般函数

作为一般的情况,设有函数

$$z = f(x_1, x_2, \cdots, x_n) \tag{8-27}$$

式中,$x_1, x_2, \cdots, x_n$ 为相互独立的观测值。已知各观测值的中误差为 $\sigma_i (i = 1, 2, \cdots, n)$,则 z 的中误差平方为

$$\sigma_z^2 = \left(\frac{\partial f}{\partial x_1}\right)^2 \sigma_1^2 + \left(\frac{\partial f}{\partial x_2}\right)^2 \sigma_2^2 + \cdots + \left(\frac{\partial f}{\partial x_n}\right)^2 \sigma_n^2 \tag{8-28}$$

即,一般函数中误差的平方,等于该函数对每个独立观测值所求的偏导数值与相应观测值中误差乘积的平方之和。

式(8-28)是误差传播定律更一般的形式,适用于一般的函数。前述式(8-19)、式(8-21)、式(8-23)、式(8-24)、式(8-26)等都是式(8-28)的特例。

【例 8-5】 设有函数 $z = S\sin\alpha$,式中,$S = 150.11$ m,中误差 $\sigma_S = \pm 0.05$ m;$\alpha = 119°45'00''$,中误差 $\sigma_\alpha = \pm 20.6''$,求 z 的中误差。

解:因为 $z = S\sin\alpha$。是 S 和 α 的二元函数,所以由式(8-28)得

$$\sigma_z^2 = (\frac{\partial z}{\partial S})^2 \sigma_S^2 + (\frac{\partial z}{\partial \alpha})^2 (\frac{m_\alpha}{\rho''})^2$$

式中，$(\frac{\partial z}{\partial S}) = \sin\alpha$，$(\frac{\partial z}{\partial \alpha}) = S\cos\alpha$。这里将 m_α 除以 ρ''是因为角度的增量必须以弧度为单位（ρ''取 206 000″）。将已知数据代入，得

$$\begin{aligned}\sigma_z^2 &= \sin^2\alpha\sigma_S^2 + (S\cos\alpha)^2 (\frac{m_\alpha}{\rho''})^2 \\ &= 0.868^2 \times 0.05^2 + (150.11 \times 0.496)^2 \times (\frac{20.6}{206\ 000})^2 \\ &= 0.001\ 884 + 0.000\ 06 \\ &= 1.94 \times 10^{-3}\end{aligned}$$

所以 $\sigma_z = \pm\sqrt{1.94\times10^{-3}} = \pm4.4(\text{cm})$

在应用式(8-28)时应注意以下问题：

(1)式中$\frac{\partial f}{\partial x_i}(i=1,2,\cdots,n)$是函数对各自自变量的偏导数用观测值代入后的导数值，而不是导函数。

(2)若所给角度的中误差以度、分和秒为单位，则应将其化为弧度，具体做法是除以一个相应的 ρ 值。度、分、秒化为弧度应分别除以 $\rho°$、ρ'、ρ''。

(3)一个函数式中包含多项的和时，各项的单位要统一。

(4)应用误差传播定律时，各观测值应只包含偶然误差（不含系统误差）且各观测值必须互相独立（观测值之间不能有某种函数关系），否则，不能直接应用误差传播定律。

例如，设 $z=x+y$ 而 $y=3x$，此时就不能把 z 看成 x 与 y 的和，应用来求 z 的中误差，因为 x 与 y 并不独立。应将 $y=3x$ 代入 $z=x+y$ 中，得到 $z=4x$，为 x 的倍数函数，从而直接应用式(8-19)，得 $\sigma_z=4\sigma_x$。

（五）独立误差的联合影响

测量工作中经常会遇到一个观测结果同时受到许多独立的误差的联合影响。例如在测角时，照准误差、读数误差、目标偏心和仪器偏心误差对角度观测值可以看成互相独立的联合影响。在这种情况下，观测结果的真误差是各个独立误差对观测结果所产生的各个误差的代数和，因此可以直接利用式(8-21)求出其中的误差。

【例 8-6】 在三角高程测量中，已知水平距离、垂直角。仪器高与觇标高量取误差，可忽略不计，求高差 h 的中误差。

解：根据三角高程测量公式

$$h=D\tan\alpha$$

分别求出 h 对 D 和对 α 的偏导数：

$$\frac{\partial h}{\partial D}=\tan\alpha,\frac{\partial h}{\partial \alpha}=D\sec^2\alpha$$

由于本题中垂直角的中误差以分为单位，故应除以 ρ'，将其化成弧度。即

$$\sigma_\alpha=0.5'=\frac{0.5}{3438}$$

将水平距离 D 及其中误差 m_D 的单位统一为厘米。应用式(8-28),并代入已知数据,得 h 的中误差 σ_h 的平方为

$$\begin{aligned}\sigma_h^2 &= (\tan\alpha\sigma_D)^2 + (D\sec^2\alpha\sigma_\alpha)^2 \\ &= (0.094\times25)^2 + \left[45\ 050\times\left(\frac{1}{0.996}\right)^2\times\frac{0.5}{3\ 438}\right]^2 \\ &= 2.35^2 + 6.60^2 \\ &\approx 49.08\end{aligned}$$

故 $\sigma_h = \pm\sqrt{49.08} = \pm7.00(\text{cm})$

【例 8-7】 用两脚规在图上对点时,已知两个脚尖的对点误差(指沿两脚尖连线方向的误差)均为 0.05 mm,求图上量距中误差。

解:两脚尖对点的误差可以看成互相独立的,而图上量距误差可以看成它们各自误差的代数和,因而根据式(8-23),得到图上量距中误差满足

$$\sigma_z^2 = \sigma_1^2 + \sigma_2^2 = 0.05^2 + 0.05^2 = 0.005$$

故 $\sigma_z = \pm0.07$ mm

二、误差传播定律的应用

误差传播定律揭示了观测值中误差与其函数的中误差之间的内在规律,它对解决测量上的具体问题,指导测绘工作经济而合理地进行,有着重要的意义。下面通过一些具体应用示例加以说明。

(一)水准测量的精度

经 n 个测站测定 A、B 两水准点间的高差,其中第 i 站观测的观测高差为 h_i,A、B 两水准点间的总高差 h_{AB} 为

$$h_{AB} = h_1 + h_2 + \ldots + h_n \tag{8-29}$$

设各测站观测高差的精度相同,其中误差均为 $\sigma_{站}$,则由误差传播定律求得的中误差为

$$\sigma_{h_{AB}} = \sqrt{n}\sigma_{站} \tag{8-30}$$

即,当各测站高差的观测精度相同时,水准测量高差的中误差与测站数的平方根成正比。

若水准路线布设在平坦地区,各测站的距离 s 大致相等,令 A、B 两点间的距离为 S,则测站数 $\frac{S}{s}$。代入上式可得

$$\sigma_{h_{AB}} = \sqrt{\frac{S}{s}}\sigma_{站} \tag{8-31}$$

如果 S 及 s 均以千米为单位,则 $\frac{1}{s}$ 表示单位距离(1 km)的测站数,$\sqrt{\frac{1}{s}}\sigma_{站}$ 即为单位距离(1 km)观测高差的中误差。令

$$\sigma_{\text{km}} = \sqrt{\frac{1}{s}}\sigma_{站} \tag{8-32}$$

$$\sigma_{h_{AB}} = \sqrt{S}\sigma_{\text{km}}$$

式中，S 为 A、B 两点间的距离，以千米为单位。

即当各测站的距离大致相等时，水准测量高差的中误差与距离的平方根成正比。

（二）距离丈量的精度

用长度为 L 的钢尺量距，接连丈量了 n 个尺段，全长 S 为

$$S = L_1 + L_2 + \cdots + L_n \tag{8-33}$$

设每一尺段的量距中误差均为 m_L。因每一尺段丈量的结果 $L_1, L_2, \cdots, L_n$ 均为独立观测值，故由误差传播定律求得全长 S 的中误差为

$$\sigma_S = \sqrt{n}\,\sigma_L \quad 或 \quad \sigma_S = \sqrt{\frac{S}{L}}\,\sigma_L \tag{8-34}$$

由于采用同一根钢尺丈量，精度相同，故 L 可认为是定值，令

$$\sigma = \frac{\sigma_L}{\sqrt{L}} \tag{8-35}$$

当 $L=1$ 时，$\sigma=\sigma_L$ 即为单位长度的丈量中误差。

将式(8-35)代入式(8-34)，得

$$\sigma_S = \sigma\sqrt{S} \tag{8-36}$$

即，距离 S 的丈量中误差，等于单位长度丈量中误差的 $\sqrt{S}$ 倍，或者说距离 S 的中误差与距离 S 的平方根成正比。

（三）导线边方位角的精度

设图 8-2 所示的支导线以同等精度测得 n 个转折角（左角）$\beta_1, \beta_2, \ldots, \beta_n$，且其中误差均等于 σ_β。其第 n 条导线的坐标方位角为

$$\alpha'_n = \alpha_0 + \beta_1 + \beta_2 + \cdots + \beta_n \pm n \times 180° \tag{8-37}$$

其中，α_0 是已知边的坐标方位角，可以认为没有误差。n 为推算时转折角的个数。则第 n 条导线边的坐标方位角中误差为

$$\sigma_{\alpha'_n} = \sqrt{n}\,\sigma_\beta \tag{8-38}$$

即，支导线中第 n 条边的坐标方位角中误差，等于各转折角中误差的 $\sqrt{n}$ 倍。

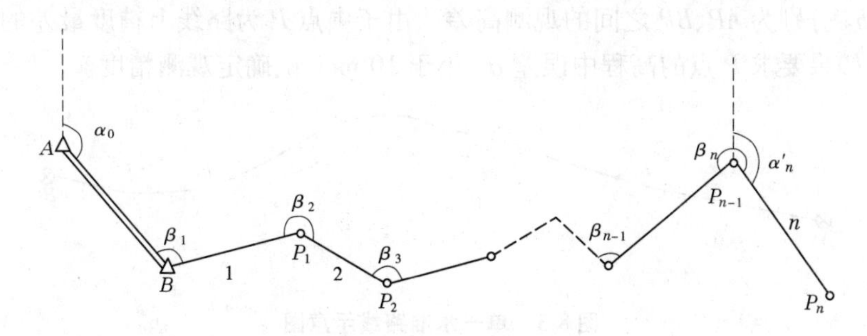

图 8-2　支导线示意图

（四）同精度观测值的简单平均值的精度

设对某量以同等精度观测了 n 次，其观测值为 $L_1, L_2, \cdots, L_n$，它们的中误差等于 m，取 n 个观测值的简单平均值作为该量的最或然值。即

$$x = \frac{[L]}{n} = \frac{1}{n}L_1 + \frac{1}{n}L_2 + \cdots + \frac{1}{n}L_n \tag{8-39}$$

由误差传播定律,得平均值的中误差为

$$\sigma_x^2 = \frac{1}{n^2}\sigma^2 + \frac{1}{n^2}\sigma^2 + \cdots + \frac{1}{n^2}\sigma^2 = \frac{\sigma^2}{n} \tag{8-40}$$

或
$$\sigma_x = \frac{\sigma}{\sqrt{n}}$$

即,n 个同等精度观测值的简单平均值的中误差,等于各观测值的中误差除以$\sqrt{n}$。

(五)根据实际要求确定观测精度和观测方法

在误差传播定律中,如果知道了观测值的中误差,就可以计算出函数的中误差。但在实际工作中,往往为了使观测值函数能够达到某一预定的精确要求,而需要反求出观测值本身应具有的精度。

【例 8-8】 如一个三角形观测量两个内角 α 和 β,其第三个内角可由

$$\gamma = 180° - \alpha - \beta \tag{8-41}$$

求得,这样 $\sigma_\gamma^2 = \sigma_\alpha^2 + \sigma_\beta^2$

若已知 α 角的观测精度为±4″,为了使 γ 角的精度能优于±5″,问 β 角应该以怎样的精度进行观测?

解:由中误差关系式可知

$$\sigma_\beta^2 \leqslant \sigma_\gamma^2 - \sigma_\alpha^2 = 5^2 - 4^2 = 9$$

$$\sigma_\beta \leqslant \pm \mid 3'' \mid$$

即,β 角应该以±3″的精度进行观测。

【例 8-9】 如图 8-3 所示,设 A、B 为已知水准点,它们的高程 H_A、H_B 无误差,若在 A、B 之间布设了长度 S=16 km 的单一水准路线,其中 P 点的高程,可用下式求得

$$H_P = \frac{1}{2}[(H_A + h_1) + (H_B + h_2)] \tag{8-42}$$

式中,h_1 和 h_2 分别为 AP、BP 之间的观测高差。由于中点 P 为路线上精度最差的高程点,故称最弱点。如果要求 P 点的高程中误差 σ_ρ 小于 10 mm,试确定观测精度。

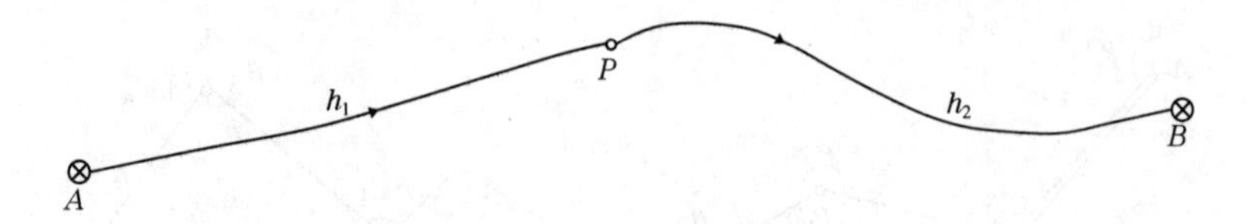

图 8-3 单一水准路线示意图

解:如假定每千米观测高差的中误差为 m,可由式(8-36)求得 h_1 和 h_2 的中误差

$$\sigma_{h_1} = \sigma_{h_2} = \sqrt{\frac{S}{2}}\sigma$$

因 h_1 和 h_2 是互相独立的观测值,故由式(8-40)可知

$$\sigma_P^2=\frac{1}{4}(\sigma_{h_1}^2+\sigma_{h_2}^2)=\frac{1}{4}S\sigma^2$$

所以,欲满足 $\sigma_P \leqslant 10$ mm 的要求,则必须使

$$\sigma=\frac{2\sigma_P}{\sqrt{S}} \leqslant \frac{2}{\sqrt{16}}\times 10=5(\mathrm{mm})$$

即,要求每千米观测高差的中误差应小于 5 mm。

三、由真误差计算中误差实例

(一)由三角形闭合差计算测角中误差

在观测条件不变的情况下,观测值的中误差 m 应该是一个确定的数,但其值往往不能直接得到。我们利用误差传播定律,可以反算出 σ。

设以相同的精度独立观测了 n 个三角形的各内角 A_i、B_i、C_i($i=1,2,\cdots,n$)。其测角中误差均为 σ。由观测值计算各三角形内角和与 180°的差即三角形闭合差 w_i 为

$$w_i = A_i + B_i + C_i - 180° \quad (i=1,2,\cdots,n) \tag{8-43}$$

由于每一个三角形的三个内角都是等精度的独立观测,根据式(8-23),得三角形内角和的中误差

$$\sigma_{\sum} = \pm\sqrt{\frac{[ww]}{n}} \tag{8-44}$$

式中,$[ww]=w_1^2+w_2^2+\cdots+w_n^2$

由于内角和是三个观测角的和 $\sum i=A_i+B_i+C_i$

故 $$\sigma_{\Sigma}^2=3\sigma^2$$

或 $$\sigma=\frac{\sigma_{\Sigma}}{\sqrt{3}}$$

由此得测角中误差为

$$\sigma = \pm\sqrt{\frac{[ww]}{3n}} \tag{8-45}$$

这就是测量中常用的由三角形闭合差计算测角中误差的菲列罗公式。三角测量中经常用它来初步评定测角精度。当三角形的个数 n 不足 20 时,由菲列罗公式算得的 m 不够准确,n 越大,算出的 m 越能真实地反映观测质量。

(二)由双次观测值之差值计算观测值中误差

在测量工作中,经常对一系列被观测量进行“成对”的观测。例如,支水准路线中各段高差进行往返观测;在导线测量中每条边测量两次,检验经纬仪的照准精度时,也是照准两次、读数两次,等等。这种成对的观测称为双观测。由于一系列观测值都是成对的,可采用各观测值之差估计精度。

设对量 $x'_1,x'_2,\cdots,x'_n$ 各观测两次,得独立观测值为

$$L'_1,L'_2,\cdots,L'_n;L''_1,L''_2,\cdots,L''_n$$

其中,观测值对 L'_1 和 L'_2 是对量 x_i 的两次观测结果。假定这 $2n$ 个观测值是相同条件下的独立观测,即各观测量具有相同的中误差 σ,记

$$d_i = L'_i - L''_i \quad (i = 1,2,\cdots,n) \tag{8-46}$$

即

$$\sigma_d = \sqrt{2}\sigma \tag{8-47}$$

对于这 n 双观测值的互差 $d_1, d_2, \cdots, d_n$，根据中误差的定义式(8-14)，其中误差为

$$\sigma_d = \pm\sqrt{\frac{[dd]}{n}} \tag{8-48}$$

将式(8-48)代入式(8-47)并化简，即可得出观测值的中误差公式

$$\sigma = \pm\sqrt{\frac{[dd]}{2n}} \tag{8-49}$$

而一对观测值的平均值中误差则为

$$\sigma_{dd} = \frac{\sigma_d}{\sqrt{2}} = \pm\frac{1}{2}\sqrt{\frac{[dd]}{n}} \tag{8-50}$$

【例 8-10】 在相同条件下对 6 条边各丈量两次，变量结果如表 8-3 中前 3 栏。各边均取两次丈量值的平均值作为最或然值，求观测值中误差与每边最或然值的中误差。

解：因观测条件相同，各边长度相近，故可认为丈量精度相同，根据观测值计算出各双观测值的互差及其平方值，分别填入表 8-3 的第 4 栏和第 5 栏，由式(8-49)，得观测值中误差

$$\sigma = \pm\sqrt{\frac{[dd]}{2n}} = \pm\sqrt{\frac{288}{12}} = \sqrt{24} = \pm 4.90(\text{mm})$$

各边长度最或然值中误差

$$\sigma_{dd} = \frac{\sigma}{\sqrt{2}} = \frac{4.90}{\sqrt{2}} = \pm 3.46(\text{mm})$$

表 8-3 边长丈量结果及计算表

边号	第一次丈量值 L'_i(m)	第二次丈量值 L''_i(m)	差数 d_i(mm)	$d_i d_i$
1	25.475	25.466	+9	81
2	25.780	25.785	−5	25
3	25.009	25.005	+4	16
4	24.862	24.873	−11	121
5	24.341	24.335	+6	36
6	24.773	24.776	−3	9
				$[dd]=288$

第四节 不等精度观测

前面讨论的误差传播定律是基于等精度观测的，但在实际测量工作中，还常常碰到对未知量进行多次不等精度观测，得到一组观测值。本节将简要介绍如何利用一个量的一组不

等精度观测值来求该量的最或然值及其精度评定问题。

一、权的概念

图 8-4 为有一个结点的水准网。点的高程可由三条水准路线计算而得。路线 1 由水准点 A 出发，经过 25 个测站，得 P 点高程的一个观测值 H_{P_1}；路线 2 由点 B 出发，经过 16 个测站，得 P 点高程的第二个观测值 H_{P_2}；路线 3 由点 C 出发，经过 9 个测站，得 P 点高程的第三个观测值 H_{P_3}。

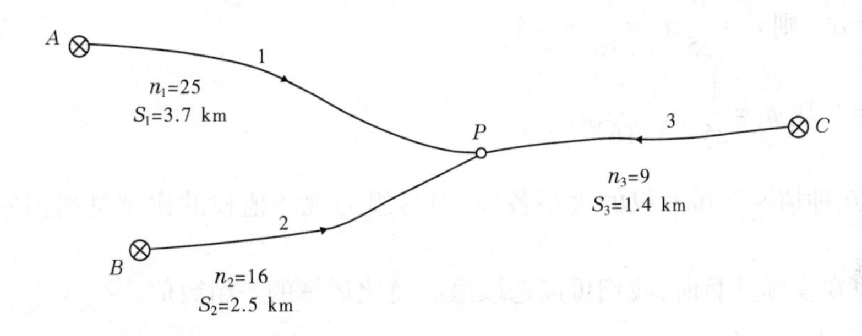

图 8-4　单结点水准网示意图

如果三条水准路线各测站都是等精度观测，每一测站的观测高差的中误差为 σ;，且 $\sigma=\pm1$ mm，则可根据误差传播定律分别由三条水准路线求得 P 点高程三个观测值 H_{P_1}、H_{P_2}、H_{P_3}的中误差 σ_1、σ_2、σ_3

$$\sigma_1=\pm\sqrt{25}\times m=5m=\pm5(\text{mm})$$

$$\sigma_2=\pm\sqrt{16}\times m=4m=\pm4(\text{mm})$$

$$\sigma_3=\pm\sqrt{9}\times m=3m=\pm3(\text{mm})$$

显然，由这三条路线所算得 P 点的高程 H_{P_1}、H_{P_2}、H_{P_3}是不等精度的，此时就不能用它们的简单算术平均值作为 P 点高程的最或然值。

但是，我们可以这样取平均值，在这个平均值，精度高的观测值所占比重大些，而精度低的观测值所占比重小些。这个比重也就表示了观测值的质量，它可以用一个数值来表示，这个数值就称为观测值的权。观测质量越高，其观测值的中误差越小，其权则越大；反之亦然。

下面给出权与中误差的关系式。

设有某一量的 n 个观测值为 $L_1,L_2,\cdots,L_n$，它们的中误差为 $\sigma_1,\sigma_2,\cdots,\sigma_n$，则各观测值的权 $p_1,p_2,\cdots,p_n$，定义为

$$p_1=\frac{\mu^2}{\sigma_1^2},\quad p_2=\frac{\mu^2}{\sigma_2^2},\quad \cdots,\quad p_n=\frac{\mu^2}{\sigma_n^2} \tag{8-51}$$

其中，μ^2 为一正的常数，可以为任意值（但在一组观测中，必须是同一个数值）。所以，权是衡量观测值间相对精度的，它是一组与观测值中误差平方成反比的数值。

由式(8-51)可以看出

$$\mu^2=p_1\sigma_1^2,\quad \mu^2=p_2\sigma_2^2,\quad \cdots,\quad \mu^2=p_n\sigma_n^2 \tag{8-52}$$

若对某一观测值，其权 $p_k=1$，则 $\mu=\sigma_k$。也就是说，μ 可以看作权为 1 的观测值的中误差。值为 1 的权称为单位权，故 p 为单位权观测值的中误差，简称单位权中误差。

当一组观测值中误差已知时，便可利用 $p_i=\frac{\mu^2}{\sigma_i^2}(i=1,2,\cdots,n)$，如在上例中，已知 $\sigma_1=\pm5$ mm，$\sigma_2=\pm4$ mm，$\sigma_3=\pm3$ mm，则各观测值的权可为：

①令 $\mu=\sigma_1$，则 $p_1=1,p_2=\frac{25}{16},p_3=\frac{25}{9}$

②令 $\mu=\sigma_2$，则 $p_1=\frac{16}{25},p_2=1,p_3=\frac{25}{9}$

③令 $\mu=\sigma_3$，则 $p_1=\frac{9}{25},p_2=\frac{9}{16},p_3=1$

④令 $\mu=1$，则 $p_1=\frac{1}{25},p_2=\frac{1}{16},p_3=\frac{1}{9}$

在上面几种情况下虽然权的大小各异，但每组的观测值权的比例是相同的，均为$(\frac{1}{25},\frac{1}{16},\frac{1}{9})$，所以在实际计算时，我们可以选取最能简化运算的一组数值。

在实际工作中，通常观测值中误差是无法预先知道的。所以，不能按权的定义式求出权值而确定未知量的最或然值。但是如果我们预先知道造成不等精度观测的一些原因，例如水准测量中由几条线路来测定结点的高程，因为各段路线的长度或测站数不同而成为不等精度观测。在这种情况下，我们就可以利用距离、测站数等来确定各观测值的权。

二、单结点水准网定权

在图 8-4 所示的单结点水准网中设三条水准路线的测站数分别为 n_1,n_2,n_3，P 点高程是由三条路线观测求得，其观测值分别为 h_1、h_2、h_3。下面讨论各观测值的定权问题。

(一)以测站数定权

设各测站的观测中误差均为 σ，则 h_1,h_2,h_3 的中误差分别为

$$\sigma_{h_1}=\sqrt{n_1}\sigma,\sigma_{h_2}=\sqrt{n_2}\sigma,\sigma_{h_3}=\sqrt{n_3}\sigma$$

以通式表示为

$$\sigma_{h_i}=\sqrt{n_i}\sigma \quad (i=1,2,3) \tag{8-53}$$

因此，各观测值的权为 $p_i=\frac{\mu^2}{\sigma_{h_i}^2}=\frac{\frac{\mu^2}{\sigma^2}}{n_i}$

式中，$\frac{\mu^2}{\sigma^2}$是常数，令其为 $C(C>0)$ 则

$$p_i=\frac{C}{n_i} \tag{8-54}$$

即，各段路线观测高差的权与各段路线的测站数成反比。

式(8-54)中的常数 C 可以选定任一大于 0 的数，它表示一测站观测高差的权。如取 $C=1$ 即表示一测站观测高差的权为 1；$C=10$，则表示一测站观测高差的权为 10。在本例中，如果取 $C=1$，则 P 点高程各观测值 h_1,h_2,h_3 的权

$$p_1=\frac{1}{25},p_2=\frac{1}{16},p_3=\frac{1}{9}$$

表示一测站观测为单位权观测。如取 $C=100$,则各观测值的权为

$$p_1=\frac{100}{25},p_2=\frac{100}{16},p_3=\frac{100}{9}$$

表示一测站观测的权为 100,即 100 站观测为单位权观测。

(二)以各水准路线长度定权

设各水准路线的长度分别为 S_1、S_2、S_3,若地势起伏不大,各测站间的距离大致相等,设为 S,则各路线测站数为 $n_i=\frac{S_i}{s}$

代入式(8-53),则得

$$\sigma_{n_1}=\sqrt{\frac{1}{s}}\cdot\sqrt{S_i}\sigma$$

因测站间的距离均为 S,故 $\frac{1}{S}$ 为单位长度的测站数,$\sqrt{\frac{1}{S}}\sigma$ 就是单位长度水准测量的中误差,以符号 μ 表示,即令 $\mu_s=\sqrt{\frac{1}{s}}\sigma$。

显然,在相同观测条件下,μ_s 是一常数。

因此,各观测值 h_i 的中误差可以表示为 $\sigma_{h_i}=\sqrt{S_i}\mu_s$

它们的权为

$$p_i=\frac{\mu^2}{\sigma_{h_2}^2}=\frac{\left(\frac{\mu}{\mu_s}\right)^2}{S_i}=\frac{C}{S_i} \tag{8-55}$$

即,水准测量时,可用距离确定各路线的权,其权值与距离成反比。

同样,式(8-55)中 C 为常数(大于 0),可任意选取。如 $C=1$,表示单位长度观测值的权为 1;$C=10$,表示单位长度观测值的权为 10。

在图 8-4 中,若 $S_1=3.7$ km,$S_2=2.5$ km,$S_3=1.4$ km,取 $C=1$,则各观测值之权为 $p_1=\frac{1}{3.7}$,$p_2=\frac{1}{2.5}$,$p_3=\frac{1}{1.4}$,表示 1 km 长度观测为单位权观测;若取 $C=10$,则各权为

$$p_1=\frac{10}{3.7},p_2=\frac{10}{2.5},p_3=\frac{10}{1.4}$$

表示 1 km 观测权为 10,即 10 km 观测为单位权观测。

一般而言,在水准测量中,在地势起伏较大的地区,每千米的测站数相差较大时,可用测站数定权;在平坦地区,每千米测站数相近,可用距离定权。但必须注意,在用距离或测站数定权时,每单位长度或每测站的观测必须是等精度的,否则式(8-54)、式(8-55)不能成立。

三、加权平均值及其中误差

若对某未知量 x 进行了 n 次不等精度观测,观测值及相应的权值如下:

观测值为 $L_1, L_2, \cdots, L_n$；

权值为 $p_1, p_2, \cdots, p_n$。

下面我们来讨论其最或然值问题。

（一）加权平均值

在本章第一节，我们介绍上一个量的 n 个等精度观测值的算术平均值就是其最或然值，亦即，用 n 个等精度观测值的算术平均值作为真值的“最可靠估计值”，可以满足最小二乘原理。

对于不等精度观测，我们仍采用简单取算术平均值的方法，就体现不出“不等精度”的意义。但是，有了“权”的概念，我们就可以这样来求 n 个不等精度观测值的最或然值 X，将各观测值 $L_i(i=1,2,\cdots,n)$ 乘上其权后求和，然后除以各观测值权数的总和。即

$$X=\frac{p_1L_1+p_2L_2+\cdots+p_nL_n}{p_1+p_2+\cdots+p_n} \tag{8-56}$$

或简写成

$$X=\frac{[pL]}{[p]} \tag{8-57}$$

这样就可得到不等精度观测值的估计值 X，称为加权平均值或广义算术平均值。

对于等精度观测，可以认为各观测值的权相等（可以均取为1），这样，式（8-56）变成了 $X=\frac{L_1+L_2+\cdots+L_n}{n}$ 与式（8-2）完全相同。可见，加权平均值是算术平均值的推广；算术平均值是加权平均值的特殊情况（各观测值的权相等）。

可以证明，用加权平均值作为不等精度观测值的平差值，也符合最小二乘原理。因此，一个量不等精度观测值的加权平均值，就是该量的最或然值。

（二）加权平均值的中误差

如果已知某量 x 的 n 个不等精度观测值为 $L_1, L_2, \cdots, L_n$，其中误差分别为 $\sigma_1, \sigma_2, \cdots, \sigma_n$，根据误差传播定律，$x=\frac{[pL]}{p}$ 的加权平均值的中误差平方 σ_x^2 为

$$\begin{aligned}
\sigma_x^2 &= \frac{p_1^2}{[p]^2}\sigma_1^2+\frac{p_2^2}{[p]^2}\sigma_2^2+\cdots+\frac{p_n^2}{[p]^2}\sigma_n^2 \\
&= \frac{p_1^2}{[p]^2}\cdot\frac{\mu^2}{p_1}+\frac{p_2^2}{[p]^2}\cdot\frac{\mu^2}{p_2}+\cdots+\frac{p_n^2}{[p]^2}\cdot\frac{\mu^2}{p_n} \\
&= \frac{(p_1+p_2+\cdots+p_n)\mu^2}{[p]^2} \\
&= \frac{[p]\mu^2}{[p]^2} \\
&= \frac{\mu^2}{[p]}
\end{aligned}$$

所以

$$\sigma_x=\frac{\mu}{\sqrt{[p]}} \tag{8-58}$$

这就是加权平均值中误差的计算公式。由权的定义可知,[p] 就是加权平均值 X 的权

$$p_x = [p] \tag{8-59}$$

即,观测值加权平均值的权,等于各观测值的权之和。

四、权倒数传播定律

在实际应用中,往往要根据观测结果的权来确定其函数的权。

设 $x_1, x_2, \cdots, x_n$ 为相互独立的观测值,它们的中误差分别为 $\sigma_1, \sigma_2, \cdots, \sigma_n$,则根据误差传播定律式(8-26),函数

$$z=f(x_1+x_2+\cdots+x_n)$$

的中误差的平方为

$$\sigma_x^2 = \left(\frac{\partial f}{\partial x_1}\right)^2 \sigma_1^2 + \left(\frac{\partial f}{\partial x_2}\right)^2 \sigma_2^2 + \cdots + \left(\frac{\partial f}{\partial x_n}\right)^2 \sigma_n^2 \tag{8-60}$$

根据权的定义式(8-51),有

$$\sigma_z^2 = \frac{\mu^2}{\sqrt{p_z}}, \sigma_i^2 = \frac{\mu^2}{\sqrt{p_i}} \quad (i = 1,2,\cdots,n)$$

代入(8-60)后两端同除以 μ^2 得

$$\frac{1}{p_z} = \left(\frac{\partial f}{\partial x_1}\right)^2 \frac{1}{p_1} + \left(\frac{\partial f}{\partial x_2}\right)^2 \frac{1}{p_2} + \cdots + \left(\frac{\partial f}{\partial x_n}\right)^2 \frac{1}{p_n} \tag{8-61}$$

式中的 $\frac{1}{p_z}$ 及 $\frac{1}{p_i}$ $(i=1,2,\cdots,n)$ 皆称为权倒数。这就是函数为一般形式时的权倒数关系式——权倒数传播定律。

对于常见的倍数函数、和差函数、线性函数,权倒数传播定律有较简单的形式。为方便应用,将以上几种常用函数的中误差公式、权倒数公式列于表 8-4。

表 8-4　常见函数的中误差公式、权倒数公式

函数形式	中误差公式	权倒数关系式
倍数函数 $z=kx$	$\sigma_z=k\sigma$	$\frac{1}{p_z}=k^2\frac{1}{p}$
和差函数 $z=x_1\pm x_2$	$\sigma_z^2=\sigma_1^2+\sigma_2^2$	$\frac{1}{p_z}=\frac{1}{p_1}+\frac{1}{p_2}$
线性函数 $z=k_1x_1+k_2x_2+\cdots+k_nx_n$	$\sigma_z^2=k_1^2\sigma_1^2+k_2^2\sigma_2^2+\cdots+k_n^2\sigma_n^2$	$\frac{1}{p_z}=k_1^2\frac{1}{p_1}+k_2^2\frac{1}{p_2}+\cdots+k_n^2\frac{1}{p_n}$
一般函数 $z=f(x_1,x_2,\cdots,x_n)$	$\sigma_z^2=\left(\frac{\partial f}{\partial x_1}\right)\sigma_1^2+\left(\frac{\partial f}{\partial x_2}\right)\sigma_2^2+\cdots+\left(\frac{\partial f}{\partial x_n}\right)\sigma_n^2$	$\frac{1}{p_z}=\left(\frac{\partial f}{\partial x_1}\right)^2\frac{1}{p_1}+\left(\frac{\partial f}{\partial x_2}\right)^2\frac{1}{p_2}+\cdots+\left(\frac{\partial f}{\partial x_n}\right)^2\frac{1}{p_n}$

第九章　地形图的应用

第一节　地形图常见几何要素量测

一、图上确定点的平面坐标

确定图上任意一点的平面坐标,可根据图上方格网及其坐标值直接量取。

如图 9-1 所示,欲求 A 点的坐标,过 A 点作坐标格网的垂线 ef 和 gh,用比例尺量出 ab、ad、ag、ae 的长度,按式(9-1)计算 A 点的坐标:

$$\left.\begin{aligned} x_A &= x_a + \frac{l}{ab} \cdot ag \\ y_A &= y_a + \frac{l}{ad} \cdot ae \end{aligned}\right\} \tag{9-1}$$

式中,l 为坐标方格网原有边长(一般为 10 cm),ab、ad 是图纸受伸缩影响后的坐标方格网边长,按式(9-1)计算 A 点的坐标,可避免图纸伸缩的影响。

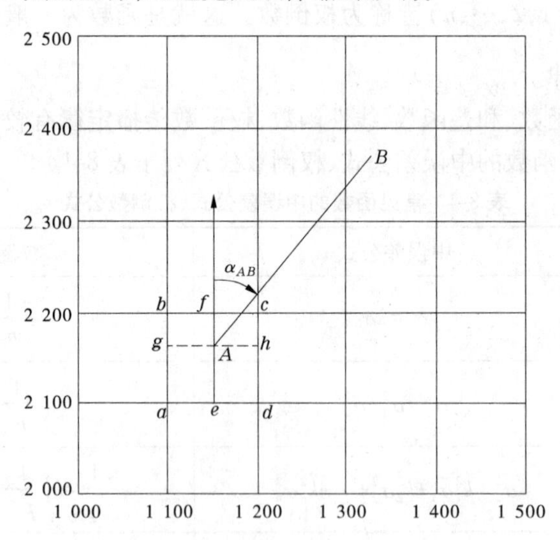

图 9-1　图上确定点的平面坐标

在地形图上量取点的坐标,其精度受图解精度的限制,一般认为图解精度为图上的 0.1 mm,因此图解坐标精度不会高于 0.1 mm 乘比例尺分母。

二、距离和方位角查询

在同一幅图中,欲求两点间的水平距离和某一直线的方向,一般采用直接量取法。

当所求直线的两点不在同一幅图内或精度要求较高时,可在图上分别量出两个点的坐标值，然后计算其长度和坐标方位角。如图 9-1 所示，先得到 A、B 点的坐标，再按式(9-2)计算其直线的长度 D_{AB} 和坐标方位角 α_{AB}：

$$D_{AB} = \sqrt{(x_B - x_A)^2 + (y_B - y_A)^2} \tag{9-2}$$

$$\alpha_{AB} = \arctan \frac{y_B - y_A}{x_B - x_A} \tag{9-3}$$

也可以首先在 DTM 格网上直接量取 A、B 两点的距离，然后根据 DTM 比例尺，换算成实地距离。

三、确定图上点的高程

在地形图上可利用等高线确定点的高程。若某点恰好位于某等高线上，该点的高程就等于所在的等高线高程，如图 9-2 中的 A 点，其高程为 35 m。

若某点位于两等高线之间，则应用内插法按平距与高差成正比的关系求得该点的高程。如图 9-2 中的 k 点，位于 33 m 和 34 m 的等高线之间，欲求其高程，则通过 k 点作相邻两等高线的垂线 mn，量得 mn、mk 的长度，即可按式(9-4)求得 k 点的高程：

$$H_k = H_m + \frac{mk}{mn} \cdot h \tag{9-4}$$

式中，H_m 为 m 点的高程；h 为等高距。

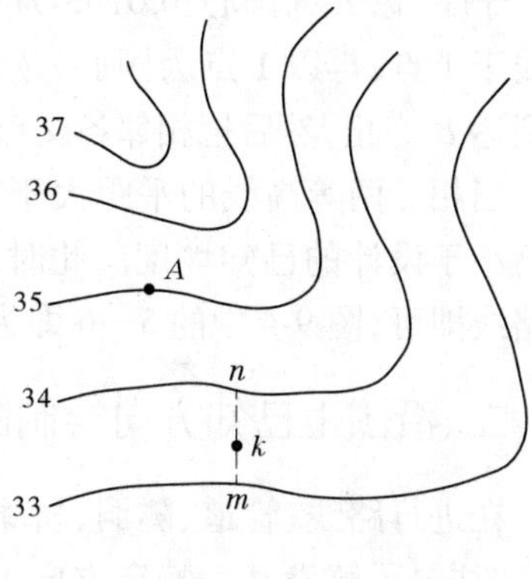

图 9-2　图上确定一点的高程

四、确定图上地面坡度

地面的倾斜可用坡度或倾斜角表示。如图 9-3 所示，设斜坡上任意两点 A、B 间的水平距离为 D，相应的图上长度为 d，高差为 h，地形图比例尺的分母为 M，则两点间的坡度 i 或倾斜角 θ 可按下式计算：

$$i = \tan\theta = \frac{h}{D} = \frac{h}{dM} \tag{9-5}$$

式中，i 一般用百分率(%)或千分率(‰)表示。

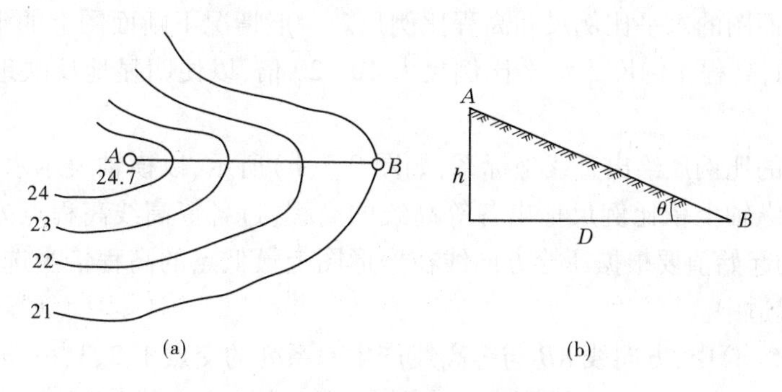

图 9-3　确定地面的坡度

第二节　地形图在工程建设中的应用

一、按限制坡度选择最短线路

在进行管线、道路、渠道等的规划设计中，要考虑其线路的位置、走向和坡度。一般先在地形图上根据规定的坡度进行初步选线，计算其工程量，然后进行方案比较，最后在实地选定。

如图 9-4 所示，A 点处为一采石场，现要从 A 点修一条公路到河岸码头 B，以便把石块运下山来。已知公路的限制坡度为 5%，地形图比例尺为 1∶2 000，等高距 $h=1$ m，则路线通过相邻两等高线的最小平距为

$$d=\frac{h}{i\cdot M}=\frac{1}{0.05\times 2\ 000}=0.01(\mathrm{m}) \qquad (9\text{-}6)$$

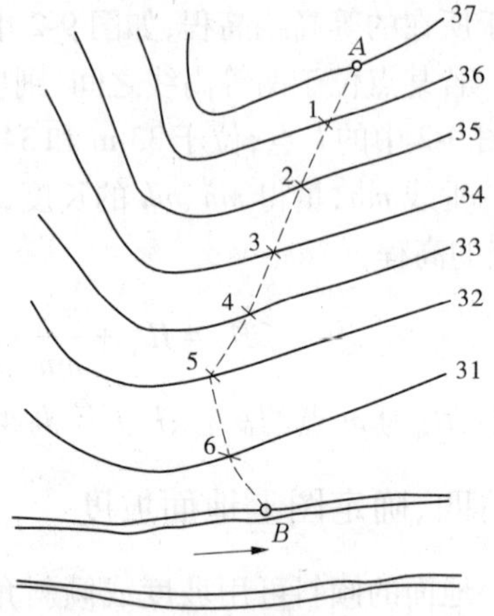

图 9-4　按限制坡度选择最短线路

于是，以 A 为圆心，0.01 m 为半径画弧，交 36 m 等高线于 1 点，再以 1 点为圆心，依法交出 2 点，直至路线到达 B 为止，然后把相邻各交点连起来，即为所选路线。当相邻两等高线的平距大于 d 时，说明该地面坡度已小于设计的已知坡度。此时，取两等高线间的最短路线即可，图 9-4 中的 5—6 即为此种情况。

二、沿图上已知方向绘制断面图

在进行路线、管道、隧洞、桥梁等工程的规划设计中，往往要了解沿某一特定方向的地面起伏情况及通视情况。此时，常利用大比例尺地形图绘制所需方向的断面图。地形断面图是指沿某一方向描绘地面起伏状态的竖直面图。在交通、渠道以及各种管线工程中，可根据断面图地面起伏状态，量取有关数据进行线路设计。断面图可以在实地直接测定，也可根据地形图绘制。

欲绘制图 9-5 中 AB 直线方向的断面图，其方法如下：

(1)确定断面图的水平比例尺和高程比例尺。一般情况下断面图上的水平比例尺与地形图比例尺相同，高程比例尺比水平比例尺大 10～20 倍，以便明显地反映地面起伏变化情况。

(2)依确定的比例尺绘出直线坐标系，如图 9-5(b)所示，以横轴表示水平距离，以纵轴表示高程，并在纵轴上依比例尺标出各等高线的高程，过各等高线高程点处作横轴的平行线。注意高程的起始值要根据所绘方向线在地形图上最低点的高程恰当选择，以便使所绘制的断面图位置适中。

(3)在图 9-5(a)中，方向线 AB 与等高线产生一系列的交点 1、2、3、…、n，从图上分布量取各点 1、2、3、…、n、B 与 A 点水平距离。在图 9-5(b)中将方向线 AB 的起点 A 标注在横纵坐标交点处，沿横轴正方向依次将在图 9-5(a)中所量取各点 1、2、3、…、n、B 到 A 点的水平距离转绘在横轴上，在横轴上过所得的各点 1、2、3、…、n、B 作横轴的垂线，在垂线上按各点相应的高程值对照纵轴所标注的高程确定各点在断面图上的位置，即垂线的端点即是断面

点，用平滑的曲线连接各相邻断面点，得到 AB 线路的方向断面图，如图 9-5(b)所示。

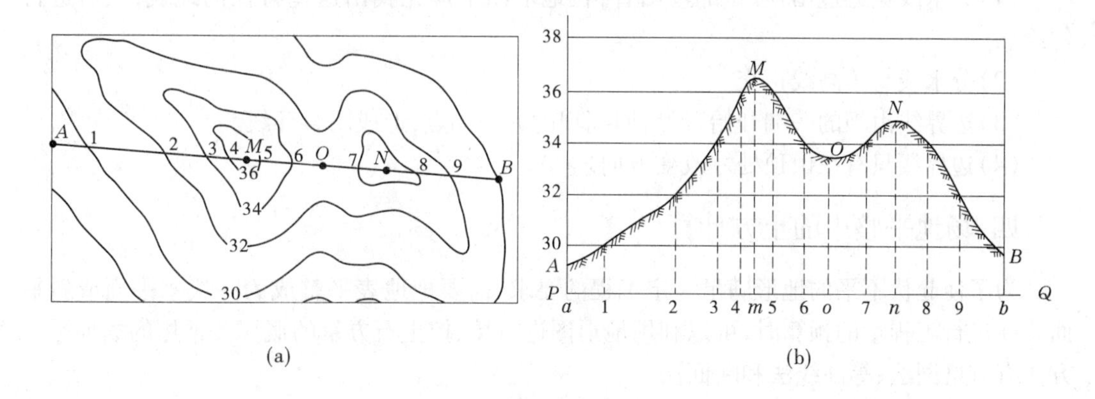

图 9-5　绘制断面图

三、确定汇水面积

在道路、水库等设计中，必然涉及水坝、桥梁的建设，而桥涵洞直径的大小、水坝位置及水库储水量等都与汇水面积有关。汇水面积就是指降雨时水能汇集起来，通过桥涵进入某水库的面积。降雨时山地的雨水是向山脊的两侧分流的，所以山脊线就是地面上的分水线，因此某水库或河道周围地形的分水线所包围的面积就是该水库或河道的汇水面积，如图 9-6 所示。

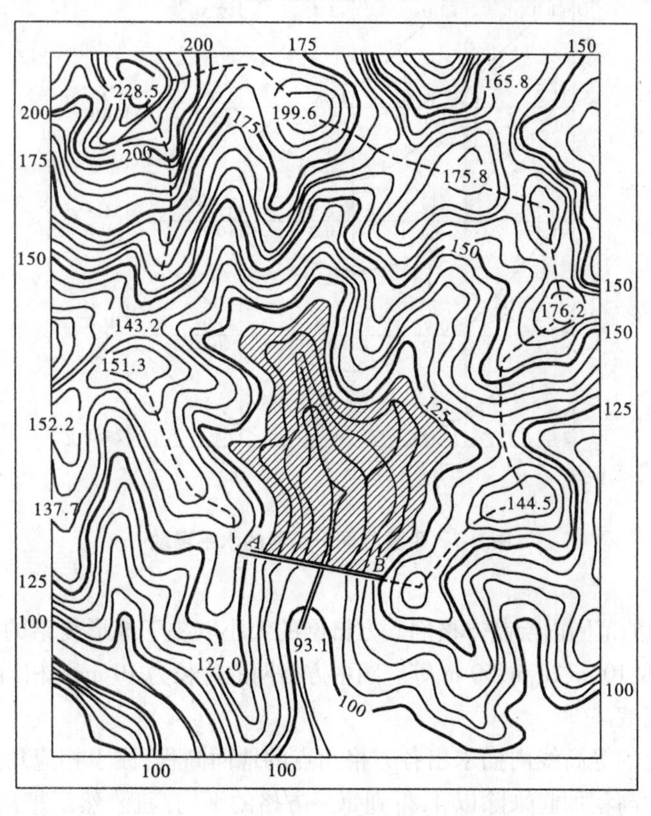

图 9-6　在地形图上确定汇水面积

确定汇水面积时，应懂得勾绘分水线（山脊线）的方法，勾绘的要点是：

（1）分水线应通过山顶、鞍部及山脊，在地形图上应先找出这些特征的地貌，然后进行勾绘。

（2）分水线与等高线正交。

（3）边界线由坝的一端开始，最后回到坝的另一端点，形成闭合环线。

（4）边界线只有在山顶处才改变方向。

四、场地平整中的土方计算

为了使起伏不平的地形满足一定工程的要求，需要把地表平整成为一块水平面或斜平面。在进行工程量的预算时，可以利用地形图进行填、挖土石方量的概算。常用的场地平整方法有方格网法、等高线法和断面法。

（一）方格网法

在地形图上进行场地平整，如果需平整的场地地形起伏不大或地形变化比较均匀，可用方格网法。方格网法计算要复杂一点，但精度较高，故其应用比较广泛。

1.平整成同一高程的水平场地

图 9-7 为 1∶1 000 比例尺地形图，要求在其范围内平整为同一高程的水平场地，并满足填挖方平衡的条件，试进行土、石方量的概算。其作业步骤如下：

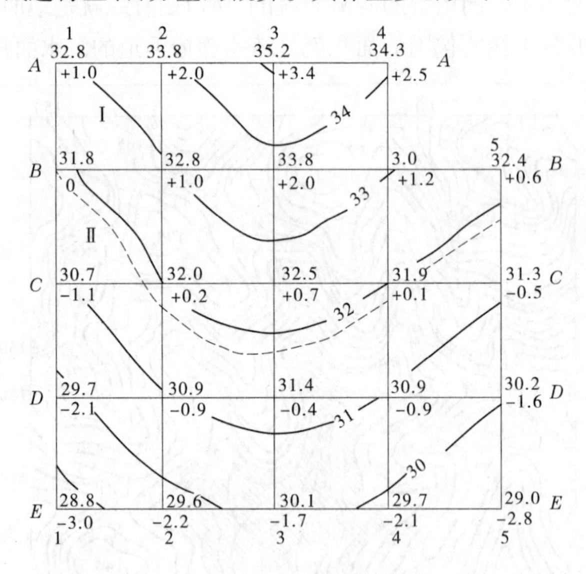

图 9-7　平整成同一高程的水平场地

1）绘制方格网

在拟平整场地的范围内绘制方格网。方格网的大小取决于地形复杂的程度和土、石方量概算的精度，一般取 10 m、20 m、50 m 等。图中方格网的边长为 10 mm（相当于实地 10 m）。

2）计算设计高程

根据地形图上的等高线内插求出各方格角点的地面高程，注于相应角点右上方；再将每一方格四个角点的高程加起来除以 4，得到每一方格的平均高程；然后把所有方格的平均高程加起来除以方格总数，即得设计高程。由图 9-7 中可以看出，角点 A_1、A_4、B_5、E_1、E_5 的高程用到 1 次，边点 B_1、C_1、D_1；E_2、E_3、E_4、D_5、C_5、A_2、A_3 的高程用到两次，拐点 B_4 的高程用到 3 次，中间各方格角点 B_2、B_3、C_2、C_3……的高程用到 4 次，因此，设计高程的计算公式可写成：

$$H_{设} = \frac{\sum H_{角} + 2\sum H_{边} + 3\sum H_{拐} + 4\sum H_{中}}{4n} \tag{9-7}$$

式中，$\sum H_{角}$、$\sum H_{边}$、$\sum H_{拐}$、$\sum H_{中}$分别为角点、边点、拐点和中点的地面高程之和；n 为方格总数。

将图中各方格角点的高程及方格总数代入式(9-7)，求得设计高程为 31.8 m。

3）绘出填挖边界线

在地形图上根据内插法定出高程为 31.8 m 的设计高程点，连接各点，即为填挖边界线（图 9-7 中虚线所示），通常称为零线。在零线以北为挖方区，以南为填方区，零线处表示不挖不填的位置。

4）计算填、挖高度

各方格角点的填、挖高度为该点的地面高程与设计高程之差，即

$$h = H_{地} - H_{设} \tag{9-8}$$

正数表示挖深，负数为填高，并将计算的各填、挖高度注于相应方格角点下方。

5）计算填、挖土石方量

土石方量的计算，不外乎有两种情况：一是整个方格都是填方（或挖方）。二是在一个方格之中，既有填方又有挖方。现以图 9-7 中的方格Ⅰ和方格Ⅱ为例，说明这两种情况的计算方法。

$$V_{\text{Ⅰ挖}} = \frac{1}{4}(1.0 + 2.0 + 1.0 + 0) \times A_{\text{Ⅰ挖}} = 1.0A_{\text{Ⅰ挖}}$$

$$V_{\text{Ⅱ挖}} = \frac{1}{4}(0 + 1.0 + 0.2 + 0) \times A_{\text{Ⅱ挖}} = 0.3A_{\text{Ⅱ挖}}$$

$$V_{\text{Ⅱ填}} = \frac{1}{4}(0 + 0 - 1.1) \times A_{\text{Ⅱ填}} = -0.37A_{\text{Ⅱ填}}$$

同法计算其他方格的填、挖方量，然后按填、挖方量分别求和，即为总的填、挖方量。

2.平整成一定坡度的倾斜场地

如图 9-8 所示为 1∶1 000 比例尺地形图，拟在图上将 40 m×40 m（图上方格边长为 10 mm，相当于实地 10 m）的地面平整为从南到北，坡度为+10%的倾斜场地，并且使填、挖方量基本平衡，其作业步骤如下。

1）绘制方格网，计算场地重心的设计高程

在上述拟建场地内绘成 10 m×10 m 的方格。根据填、挖方平衡的原则，按水平场地的计算方法，求出该场地重心的设计高程为 31.8 m。

2）计算倾斜面最高点和最低点的设计高程

在图 9-9 中，场地从南至北以 10%为最大坡度，则 A_1A_5 为场地的最高边线，E_1E_5 为最低边线。已知 A_1E_1 长 40 m，则 A_1、E_1 的设计高差为

$$h_{A_1H_1} = D_{A_1E_1} \cdot i = 40\times10\% = 4.0(\text{m})$$

由于场地重心的设计高程为 31.8 m，且 A_1E_1、A_5E_5 均为最大坡度方向，所以 31.8 m 也是 A_1E_1 及 A_5E_5 边线中心点的设计高程，有

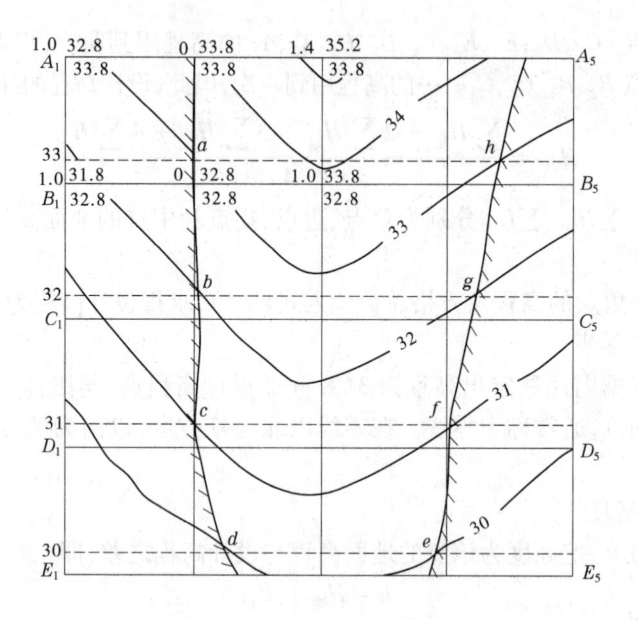

图 9-8　平整成一定坡度的场地

$$H_{A_1设}=H_{A_5设}=31.8+2.0=33.8(\mathrm{m})$$

$$H_{E_1设}=H_{E_5设}=31.8-2.0=29.8(\mathrm{m})$$

3）绘出填、挖边界线

在 A_1E_1 边线上，根据 A_1、E_1 的设计高程内插 30 m、31 m、32 m、33 m 的设计等高线位置，且过这些点作 A_1A_5 的平行线，即得坡度为 10% 的设计等高线（如图 9-8 中虚线所示）。设计等高线与原图上同高程等高线交点（a、b、c、d 和 e、f、g、n）的连线即为填、挖边界线（见图 9-8 中有短线的曲线）。两条边界线之间为挖方，两侧为填方。

4）计算方格角点的填、挖高度

根据原图的等高线按内插法求出各方格角点的地面高程，注在角点的右上方；再根据设计等高线按内插法求出各方格角点的设计高程，注在角点的右下方。然后按式（9-8）计算出各角点的填、挖高度，注在角点的左上方。

5）填、挖方量的计算

仿前述水平场地方法计算。

（二）等高线法

如果地形起伏较大，可以采用等高线法计算土石方量。首先从设计高程的等高线开始计算出各条等高线所包围的面积，然后将相邻等高线面积的平均值乘以等高距即得总的填挖方量。

如图 9-9 所示，地形图的等高距为 5 m，要求平整场地后的设计高程为 492 m。首先在地形图中内插出设计高程为 492 m 的等高线（如图 9-9 中虚线），再求出 492 m、495 m、500 m^3 条等高线所围成的面积 A_{492}、A_{495}、A_{500}，即可算出每层土石方的挖方量为

$$V_{492-495}=\frac{1}{2}(A_{492}+A_{495})\times 3$$

$$V_{495-500}=\frac{1}{2}(A_{495}+A_{500})\times 5$$

$$V_{500-503}=\frac{1}{3}A_{500}\times3$$

则总的土石方挖方量为

$$V_{总}=\sum V=V_{492-495}+V_{495-500}+V_{500-505}$$

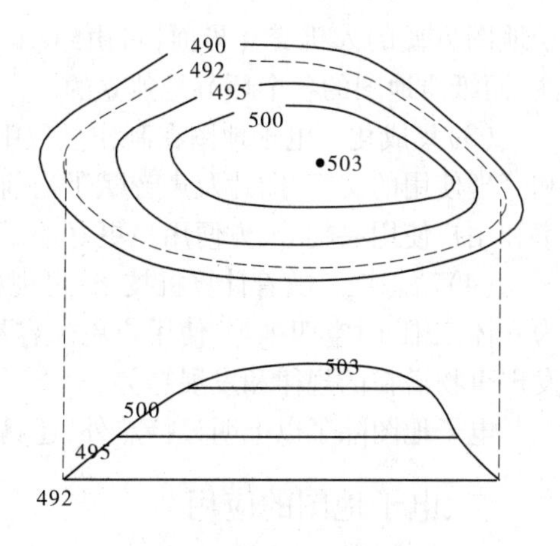

图 9-9 等高线法计算填挖方量

（三）断面法

在场面起伏较大的地区，或在道路和管线的建设场地中，常需在地形图上根据设计方案，计算沿中线至两侧一定范围内的填、挖土石方量，此时宜采用断面法来计算。该方法是在地形图上确定出施工场地的边界线，并在地形图上绘出一定间距的平行断面图，这样以一组等距（或不等距）的相互平行的截面将拟平整场地的地形分截成若干"段"，计算出每个断面的填、挖面积，再利用两相邻平行断面间的距离，可分别计算出这些"段"的体积，再将各段的体积累加，从而求得总的填、挖土石方量。

断面法土方量计算步骤：

（1）先分别计算出各断面应填（挖）的总面积；

（2）用式（9-4）计算出这两相邻断面间的填（挖）方量。

$$V_{平均}=\frac{A_i+A_{i+1}}{2}D \tag{9-9}$$

式中，A_i，A_{i+1}为两相邻断面面积；$V_{平均}$为两相邻断面间的填（挖）方量；D为两相邻断面间的距离。

（3）把各相邻断面间的填土方量和挖土方量分别进行累加，即可得出该施工场地按设计高程计算平整的总填方量和总挖方量。

第三节　电子地图的应用

一、电子地图的概述

（一）电子地图的概念

电子地图即数字地图，是以数字的形式表达地形特征点的集合形态。数字地图种类很多，如地形图、栅格图、遥感影像图、高程模型图、各种专题图等。其共同的特点是存储了具有特定含义的数字、文字、符号等各类数据信息，同时可以传输、处理和多用户共享，可为工程施工提供详尽的地物、地貌、工程结构等数字信息。

（二）电子地图的特点

由于介质不同，以及自身动态性、交互性、多媒体性等特点，与传统地图相比，电子地图在内容详略程度确定、表现形式、可视化手段和交互方式等方面都呈现出截然不同的特点。

（1）无级缩放、无缝拼接。电子地图可以容纳一个区域内所需要的所有图幅，用户可根据需要，随时调控显示内容的详略程度和无缝浏览所有内容。

（2）交互性。电子地图在制作、管理、使用各环节过程中，实现了一体化。用户利用电子地图方便的人机交互界面,自由组织利用地图数据,对不满意的地方可以实时修改和标注,而纸质地图的各个环节是独立的。

(3)集成化。电子地图在制作过程中,可以简单方便地把重要的参考图形、文字等资料和管理使用的文字、图片及声音赋予当前工作空间内,并合成在一起,极大地提高了制作效率和用户使用兴趣等,方便用户更好地了解周围的环境和事物。

(4)动态性。随着计算机技术、可视技术等硬件软件系统的发展,电子地图从二维发展为立体三维、时空四维等,使用户更加容易、直观地看到周围环境和事物,利用电子地图数据发现事物潜在的规律和发展趋势。

电子地图除了以上明显特点外,还具有经济性、安全性、规范化等诸多优点。

二、电子地图的应用

(一)导航电子地图

导航电子地图是指含有空间位置地理坐标,能够与空间定位系统结合,准确引导人或交通工具从出发地到达目的地的电子地图及数据集。所谓 GNSS 车辆导航系统,就是利用接收 GNSS 信号对机动目标进行监控和定位,并根据航迹情况对其运动进行优化和指导的系统。使用车用导航系统可带来缩短行车时间、快速到达目的地、减少能源消耗、保障行车安全等多方面的利益。

1.应用的分类

导航电子地图在导航中的作用广泛,具体在可视化导航中的应用可以分为以下三种情况。

1)自主导航系统

由导航设备和电子地图组成,导航设备确定位置,电子地图用于显示、信息查询、路径选取等。

2)管理系统

由管理中心和移动车辆组成,导航电子地图安装在管理中心,各移动车辆的位置由无线数据传输设备传输到管理中心,管理中心的电子地图用来显示各移动车辆的位置,从而实现对移动车辆的管理。

3)组合系统

上述两类系统的结合,导航电子地图既配置在管理中心,也配置在移动车辆上。因此,组合系统具有上述两类系统的功能及优点。

2.车辆定位与导航

车辆定位技术是整个车辆导航系统的基础,系统中几乎所有的功能都以车辆定位的精确度为前提。车辆定位的精确度和实时性直接关系到一个智能交通系统的实用价值和整体性能。由于车辆定位技术在车辆导航系统中特殊且有重要的作用与地位,车辆定位技术一直是各种车辆导航系统研究和开发机构的重点课题。电子地图是 GNSS 导航系统的重要组成部分,它是导航系统与用户的界面,它把接收到的导航定位信号和机动目标行驶范围的地理特征相结合,动态而直观地对目标的运动进行管理和指导,而使用户无须了解接收到的数据的含义就可以方便简捷地使用导航系统。

3.基于电子地图的 GNSS 导航功能

1)地图的查询功能

(1)输入某些条件可进行模糊查询,如某个位置附近的宾馆、银行、超市、加油站等信息。

（2）可将常去地方的位置信息记录并保存在设备上，就可以和亲朋好友或者其他的用户共享这些地方的位置信息，以便于其他角色方便地寻找自己的兴趣点。

（3）用户可以在专用设备上搜索或者寻找要去的地方，电子地图上就会显示相应的位置。

2）路线规划功能

（1）依据GIS软件（例如ArcGIS），GNSS导航系统会根据用户设定的起始点和目的地结合当前的电子地图，自动选择一条或几条“最佳线路”，“最佳线路”可以是最短距离、最短耗时、最优路面、最小耗资、最少红绿灯等其中的某个或某几个方面。

（2）用户可以设定是否要经过某些途径点（例如某些必经站点），优化线路。

（3）用户也可以增设条件，如避开路障、避开交通拥堵路段等，根据所设条件优化线路。

3）自动导航功能

（1）听觉导航。导航系统通过用语音为驾驶者提示路口转向、道路状况等行车信息，就如同向导告诉驾车人如何驾车去目的地一样。用户无须观看操作终端，可以直接通过语音提示到达目的地，更加人性化地服务于驾驶员。

（2）视觉导航。在操作终端上，会显示地图以及车辆的当前所在的位置、当前的行驶速度、与目的地之间的距离、规划的路线提示、路口转向提示等行车信息，驾驶者可以根据提示了解当前行车路线的最新状况。

（3）线路的重新规划。当用户设置目的地后，系统会自动提供最佳的规划线路信息。然而，如果用户没有按规划的线路行驶，或者走错路口的时候，系统会语音提示报错或者GNSS导航系统也可以以用户的当前位置和目的地为初始条件，重新规划新的线路。

（二）多媒体电子地图

电子地图与多媒体技术的结合，产生了一个新型的地图类型——多媒体电子地图，集文本、图形、图表、图像、声音、动画和视频等多种媒体于一体，是电子地图的进一步发展。它除了具有电子地图的优点之外，增加了地图表达空间信息的媒体形式，以听觉、视觉等多种感知形式，直观、形象、生动地表达空间信息。它可以存储于数字存储介质上，以只读光盘、网络等形式传播，以桌面计算机或触摸屏信息查询系统等形式提供大众使用。

与传统地图相比，多媒体电子地图的空间信息可视化更为直观、生动，信息表现更为多样化，信息内容更丰富，信息更新快捷，使用方便。无论用户是否有使用计算机和地图经验，都可以从多媒体电子地图中得到所需要的信息。用户不仅可以查阅全图，也可随意将其缩小、放大、漫游、测距、图层控制、模糊查询、保存地图、调出地图、下载地图和打印地图等操作，使人们感受到地图的奥妙。

（三）三维电子地图

三维数字地图是采用先进的数字高程模型（DEM）技术，将地貌信息立体化，非常直观、真实、准确地反映地貌状况，并可查寻任意点的平面坐标、经纬度和高程值。在地物信息方面，除了提供效果良好的空间数据外，还可根据用户的要求提供丰富的属性数据。三维数字地图由于可以直观地观察某一区域的概貌和细节，快速搜索各种地物的具体位置，因此在土地利用和覆盖调查、农业估产、区域规划、居民生活等诸多方面具有很高的应用价值。目前三维数字地图已经开始出现在网络上，有卫星实景三维地图。

参考文献

[1] 中华人民共和国住房和城乡建设部.城市测量规范:CJJ/T 8—2011[S],北京:中国建筑工业出版社,2012.

[2] 中国国家标准化管理委员会.国家三、四等水准测量规范:GB/T 12898—2009[S],北京:中国标准出版社,2017.

[3] 中国国家标准化管理委员会.1∶500 1∶1 000 1∶2 000 外业数字测图技术规程:GB/T 14912—2017[S],北京:中国标准出版社,2018.

[4] 中国国家标准化管理委员会.国家基本比例尺地图图式 第1部分:1∶500 1∶1 000 1∶2 000 地形图图式:GB/T 2025.7—2017[S],北京:中国标准出版社,2017.

[5] 中华人民共和国住房和城乡建设部.卫星定位城市测量技术规范:CJJ/T 73—2010[S],北京:光明日报出版社,2010.

[6] 中国国家标准化管理委员会.全球定位系统(GPS)测量规范:GB/T 18314—2009[S],北京:中国质检出版社,2009.

[7] 中国国家标准化管理委员会.测绘成果质量检查与验收:GB/T 24356—2009[S],北京:中国标准出版社,2009.

[8] 中国国家标准化管理委员会.数字测绘成果质量检查与验收:GB/T 18316—2008[S],北京:中国标准出版社,2008.

[9] 国家测绘局人事司,国家测绘局职业技能鉴定指导中心.测量基础[M].哈尔滨:哈尔滨地图出版社,2007.

[10] 国家测绘局人事司,国家测绘局职业技能鉴定指导中心.地籍测绘(技师版)[M].北京:测绘出版社,2010.

[11] 陈贺.基础测量技术[M].郑州:黄河水利出版社,2015.

[12] 益鹏举.GNSS 测量技术[M].郑州:黄河水利出版社,2010.

[13] 程效军.测量学[M].上海:同济大学出版社,2016.

[14] 邓念武.测量学[M].北京:中国电力出版社,2015.

[15] 李文天.现代测量学[M].北京:科学出版社,2019.

[16] 马驰.测量学基础[M].武汉:武汉大学出版社,2017.

[17] 潘正风.数字地形测量学[M].武汉:武汉大学出版社,2015.

[18] 翟翊.现代测量学[M].北京:测绘出版社,2016.